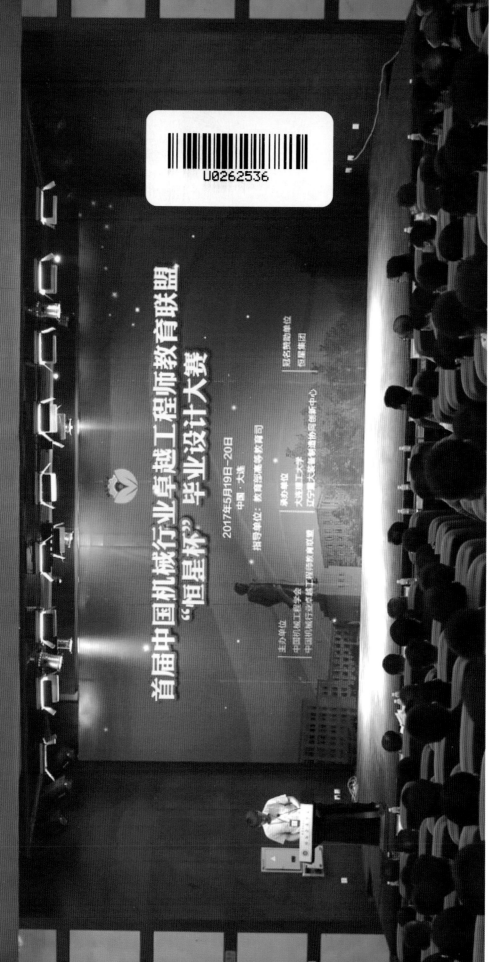

首届中国机械行业卓越工程师教育联盟"恒星杯"毕业设计大赛

教育部高教司理工处正处级调研员侯永峰开幕式致辞

中国机械工程学会副理事长兼秘书长陆大明教授开幕式致辞

大连理工大学副校长贾振元教授代表学校对各位专家和参赛学生的到来表示欢迎

各裁判组长上台抽取号码，确定裁判所在分组

大赛答辩第一组

大赛答辩第二组

大赛答辩第三组

大赛答辩第四组

激烈的金奖答辩现场

教育部高教司理工处正处级调研员侯永峰和中国机械工程学会副理事长兼秘书长陆大明教授向金奖获得者上海交通大学林成靖同学颁发金奖

中国机械行业卓越工程师教育联盟副秘书长王玲教授对大赛进行总结和展望

大连理工大学副校长贾振元教授和西安交通大学校长助理洪军教授分别代表首届大赛
承办单位和下届大赛承办单位进行了大赛旗帜的交接

中国机械行业卓越工程师教育联盟
首届毕业设计大赛优秀作品案例集

中国机械行业卓越工程师教育联盟
大连理工大学　编著

科学出版社
北　京

内 容 简 介

中国机械行业卓越工程师教育联盟毕业设计大赛在教育部高等教育司的指导下，由中国机械工程学会和中国机械行业卓越工程师教育联盟共同主办，是具有导向性、示范性的机械类专业毕业设计竞赛活动。中国机械行业卓越工程师教育联盟毕业设计大赛将连续举行若干届，本次大赛是首届（冠名"恒星杯"）。

本案例集为大连理工大学和辽宁重大装备制造协同创新中心承办的首届大赛获奖作品集，旨在形成工程实践能力引导式的中国高校机械类专业本科毕业设计示范案例集。

本案例集收录参赛的百余篇优秀毕业设计作品，其中金奖 1 项、银奖 3 项、铜奖 10 项、优秀奖 15 项、佳作奖 73 项。每篇获奖作品包括设计题目、设计目的、基本原理及方法、主要设计过程或试验过程、结论、创新点以及设计图或作品实物图等。

除获奖作品外，本案例集还包括了中国机械行业卓越工程师教育联盟毕业设计大赛章程、首届大赛情况简介、打分依据及大赛总结、决赛获奖名单等相关文件。

图书在版编目(CIP)数据

中国机械行业卓越工程师教育联盟首届毕业设计大赛优秀作品案例集 / 中国机械行业卓越工程师教育联盟，大连理工大学编著.—北京：科学出版社，2017.10
ISBN 978-7-03-054661-6

Ⅰ.①中…　Ⅱ.①中…　②大…　Ⅲ.①机械设计－案例－汇编－中国　Ⅳ.①TH122

中国版本图书馆CIP数据核字（2017）第238361号

责任编辑：毛　莹　邓　静　张丽花/责任校对：郑金红
责任印制：霍　兵 / 封面设计：迷底书装

科 学 出 版 社 出版
北京东黄城根北街16号
邮政编码：100717
http://www.sciencep.com

三河市骏杰印刷有限公司 印刷
科学出版社发行　各地新华书店经销
*
2017 年 10 月第 一 版　开本：787×1092
2017 年 10 月第一次印刷　印张：23 1/2　插页：4
字数：500 000
定价：79.00元
（如有印装质量问题，我社负责调换）

编审委员会

主　任：宋天虎　贾振元

副主任：王　玲　孙　伟　康旭东　何存富

委　员：顾梦元　缪　云　崔　岩　刘　新

　　　　孙　晶　张　伟　刘　莹　王大志

　　　　边悦玲　王　雷　刘志峰　刘立霞

　　　　初红艳　昝　涛　魏　娜

总　序

　　2016年8月26日，为贯彻落实《国家中长期教育改革和发展规划纲要(2010—2020)》、《国家中长期人才发展规划纲要（2010—2020）》、"卓越工程师教育培养计划"以及"中国制造2025"的有关精神，扎实推进机械行业卓越工程型人才培养计划的实施，面向机械行业培养造就一大批高质量的创新型工程技术人才，中国机械工程学会在教育部的指导和支持下，联合各方组建了"中国机械行业卓越工程师教育联盟"（简称联盟），秉承"共建共享、互惠共赢、优势互补、共同发展"的宗旨，极力推动高校间、校企间关于机械行业卓越工程师教育的创新与合作。

　　中国机械行业卓越工程师教育联盟毕业设计大赛在教育部高等教育司的指导下，由中国机械工程学会和中国机械行业卓越工程师教育联盟共同主办，是具有导向性、示范性的机械类专业毕业设计竞赛活动，被确定为联盟主要工作之一，每年举办一届。

　　大赛的目的：引导中国高校机械相关专业在毕业设计选题和指导过程中，结合机械行业企业工程实际需求，关注机械行业发展现状与趋势，培养大学生解决工程问题的能力，包括知识综合运用能力、掌握现代工具的能力以及创新意识，形成工程实践能力引导式的中国高校机械类专业本科毕业设计示范。

　　大赛的基本方式：高等学校在校机械及相关专业学生申报定向题目和开放题目，并完成毕业设计参赛；聘请专家评定出具有较高学术水平、实际应用价值和创新意义的优秀作品，给予奖励。

　　大赛的优秀毕业设计作品将以案例集的形式向全国高校推广，成为面向工程实践能力培养的本科毕业设计示范，以促进我国各高校机械类专业本科毕业设计整体水平的提升。

中国机械行业卓越工程师教育联盟

2017年7月

目　　录

佳作奖   104

金　奖

基于 ROS 驱控一体机器人关节组件的研究

林成靖

上海交通大学　机械工程

1. 设计目的

目前，市场上机器人采用固定的机械结构、互不开放的控制系统和设计思路，阻碍了机器人的普及，而模块化和组件化被公认为是解决以上问题的最有效方法。本课题开发多种驱控一体的机器人关节组件，自由组合成特定构形。其组件化体现在机械结构、电子电气、控制算法、上位机软件的通用性等方面。通信使用 CAN/EtherCAT 总线；软件采用 ROS(Robot Operating System) 技术，方便二次开发。通过关节组件自由组合，用户可快速搭建机器人并编程控制，拓展服务、工业、医疗等领域应用。

2. 基本原理及方法

1）PID 控制理论

PID(Proportion Integration Differentivation) 控制方法作为较早提出并得到发展的控制策略之一，在如今仍得到相当广泛的实际应用。近几十年来，PID 控制方法和技术也处于不断发展中，出现多种控制及整定思想。参数自整定与自适应控制思想就是其中一种。它与常规 PID 控制器相结合，实现自适应 PID 控制或自校正 PID 控制；既能自动整定控制器参数、适应被控过程参数的变化，又具有常规 PID 控制器结构简单、鲁棒性好、可靠性高等优点。

2）CAN/EtherCAT 总线通信

控制器局域网络 (Controller Area Network，CAN) 作为目前国际上应用最为广泛的现场总线之一，由德国 BOSCH 公司开发，属于 ISO 国际标准化的串行通信协议。CAN 总线具有各节点之间的数据通信实时性强、开发周期短的优点，是最有前途的现场总线之一。

EtherCAT 是一个开放架构，是以以太网为基础的现场总线系统。EtherCAT 是确定性的工业以太网。自动化对通信要求一般是资料更新时间短、资料同步时的通信抖动量低，而且硬件的成本要低。EtherCAT 开发的目的就是让以太网可以运用在自动化应用中，EtherCAT 拥有性能卓越、拓扑灵活并且简单耐用的优点。

3）ROS

ROS 是用于机器人的一种次级操作系统。它提供类似操作系统所提供的功能，包含硬件抽象描述、底层驱动程序管理、共用功能的执行、程序间的消息传递、程序发行包管理，它也提供一些工具程序和库用于获取、建立、编写和运行多机整合的程序。

3. 主要设计过程或试验过程

本课题的设计和试验过程主要包括以下方面。

1）驱控一体关节组件与结构设计

面向服务行业对于协作机器人关节的需求，确定本课题计划开发的关节组件的详细功能需求，制定合理的系统架构和各部分细节设计要求。

机械结构设计的重点就在于减轻关节质量、提高输出扭矩、压缩关节体积。在此需求下，使用高功率密度的直流无刷电机，同时具有较高的输出扭矩，结合大减速比的谐波减速器，保证关节的传动精度和高扭矩输出。

关节间连接首先要在关节上设置多种接口，利用关节的各个连接面，让用户可以更自主地选择需要使用的连接面。其次在关节间连杆设计上采用平行轴或垂直轴的结构，在保证构型多元化的前提下降低连杆的加工费用，避免使用过于复杂且加工难度高的连杆设计。

2）驱控一体关节驱控系统设计

对应结构采用的直流无刷电机，选用大功率的直流无刷电机驱动模块。利用安装在结构中的增量式相对编码器，实现直流无刷电机的高精度速度和位置控制。在基本的运动控制基础上，将关节内的各类传感器数据采集处理，与控制和反馈指令整合起来，通过总线式的通信系统传递于上下位机之间。针对不同的应用要求，同时设计 CAN 和 EtherCAT 两种通信总线模式，满足高速通信的需求。

3）驱控一体关节软件驱动设计

目前常用的上位机控制系统如 Windows 和 Linux 等，近年 ROS 在机器人领域的应用也不断扩大，越来越多的机器人开发者将算法开源到 ROS 上，ROS 自身也提供了更多的高级应用。因此，设计的关节硬件也应当能够直接接入 ROS 中，让开发者可以利用本课题已开发的关节 ROS 驱动，把更多的精力放在高级算法的开发上。考虑到部分开发者更着眼于基础应用，因此在开发了上述关节 ROS 驱动基础上设计一款上位机演示软件。它可以在关节使用初期对各个关节进行配置，还能直接控制单关节和整个机器人，使机器人的实际运动和仿真运动可视化，同时关节内数据信息也在演示软件中不停地更新，便于用户观测。

4）驱控一体关节演示试验

在设计了以上关节结构、电气和驱动以后，让上位机系统对单关节进行简单操作，如总线传输、传感器采集、运动控制等。验证单关节可行性后，将多个关节搭建成一个完整的多自由度机器人，在上位机上对其整体建模仿真可视化进行测试，验证同步控制的可行性。

4. 结论

对国内外产品调研后确定了研发目标，设计出多款集成驱动和控制的大扭矩、轻量化关节。并测试关节运动控制方法的有效性，通过总线接入上位机驱动，验证控制效果，共得出以下成果。

（1）设计了驱控一体关节结构，选用大扭矩、小体积直流无刷电机和大减速比谐波减速器，与硬件 PCB(Printed Circuit Board) 集成到紧凑的关节结构内；外部设计多面连接孔，方便用户多元化的连接。

（2）对直流无刷电机进行 PID 整定，采用遗传算法寻找较优的 PID 参数。使用的速度 PID 控制模式可实现较精确的速度控制，在位置 PID 模式以精插值的方法跟踪上位机下发的位置指令。

（3）搭建了 CAN 通信协议，测试验证该通信数据包的可行性。在总线上搭载多个从站关节以后对关节 ID 和 PID 进行上位机配置修改。在硬件上加入 EtherCAT 从站电路，将 EtherCAT 通信应用到关节组件中。

（4）设计了面向 ROS 的 CAN 通信驱动程序，可在 ROS 中直接驱动关节硬件。针对关节的控制需求和传感器采集，使用 Qt 设计了人机交互界面，提供模型可视化、状态检测和参数配置。

5. 创新点

（1）紧凑型、轻量化、大扭矩的关节机械结构。

（2）提供基于 ROS 的开源算法方便拓展应用，方便用户拓展开发更高级的应用。

（3）采集关节内各类数据供用户分析，并作为控制系统的实时反馈。

（4）快速连接关节连杆实现机械臂自定义组装，机械连接同时完成电气连接，组装后可方便启动关节并配置各个关节的关键参数。

（5）使用 CAN/EtherCAT 高速通信方式传输数据，集成于驱控一体关节系统中，为关节高速通信提供硬件电路和软件驱动支持。

（6）设计了可视化的友好型人机交互界面，完成快速连接与关节配置后，即可在人机交互界面上灵活控制机器人系统的完整运动，实时观测关节运动状态和传感数据。

6. 设计图或作品实物图

设计作品的实物图如图 1 所示。

图 1 设计作品的实物图

银　奖

恒星杯

基于声表面波和紫外光固化的微结构制造研究

邓兆兴

浙江大学 机械工程

1. 设计目的

具有特殊表面形貌的微结构在微机电系统和生物医学等领域有着广泛的应用，如图案化微结构在柔性触觉传感阵列中可作为介电层设计来提高其检测灵敏度；图案化微结构也可作为离体细胞培养的载体来模拟细胞的天然生长环境。常规的微结构制造方法有超精密切削、光刻、微压印和三维打印等，这些方法对加工设备的要求较高，且需要复杂的模具设计、成本高、周期长。本毕业设计拟突破传统微结构制造方法的局限，提出一种基于声表面波和紫外光固化相结合的图案化微结构的快速制造方法，开展新型声表面波换能器的结构设计，并构建出试验系统开展图案化微结构制造机理及试验研究。

2. 基本原理及方法

1) 声表面波换能器激发出声表面波驻波场

声表面波是一种沿物体表面传播的瑞利波，可由附着在压电晶体表面的系列电极（又指换能器）来激发。当若干列频率相同、传播方向相反的声表面波相干涉时，在压电晶体表面的液面上会叠加形成驻波场。声表面波的驻波场中会存在稳定分布的节点与反节点，节点处质点振动位移为零，反节点处位移最大，进而构成不同的图案化微结构阵列形貌。

2) 声表面波驻波场在液体表面激发稳定形貌

声表面波在压电晶体表面传递过程中，部分能量会以纵波的形式传递到液体中形成空间分布的声场；在液体与空气的交界面处，由于介质的不连续，纵波发散激发出声辐射压；声辐射压的大小和分布与液体内的声场有关，声表面波的驻波可在液体表面形成稳定的声场，从而激发大小、空间位置固定的声辐射压。液体表面在声辐射压、表面张力和重力的作用下达到平衡，其表现为形成稳定的周期性分布的微结构图案。

3) 基于紫外光固化的液体固化成形

当声表面波在液态光敏材料的表面激发出稳定的空间形貌时，采用紫外光固化的方法可使具有稳定空间形貌的液态光敏材料转变为固态，从而实现图案化微结构阵列的快速制造。并且，声辐射压的空间分布近似正弦函数，所以制造出的图案化微结构阵列具有连续光滑的表面特征。

4）声表面波的工作参数决定图案化微结构的形貌特征

通过调节声表面波的工作参数可对声辐射压进行参数化调控，可对不同形貌特征的图案化微结构进行调控与制造。根据声表面波的工作原理以及声辐射压的产生及作用规律可知：改变声表面波的周期，可调节图案化微结构的分布周期；改变声表面波的工作电压，可调节图案化微结构的成形高度；改变声表面波的叠加相位，可调节图案化微结构的相对位置及形貌。

3. 主要设计过程或试验过程

1）圆周阵列型的声表面波换能器结构设计

设计具有不同分布规律的等周期声表面波换能器，换能器中的叉指电极宽度等于电极间距，因此激发的声表面波波长等于电极宽度的四倍，激励频率可由波速和波长计算得到。为了验证不同数量和分布规律声表面波对微结构制造的影响，设计了两对正交型和三对圆周阵列型声表面波换能器。预期两对正交型声表面波换能器能激发条纹状和网格状的声表面波驻波场；而三对圆周阵列型声表面波换能器由于开启对数和角度的不同，可激发不同方向分布的菱形和六边形驻波场。

2）声表面波驻波场的 COMSOL 建模与仿真

采用 COMSOL 多物理场耦合有限元软件进行了驻波场分布仿真。软件中采用的材料、工作参数等与试验设计中的完全相同，因此可以较好地估计设计的声表面波换能器的原理可行性，并可采用得到的声表面波驻波场去预测制造的微结构。计算结果表明设计的声表面波换能器均能产生稳定的驻波场。

3）基于声表面波和紫外光固化的制造系统搭建

利用设计的声表面波换能器掩模版，采用光刻 - 溅射的方法在铌酸锂压电晶片表面制造厚度为 200nm 的金属叉指电极，并经过剥离、切片、银胶粘连与焊接等工艺制造了两对正交型和三对圆周阵列型声表面波换能器。结合激励声表面波换能器的信号发生器、紫外光源、运动平台、镜头和工业相机，搭建了基于声表面波和紫外光固化的微结构制造系统。

4）图案化微结构的快速成形制造

声表面波只能在液体薄层中激发稳定的声场，进而形成稳定的空间形貌，首先通过试验确定最佳的液体厚度，并通过控制涂覆体积和面积的方法来实现液体厚度的控制。根据 COMSOL 仿真结果，试验中首先开启一对声表面波换能器开展条纹状微结构的制造；其次同时开启两对正交型声表面波换能器来开展点阵式的正交型微结构的制造；最后采用三对圆周阵列型声表面波换能器进行试验，研究不同传播角度和叠加数量对微结构制造的影响。

5）研究声表面波工作参数对微结构制造的影响规律

为了验证本方法的控形能力，研究了声表面波不同激励、频率、电压和相位等对图案化微结构制造的影响，从而得到基于声表面波和紫外光固化的微结构制造成形规律。根据此规律可针对不同的微结构制造需求，设计对应的声表面波换能器和调节到合适的工作参数。

4. 结论

(1) 采用 COMSOL 有限元软件，建立了声表面波换能器的驻波场仿真模型。结果表明，一对声表面波换能器可形成条纹状驻波场，两对声表面波换能器可形成网格状驻波场，三对圆周阵列型声表面波换能器根据工作对数、角度不同，可以形成菱形和六边形驻波场。

(2) 提出了圆周阵列型的声表面波换能器的结构设计，并构建了基于声表面波和紫外光固化的微结构制造系统。该结构可用于微结构的制造以及试验的实时观察。微结构制造试验结果表明，采用一对声表面波换能器可以制造条纹状微结构，当采用两对正交型和三对圆周阵列型声表面波换能器进行微结构制造试验时，类似于若干对条纹状结构的叠加，可分别获得网格状、菱形和六边形的微结构。研究成果已申请公开国家发明专利一项、实用新型专利一项。

(3) 阐明了声表面波工作参数对图案化微结构制造的影响规律。首先通过改变声表面波的波长，可以制造具有不同分布周期的微结构，并且分布周期等于声表面波波长的一半。当改变激励信号的输入电压时，可以制造具有不同起伏高度的微结构，并且起伏高度与输入电压呈正相关。部分研究成果已在 2017 年 ASME MSEC 国际会议上发表。

5. 创新点

(1) 提出了一种基于声表面波和紫外光固化相结合的图案化微结构制造新方法，无需模具或掩模设计，便可快速制造出具有连续光滑表面的图案化微结构。

(2) 建立了基于声表面波换能器的驻波场仿真模型，对图案化微结构的成形机理及规律进行了仿真分析。

(3) 建立了声表面波的工作参数对图案化微结构制造的影响规律，改变声表面波的工作对数、频率、电压、相位等，可对图案化微结构的形貌进行调控制造。

6. 设计图或作品实物图

基于声表面波和紫外光固化相结合的微结构快速制造系统如图 1 所示。图 2 为图案化微结构阵列的制造结果。

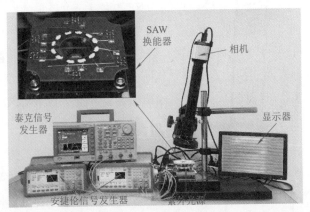

图 1　基于声表面波和紫外光固化相结合的微结构快速制造系统

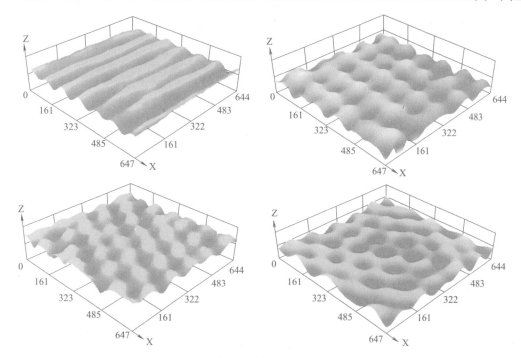

图 2 　图案化微结构阵列的制造结果

一种可自动弹出机构的反镗刀设计

牛　强

四川大学　机械设计制造及其自动化

1. 设计目的

（1）解决腹腔为封闭式大型箱体类零件内部反镗孔在传统加工方法无法实现加工的问题；

（2）用于立式加工中心，提供内冷却液供给；

（3）保证通孔与反镗孔的同轴度和垂直度要求；

（4）反镗刀可在穿过通孔到达加工位置后自动弹出，对反镗孔进行加工；反镗孔加工完成后，刀具自动收缩并经通孔退出工件；

（5）填补反镗刀理论研究分析的空白；

（6）填补采用机械结构运动控制反镗刀伸缩功能的空白；

（7）满足数控加工对刀具的要求。

2. 基本原理及方法

反镗刀自动弹出与缩回功能的实现借鉴圆珠笔芯伸缩机构的原理。通过齿槽柱与钢珠的相对转动实现圆珠笔芯内部两齿柱间的相对运动，通过反镗刀套筒端面与工件的接触挤压实现外部触发力的输入。非工作状态时刀具处于缩合状态。在刀具单个循环的工作状态中，刀具在机床主轴转速为零的情况下快速进刀穿过通孔，并继续向下运动，使得反镗刀零部件端面与工件表面接触，推动内部齿槽柱轴向运动，根据自锁原理设计齿槽柱沟槽倾角大于自锁角，使得钢球只能沿齿槽柱沟槽滑动，致使齿槽柱发生旋转运动，使得钢球运动到相邻的深槽（浅槽），齿槽柱的运动带动反镗杆前端套筒发生轴向位移，刀夹在弹簧弹力作用下弹出。当钢球位于深槽时，前端套筒端部的方槽盖过镗杆上的槽，刀夹被压缩缩回；当钢球位于浅槽时，前端套筒端部的方槽位于反镗杆槽的正上方，刀夹通过弹簧作用被弹出。

通过运动仿真复查反镗刀结构是否有干涉、刀夹自动弹出与缩合功能能否实现、能否满足设计加工要求、反镗刀装配合理性及方便性等问题，并进行改正；采用切削力经验公式——指数公式计算各切削分力，为零件选材、各切削参数的选择等的优化以及零件刚强度等校核提供数值依据；根据有限元分析理论进行结构仿真与分析，为优化结构提供指导。

3. 主要设计过程或试验过程

1）前期准备

首先按照设计任务书，明确设计要求、了解设计对象、复习相关课程内容、查找相关资料、合理安排时间和进度。对反镗刀整体尺寸大小（长宽高）做出预定设计。对反镗刀中零件的空间布局、空间结构进行宏观把握。

2）总体方案设计

按照借鉴的设计原理、工作情况等进行自动弹出机构的设计。通过分析和对比不同类型的反镗刀自动弹出机构的原理，确定设计思路、拟定运动简图。

3）详细设计

首先根据反镗刀加工情况，选取刀具各切削参数、镗杆材料和工件材料，对各切削分力的大小进行计算，为后续工作提供数值依据。

根据加工情况，对镗杆结构进行初步设计。根据要实现的功能确定轴系零件，将所有标准件按照国家标准选型，其余零件按照功能要求进行设计，所有轴系零件确定后根据其在轴上的定位、安装位置设计镗杆阶梯轴及细节结构。

根据自锁原理，自锁角的大小只与静摩擦系数有关，得到齿槽柱与钢球摩擦的自锁角数值，校核齿槽柱的倾角。同时，对弹簧的强度和寿命进行计算校核。

根据反镗加工的特点，内冷孔冷却液由刀夹的侧面喷射到加工区域，内冷孔设计成多段接合的形式，先用钻头钻孔，然后采用封闭多余出口的方式提高加工工艺性。反镗刀以热磨损为主，所以选用以冷却为主的切削液。镗削加工时，采用高压冷却法，将高压冷却液直接喷射到切削区域，保证冷却效果。

4）三维建模与运动仿真

由于装配草图设计具有计算和绘图交替进行的特点，因此分为三个阶段进行。第一阶段主要通过绘图确定反镗杆的结构尺寸。第二阶段主要设计轴系零件，设计时从根据先设计主要零件后设计附件和先画轮廓后画细节为原则进行设计，最后绘制出镗杆轴系零件的详细结构。第三阶段主要进行反镗刀附件设计，根据各零件的配合关系，确定连接方式，进而选定连接件，最后进行装配草图的检查修改。

完成装配草图设计后，再进行反镗刀装配工程图绘制，最终提供生产装配用的、标准的装配工程图。同时，根据加工要求及零件材料等进行各零件的粗车图与工艺流程卡片的绘制和编写。

最后对反镗刀进行运动仿真，并进行改正与优化。

5）结构仿真与分析

建立反镗刀的有限元模型，首先对反镗刀进行静力学分析，分析反镗刀在静态载荷下的变形与应变。然后对反镗刀的动态特性进行分析，通过模态分析分析反镗刀的振动特性，避免结构设计的共振或以特定频率进行的振动；通过谐响应分析保证结构能够承受各类不同频率的简谐载荷。

6) 编写设计说明书

根据设计过程,整理和编写设计说明书。

4. 结论

本次设计的反镗刀主要用于数控加工,可以穿直径为42mm、孔深为35mm的通孔,进行直径75mm的反镗孔的镗削加工,即反镗孔直径不大于过孔直径2倍的条件。采用BT柄与机床主轴连接、全自动刀体进出机构,不需要定位装置,适用性强。选用普通数控刀具材料,如42CrMo,就能完全满足设计要求,结构抵抗变形和断裂能力强、性能优良;系统一阶自振频率达到8000Hz,系统的抗振性能良好;刀夹作为易损件,拆换方便,而且可以通过更换不同的刀夹,实现不同直径反镗孔的加工;反镗刀整体质量为6.5kg,实现刀具轻量化;反镗刀结构简洁、工艺简单、成本合理,适合大批量生产。加工质量好,表面粗糙度低,加工效率高,能满足绝大多数条件下反镗孔的加工要求,满足数控加工对刀具的要求。

5. 创新点

(1) 以齿槽柱与钢珠作为核心零件实现刀夹自动弹出与缩合的功能。

(2) 刀夹头的缩合过程中设计了辅助钢杆,显著缩短了镗杆的悬伸量。

(3) 提供内部冷却液通道。

(4) 实现反镗孔直径不大于过孔直径2倍的条件下反镗孔的加工。

(5) 采用全自动刀体进出机构,不需要定位装置。

(6) 填补了采用机械运动实现自动弹出反镗刀的空白。

6. 设计图或作品实物图

设计作品三维模型如图1所示。

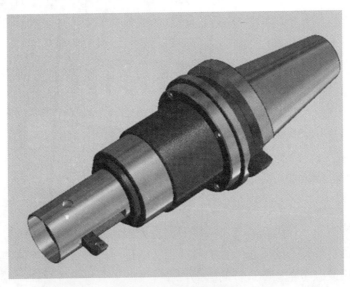

图1　设计作品三维模型

悬臂式薄壁结构冰固持加工方法研究

刘彦坤

大连理工大学 机械设计制造及其自动化

1. 设计目的

悬臂式薄壁结构往往是航空航天领域关键零部件的典型结构，如何保证切削局部刚性是这类零件高效高精加工亟待突破的核心难题。实际生产中，大多采用无支撑加工，并选择保守加工参数，但因工艺系统刚性弱，加工中不可避免地出现局部让刀变形、加工振动等问题，致使零件加工质量难保证、加工效率低。针对悬臂式薄壁件的结构特点和加工要求，这里创新性地提出一种充水冰冻的工艺想法，实现悬臂式薄壁结构的冰固持，以保证工艺系统刚性；同时，在加工中采用液氮作为冷却介质，实施超低温冷却，以保证切削局部的冰固持状态。

2. 基本原理及方法

1) 冰固持加工理论与方法

采用冰固持方法来实现对悬臂式薄壁结构的良好固定和支撑效果，要求起到固持作用的冰具有较高的强度、硬度、合适的冻黏系数以及致密均匀的组织。由于冰具有高单轴压缩强度、较强冻黏力的特性，冰作为一种固持介质可提供的最大法向固持力为16800N，切向固持力为440N，可实现对悬臂式薄壁结构的可靠固定与支撑。

冰固持夹具首先能保证装夹的定位和夹紧功能，其次夹具体具有强化冰固结能力的结构特点。利用冰与悬臂式薄壁结构件的冻结力使试件与冰介质始终保持黏结，为试件提供可靠的支撑。有效抑制悬臂式薄壁件在加工过程中由于自身弱刚度引起的振动、弯曲变形等问题，保证悬臂式薄壁结构的剩余壁厚精度和表面光洁度。

2) 超低温冷却加工方法

以液氮为冷却介质的超低温冷却加工方法可为切削微区提供强冷却的作用，快速带走加工时产生的切削热量。金属材料的切削性能与其力学性能密切相关，而后者往往随温度的变化而变化。例如，温度升高时，材料的硬度下降，强度降低；温度降低时，材料则变脆，塑性减小，有些金属材料存在明显的冷脆现象，即当温度降低到某一临界值时，材料无明显的塑性变形而产生脆性断裂的特性。材料发生冷脆现象时，其韧性显著降低，致使塑性急剧减小，同时材料变形所需的功也会减少。利用低温加工技术能有效提高难加工材料的切削加工性，提高工件的表面加工质量，延长刀具寿命。

3. 主要设计过程或试验过程

设计悬臂式薄壁结构冰固持加工方法专用夹具。冰固持夹具除了要满足夹具最基本的定位与夹紧要求，考虑到冰固持介质冰的熔点较低，在加工过程中易融化而对固持力造成影响，冰固持夹具要基于隔热降温进行设计；冰固持夹具是由冰作为固持介质，所以一方面夹具材料必须具有良好的防锈能力，另一方面由于冰本身为脆性材料，设计的冰固持夹具应能保证冰在加工期间不发生破裂；夹具尺寸合理以免加工过程中刀具与夹具发生干涉。在满足上述要求的前提下，完成冰固持夹具设计。该夹具系统满足持续降温、防锈要求，且底部沟槽及内部螺柱起到防止冰破裂脱黏、增强冰固结能力的作用。夹具体内表面粗糙度取最佳值，以保证冰固持夹具能够提供足够的冻黏力来保证固持可靠。

基于 ABAQUS 对悬臂式薄壁结构的冰固持加工方法进行有限元仿真，验证冰固持加工方法的可行性。利用 ABAQUS/Explict 模块建立薄壁件冰固持加工方法的几何模型，并通过定义材料参数、网格划分、定义接触以及载荷完成有限元仿真的前处理，提交作业并对结果进行可视化处理，完成仿真。通过对比有无冰固持的仿真结果，初步探究冰固持加工方法改善薄壁件加工系统的刚性和减小薄壁件的让刀变形量的可行性。

基于前述设计的冰固持夹具开展薄壁结构冰固持加工方法铣削对比试验。试验目的是验证冰固持加工方法与无固持加工方法相比能否对悬臂式薄壁结构的加工起到固持作用，能否抑制无固持方法加工薄壁件时的振动、变形以及改善薄壁件的表面加工质量。为此，首先前期需要做大量的破坏性试验，一方面是为了初步验证冰固持加工方法加工悬臂式薄壁结构的可行性，另一方面在破坏性试验的同时确定一组适合冰固持加工铝合金悬臂式薄壁件的切削参数。之后，利用冰固持专用夹具，在冰固持条件和无固持条件下对悬臂式薄壁件进行铣削对比试验，为避免对比试验受切削参数的影响，切削试验应在同一台加工中心以及同一组切削参数下完成，同时切削试验要重复三次以上以保证统计重复性。最后通过对比测量的切削力、粗糙度、表面形貌以及剩余壁厚的一致性，验证冰固持加工方法对悬臂式薄壁结构的加工效果。

4. 结论

（1）设计制造了冰固持夹具，该夹具系统满足持续降温、防锈要求，且底部沟槽及内部螺柱起到防止冰破裂脱黏、增强冰固结能力的作用。夹具体内表面粗糙度取最佳值，以保证冰固持夹具能够提供足够的冻黏力来保证固持可靠。

（2）基于冰低温力学特性的冰固持方法，材料种类适应性强，适合复杂曲面零件装夹，可为任意形状的工件提供无缝隙贴合的紧密固持，无装夹变形影响，不必考虑夹具体工作面的加工精度，生产成本较低，绿色环保。

（3）对悬臂式薄壁件在冰固持和无固持状态下进行铣削对比试验，研究发现当要求工件剩余壁厚为 0.5mm 时，在沿工件高度方向，无固持加工的剩余壁厚误差最大值为 0.37mm，冰固持加工的剩余壁厚误差最大值为 0.02mm，厚度误差降低高达 95%。

（4）对悬臂式薄壁件在冰固持和无固持状态下进行铣削对比试验，研究发现与无固持加工相比，冰固持加工切削力明显增大，已加工表面粗糙度降低 14% ～ 35%，表面形貌较光滑平整，无明显振纹。

综上，冰固持加工方法减小了薄壁件加工变形，能够可靠保证悬臂式薄壁结构的剩余壁厚精度和表面光洁度，为薄壁件的高精度、高可靠性装夹提供了一种可行的方法。

5. 创新点

（1）提出悬臂式薄壁结构冰固持装夹与超低温冷却加工相结合的新工艺方法。通过充水冰冻实现悬臂式薄壁结构的冰固持，以保证工艺系统刚性；同时，在加工中采用液氮作为冷却介质，实施超低温冷却，以保证切削局部的冰固持状态。

（2）设计悬臂式薄壁结构冰固持加工方法专用夹具。该夹具具有夹持范围广、通用性强等特点。夹具采用组合式，便于安装工件和存放。夹具基于隔热设计，能保证在机加工过程中冰始终维持固态，夹具体底部的沟槽和螺柱可以增强冰与夹具体的黏结作用，为薄壁件的加工提供稳定可靠的固持力。

6. 设计图或作品实物图

图 1 ～图 3 所示分别为夹具体、冰固持状态、加工现场。

图 1　夹具体

图 2　冰固持状态

图 3 加工现场

冰固持加工工件和无固持加工工件如图 4 和图 5 所示。

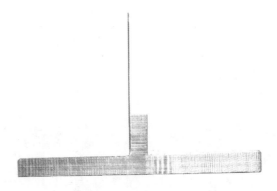

图 4 冰固持加工工件

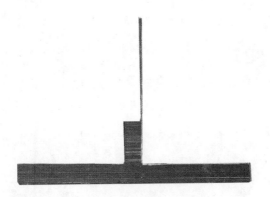

图 5 无固持加工工件

铜　奖

恒星杯

基于 CPAC 锂电池高速切片系统设计

王建虎

河南科技大学　机械设计制造及其自动化

1. 设计目的

当前社会电动汽车越来越普及，所以锂离子动力电池的需求量日益剧增。然而，传统的锂电池切片工艺存在着切片速度较慢、切片精度不高、切片良品率低等一系列问题，进而影响最终的产品质量，所以已经难以满足人们的需要。因此，为了解决传统锂电池切片机在切片工艺过程中存在的各种问题，提高锂电池切片机的切片速度及切片的精度，提高切片的优良品率，设计了基于 CPAC(Computer Programmable Automation Controller) 锂电池高速切片系统。

2. 基本原理及方法

锂电池高速切片机改变了以往送料、切片分步进行的加工方法，采用持续放卷，间歇性切极耳切极片，减少切片之后等待送料的时间，切料过程同时检测极片质量，及时剔除废料，存储合格极片，从而实现了高速切片。

（1）切极耳采用模具冲切。通过电机经过一级齿轮增扭，再带动凸轮的方式来实现切极耳的高速运动。切极片用电机带动凸轮以带动裁切刀具裁剪极片，实现高速裁剪极片。

（2）切片时，放卷部分持续不间断放卷，在切极耳工序之后为间歇性运动。切极耳工序后面的极带处于短暂停歇时，放卷部分放出的卷料由储带升降机构存储起来。切极耳工序后面的极带处于运动状态时，储带升降机构把存储的极带释放出来。通过持续放卷来实现高速切片，通过间歇性切片来保证切片的精度。

（3）放卷部分采用了气胀轴防止料卷打滑，丝杠螺母调整料卷位置纠偏，同步带传动辅助放卷。张力摆杆采用了气缸与精密调压阀控制极带张力。储带升降机构是实现持续放卷的重要机构。在进入切极耳之前，检测识别接料胶带，模具不对其进行冲切。

（4）主驱动采用对辊驱动，是设备的主要动力，控制着整体切片速度。

（5）真空皮带、打废料气缸、落料机构实现切极片之后的废料的识别与剔除，以及极片的存储。加装 CCD(Charge-Coupled Device) 视觉系统进行表面缺陷和尺寸的检测，对废料自动检测，用打废料气缸将废料打下来至废料收集盘中。

（6）使用基于 CPAC 锂电池高速切片系统实现了可视化界面的显示，自定义程序功能，用户界面友好。

3. 主要设计过程或试验过程

（1）了解锂电池的生产工艺，现场参观，与现场技术人员交流。深入了解锂电池切片工艺在锂电池制造过程中的重要意义，同时详细解读锂电池切片的技术要求，分析传统锂电池切片机的工艺过程。并且分析传统锂电池切片机的优点与不足之处。

（2）整体把握锂电池的切片工艺，细化工序。锂电池切片的重点工艺是切极耳与切极片，切极耳之前，放卷及纠偏保证卷料在到达该工序前位置正确；切极片之后，需检测每个极片的质量，剔除废品，把合格的极片存入料盒；整个细分工序包括放卷、放卷纠偏、张力摆杆、过程纠偏、主动补偿、模具冲切、主驱动、切刀切断、真空皮带上下输送系统、废料剔除、落料。设计过程需规划整体布局，确定各模块整体尺寸和关键部位尺寸，分模块设计。

（3）放卷模块设计。卷料的长距离输送易出现料卷拉断、打滑和位置偏差，通过传感器监测料卷位置，对料卷实时纠偏。纠偏部分采用丝杠传动驱动气胀轴（卷料安装轴）滑台移动，保证料卷位置正确。辅助动力部分采用伺服电机通过同步带带动气胀轴转动避免长线输送可能出现极带拉断现象。

（4）接料与张紧机构。气动接料平台用于替换新料卷时采用胶带连接新旧卷料；张力摆杆由低摩擦气缸推动，在极带传输过程中保持恒定的张紧力，张力大小可通过精密调压阀来调节。

（5）储带升降机构。在切极耳时主驱动停止，为了不停歇地切片，该机构将放卷部分持续放出的极带存储起来，待模切极耳后，再将储存的极带释放出来，运动速度必须与极带传输速度相匹配。

（6）模具冲切组件。伺服电机通过凸轮机构带动模具上模往复冲切，完成切极耳的工序。

（7）主驱动。采用对辊驱动方式，结构简单，效率高。

（8）切刀切断。电机通过凸轮机构带动裁切刀具裁剪极片。

（9）真空皮带。通过制造真空环境从而提高吸力来完成对锂电池极片的吸附定位。并在两个真空皮带传输机构上加装CCD视觉系统，实时检测极片的质量。废料到达废料盒上方，由打废料气缸将其打掉至废料盒中。

（10）收料组件：为了保证能够在不停机状态下收取料盒，安装临时收料组件来代替料盒接料。该装置由气缸带动。

（11）控制系统采用GUC-EtherCAT运动控制器和伺服驱动。CPAC的硬件由上位机软件开发平台通过TCP/IP总线协议，连接并控制GUC，同时GUC可通过外接的人机交互面板来发出具体的控制命令，它们通过VGA进行连接；GUC以EtherCAT总线方式连接驱动器，再由驱动器驱动电机的运转。GUC通过G-link总线连接IM153本地IO模块，来控制信号的输入和输出。

4. 结论

采用储带升降机构，实现了切片机的连续放卷，提高了切片机的切片速度；同时采用实时运动补偿或主动补偿控制技术对锂电池极卷输送过程中产生的误差进行补偿，提高了整个生产线的加工精度；采用集成小色标检测处理系统，对接料胶带进行检测，模具不对其进行冲切，废料可以进行有效剔除。

依据摩擦原理，采用对辊驱动的方式，通过上辊的下压力与主动辊的同步转动，来驱动极带在整个生产线的运输，结构简单，且驱动效率高，驱动误差低；同时采用凸轮驱动切刀快速上下运动，对传输到切刀下的极片进行快速裁切；采用真空皮带吸附极片的方式传送极片，效率高，且传送精度好。

系统在真空皮带上下两面均加装CCD进行缺陷和尺寸的检测，对驱动打滑或者极耳折弯产生的废料自动检测，可以有效地剔除废料。此组合方法可以有效提高切片机的切片速度，良品率明显提高，为有效提高锂电池切片速度提供了一种行之有效的解决方法。

5. 创新点

（1）与以往的设备相比，此次设计采用储带升降机构实现了不停机连续输送，提高了切片机的切片速度。采用凸轮机构驱动切刀的方式，对极片进行快速裁切；采用真空皮带吸附极片的方式传送极片，效率高且传送精度好。

（2）与传统的锂电池切片机相比，添加了CCD视觉系统，实现了废料的自动识别，并且将废料与优良品自动剔除，减少了人工参与，提高了效率。

6. 设计图或作品实物图

图1和图2所示为设计作品三维模型。

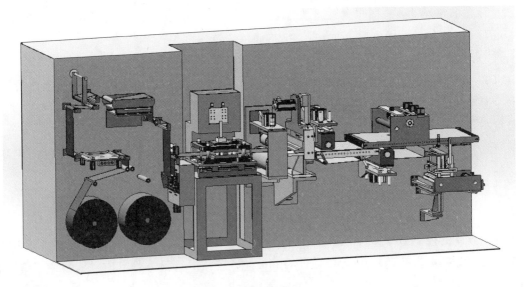

图1　设计作品三维模型1

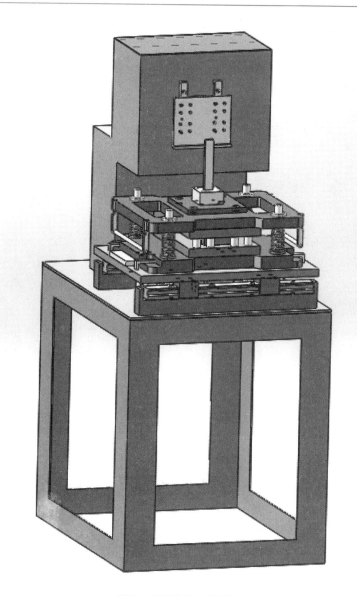

图 2　设计作品三维模型 2

基于超声的螺栓连接结合面检测方法及系统

袁 博

大连理工大学　机械设计制造及其自动化

1. 设计目的

现有的检测手段是在接触界面内采用压敏膜作为测量接触压强分布的手段，不幸的是，压敏膜本身已经改变了界面条件，最终导致难以分析测量的结果。而超声波检测接触结合面的方式属于无接触式，无需改变结合面接触的状态，即可完成检测任务，所以超声波检测接触界面状态这种方式将会是高端装配领域的重点。

采用超声波的检测方式能够在不破坏和不影响螺栓连接的情况下，利用超声波探头的中压电陶瓷的作用来实现结合面检测的目的。

2. 基本原理及方法

在微小的空气间隙处，超声波被反射回去，随着结合面压强的增大，这些空气间隙的数量将减小，大小也将减小，结合面反射波将减少。因此，结合面上的接触状态可以用超声波反射率反映，利用超声波探头对结合面进行检测，得出的超声波反射矩阵可以直接地反映出结合面的接触区域的大小和接触状态。这就意味着，超声波反射率与接触的压力之间存在一定的联系，因为接触压力的增加将导致接触面间的界面空气间隙以及数量的减小。同时由于接触压力的增大，接触的面积也将增加，界面的连续性得到改善。这样，超声波反射率的减少，就意味着具有较好的接触状态，因此可以用超声波的反射率来表征螺栓结合面的接触状态。

这里研究了一种基于圆角平面接触理论的界面超声波反射率 - 压强关系曲线建立方法，进一步推导圆角平面接触理论，得到理论压强分布与接触半径的关系式及关系曲线，并与有限元结果进行比较，验证了其正确性和可行性。利用超声波探头检测的结果（超声波反射率 R- 半径 r 分布关系），与推导的压强 P- 半径 r 分布关系进行拟合，再用迭代的方式进一步消除误差，构建出最终的超声波反射率 R- 压强 P 关系曲线。

3. 主要设计过程或试验过程

在已经建立相关理论的基础上，本系统根据需要的功能需求，进行总体设计以及之后的细节和结构设计，搭建了一台基于超声的螺栓连接结合面检测系统，其主要有以下两大功能。

（1）实现特定材料的超声波反射率 - 压强关系曲线的建立。基于超声的传播特性，利用相关的理论方法，对特定的试件进行超声波反射率 - 压强关系曲线的标定，为之后的检测提供相应的检测依据。

（2）实现对大型设备样机的螺栓结合面的检测、分析。将大型设备进行缩放和简化，对其进行结合面的检测扫描，利用之前得到的关系曲线进行数据采集、结果分析等后期处理，以达到初步检测的标准。

由确定出的功能要求，提出相应的性能，确定出设备的速度、工作空间、加载情况等参数。

在对加载系统设计时，根据总体功能，加载系统需要同时适应标定过程和检测过程的要求。在标定过程中，将上试件和下试件加入其中，通过液压千斤顶对其进行加压，以提供一定的压力；在检测过程中，利用上面板的两个定位孔，采用"一面两销"的方式进行定位，方便检测。根据实际加载情况和空间尺寸，对压力传感器和液压千斤顶进行选型。

在对三维移动系统设计时，根据总体功能，三维移动系统需要能够满足探头三维坐标移动的功能，同时能够对加载系统进行中心位置的确定。因此，决定采用丝杠传动。由加载系统的空间尺寸，确定出机架的尺寸。

根据不同的检测材料，对超声的频率进行选择。通过超声波探头比较，最终确定用水浸式聚焦。为了使焦点聚集在测量的结合面上，需要根据探头的特性对检测高度进行调整，确定出最佳检测高度为 10.37mm。为了使测量结果不出现失真的现象，超声波扫描间距必须小于超声波的焦点圆斑直径。根据选择的探头参数，计算得出探头移动间隔必须小于 1.34mm。为了能够有足够的采样点，以及根据探头检测的特点，通过计算得出探头移动速度不得高于 4.76mm/s，本系统选择的检测移动速度为 1mm/s。

1）标定过程

（1）前期准备：利用三维移动平台对系统进行位置标定，通过激光检测方式，扫描中间的圆孔，利用关系式确定出系统的中心位置，获得小圆柱体的中心位置为 $O_1(x_0,y_0)$。

（2）获取零点信号：在无加载的情况下，利用 V312-0.25-5MHz-PTF 超声波探头参考中心位置，以"蛇行"的方式，在大圆柱体的正上方进行扫描，其信号作为求反射率的零点信号，利用 PR5700 超声波收发器发射并接收超声波信号。利用 TDS3012C 示波器进行信号采集和信号显示，同时利用 GPIB 数据线与 PC 控制端（LabVIEW）进行数据传输。

（3）获取特征信号：保持大圆柱体不动，让小圆柱体与大圆柱体接触。在 1t、2t、3t 三种载荷下，利用超声波换探头以同样的轨迹进行扫描，其信号作为求反射率的特征信号。

（4）反射率的计算和边界特征值的获取：对零点信号和特征信号进行快速傅里叶变换，计算出相应的超声波反射率；同时利用反射率的分布情况，确定出边界特征值 a_i，计算出平均边界特征值 a。

（5）初始的反射率 - 压强关系曲线构建：利用推导的圆角平面接触理论以及之前确定的边界特征值 a，计算出对应载荷下压强的分布曲线。

（6）获取修正系数：将之前检测的不同载荷下的超声波反射率分布，利用初始的反射率 - 压强关系曲线计算出理论的压强分布，利用积分的方式，计算出计算总载荷 W_i'，利用计算总载荷 W_i' 与压力传感器测量得到的实际载荷 W_i 相除，得到三次的修正系数 K_i，最后取

其平均值 K。

（7）最终的反射率 - 压强关系曲线获取：利用平均修正系数 K 对初始的反射率 - 压强关系曲线进行修正，得到最终的反射率 - 压强关系曲线。

2）检测过程

（1）被测试件的装配：将 Φ5mm 的孔分别设计在检测试件上和加载系统的上面板上，采用"一面两销"的定位方式，用 Φ5×40 的销进行定位。

（2）检测过程：利用之前已经确定的中心位置，通过计算，得出螺栓所处位置的 x' 坐标和 y' 坐标。以 8mm×8mm 的区域进行"蛇行"扫描，间距为 0.1mm。

4. 结论

为了克服现有的螺栓连接结合面检测存在的不足，围绕超声波检测方法，这里主要设计、搭建、调试了一种螺栓连接结合面参数的超声波检测系统，探索了一种简洁、环保的检测方法，并成功转化为实际检测系统。主要研究结论如下。

（1）成功研发了螺栓连接结合面参数的超声波检测系统。从硬件设计、软件设计两个方面对该系统经历了设计、搭建、调试等过程。该系统实现了超声波反射率 - 压强关系曲线的标定，以及对缩放型的试件进行螺栓结合面的检测。结构设计上美观合理，人机交互界面友好、简洁，可以满足科研及企业单位进行关系曲线的标定过程。

（2）提出了一种基于圆角平面接触理论的界面超声波反射率 - 压强关系曲线的建立方法。利用推导的圆角平面接触理论和系统标定过程采集的数据，经过修正系数的进一步修正，建立出最终的关系曲线，揭示了超声波反射率 R 与结合面压强 P 的特性关系。

（3）对实际检测的超声波反射率矩阵进行变换，计算出实际螺栓连接结合面的压强分布情况。同时选取无接触区域、接触区域、螺栓区域的回波信号进行时域、频域、时频域的差异性比较分析。

5. 创新点

（1）提出了一种基于圆角平面接触理论的界面超声波反射率 - 压强关系曲线的建立方法，并对其进行验证，以及试验实施。

（2）根据功能需求，设计出一种能同时满足标定和检测的加载系统。

（3）利用 LabVIEW 设计出一种能够进行超声波信号实时采集，以及兼顾后期处理的数据处理软件程序。

6. 设计图或作品实物图

图 1 所示为系统的实物图，图 2 所示为系统的原理图。

图 1 系统的实物图

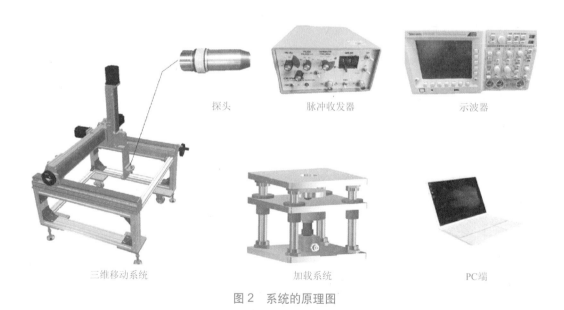

探头   脉冲收发器   示波器

三维移动系统   加载系统   PC端

图 2 系统的原理图

高速公路路锥自动收放装置设计与分析

曲鸿滨

南京理工大学　机械设计制造及其自动化

1. 设计目的

公路在进行维护时，为了保证道路畅通和行车安全要对施工路段进行封闭管制，并通过放置交通路锥对来车进行调流。目前我国在绝大多数情况下仍采用人工方式对交通路锥进行摆放和回收。然而，这种人工收放的方式在车流量大、车速快的高速公路上实现的效果并不理想。人工摆放的交通路锥不但摆放效率低、整齐度差，而且摆放人员的安全没有保障，很容易造成交通事故。因此，需要一种路锥自动收放装置来代替人工方法以克服这些缺点，保证路锥收放的效率和安全性。

2. 基本原理及方法

本路锥收放装置采用的收放方案和工作原理如下：总体方案为使用带机械爪的路锥回收箱对路锥进行摆放和回收。回收箱安装在工程车车体的右侧，回收箱内设有一个内抓取式机械爪，连同一个转动机构安装在回收箱内的竖直导轨上。回收箱的出入口前安装有一个高度略低于路锥的门形结构。回收路锥时该结构用于碰倒路锥，而放置时用于将躺倒的路锥扶起。回收箱的上部为承载路锥的卡板机构，用于暂时存放回收来的路锥和放置待摆放的路锥。带式输送机用于存放路锥并且完成路锥的纵向运输，拨锥机构用于路锥的横向运输，即将路锥在带式输送机和卡板机构之间来回拨动。在回收路锥时，随着工程车沿路锥摆放路径向路锥后退，与路锥对齐，当路锥进入门形结构的范围后，首先与横梁相碰，将路锥碰倒，随后处于水平状态的机械爪伸入躺倒的路锥内部，内抓取式机械爪在液压缸驱动力的作用下撑起，使得路锥固定在机械手上，然后机械手转动到竖直方向，带动路锥沿导轨向上运动，直到将路锥送到卡板机构上。重复上述过程直到将一定数量的路锥堆叠起来，然后通过拨锥机构将卡板机构上暂时存放的一摞路锥拨送到车厢里的带式输送机上储存，随着输送带的运动可以储存多组路锥，完成路锥完整的存放过程。路锥的摆放过程与回收过程大致相反，即拨锥机构先将路锥从车厢里的带式输送机上拨动到卡板机构上，然后机械爪伸入路锥内部，机械爪从内部张紧路锥，卡板回收，连同路锥下降然后转动到水平状态，随后机械爪收缩，路锥脱离机械爪，最后在门形结构的作用下扶正，完成一个路锥的摆放，重复上述过程，完成路锥完整的摆放过程。

3. 主要设计过程或试验过程

1) 对装置的机械结构进行设计

首先根据路锥的型号、路锥摆放距离等外界因素确定行车速度、摆放时间间隔等技术参数，并据此选择搭载车辆车型，并根据路锥收放装置的安装对车辆底盘进行了一定的改装。

其次进行路锥收放箱机构的相关设计，包括路锥扶正机构，其用钢管钢板焊接而成；内抓取式机械爪确定了四爪结构，并安装了光电式位置传感器以检测路锥的位置；确定了转动机构简单稳定的壳体结构；升降机构中采用四倍的行程放大机构，确定了升降的总行程等；卡板机构采用上下两对卡板便于对路锥逐个放出，并设计了上下卡板的工作流程。

随后进行了用于存储路锥和纵向输送路锥的带式输送机的设计，主要部分包括驱动滚筒、机架、输送带、托辊、从动滚筒、张紧装置和调平脚环。首先根据路锥存储的布局确定了输送带、驱动滚筒和从动滚筒的几何参数，按照实际工况和行业标准，选取了输送带的材料。然后选取了驱动滚筒的类型和冷却方式，根据国产系列托辊技术规格表选择了合适的托辊，设计了带式输送机的其他辅助结构如张紧机构和调平脚环。最后进行了带式输送机相关参数的定量计算，得到了带速、输送带输送能力、驱动滚筒周向驱动力、传动功率等参数，进行了电机的选型和输送带张力的检验。

最后结构部分进行了拨锥机构的相关设计。首先设计了拨锥机构的底座，由方钢焊接而成。其次通过计算对滚珠丝杠和丝杠导轨进行了选型，并进行了寿命检验。随后校核了丝杠两端圆锥滚子轴承的强度，设计了长短两根拨杆的结构，进行了拨杆电机的选型和联轴器等其他辅助结构的设计。最后对拨锥机构的动作流程和工作时序进行了设计。所有零件的结构设计均是使用 SolidWorks 三维建模软件完成的，进而对设计的零件进行装配组成了完整的装配体。

2) 对路锥收放系统的传动系统进行设计

首先比较了机械传动、电力传动、气压传动和液压传动的优缺点，随后选取了与电子技术、传感技术和微机控制技术相结合的液压传动方式，进行了路锥收放机的工作流程和动作时序的设计。根据实际结构与载荷情况，通过计算确定了三个液压缸的参数，并进行了强度校核。

3) 对装置控制系统的软硬件进行设计

根据高速公路路锥收放系统的实际使用要求，结合各执行元件的动作时序，设计了本产品控制系统的软硬件，确定了以 SIMATIC S7-200 SMART 为核心的 PLC(Programmable Logic Controller) 控制技术，完成了驱动电路、控制电路、接口连接等硬件系统的设计，并给出了各动作的软件流程图，从而完成了整个机电系统的设计。

4. 结论

本课题以高速公路维护时路锥的摆放和回收为背景，为实现路锥摆放和回收的机械化与自动化、提高路锥收放的效率及整齐性、保护路锥收放工人的生命安全，基于机械设计、液压传动、机械电子等专业理论知识，结合工程生产操作实际，设计了高速公路路锥自动收放系统，主要完成了以下工作。

（1）结合力学、机械设计和机械原理等相关知识，完成了路锥收放装置搭载工程车辆的选型，在设计的三种收放方案中选择了较优者，并进行了具体的设计计算，包括机械爪的布置、电机的选择、驱动力的计算、车辆行驶速度的测定、结构的安排与优化、关键部件的强度校核等。使用三维设计建模软件 SolidWorks 对整个系统进行了建模和装配。

（2）在机械、电力、气动和液压四种传动方案中择优选择了液压传动作为本路锥收放装置的动力驱动系统，结合液压传动方面的知识完成了液压元件的计算与选型、液压系统回路的设计以及液压系统动作流程和时序的设计。

（3）结合机电传动控制、微机原理与接口技术和机电系统设计等方面的相关知识，根据路锥收放机的作业流程和动作时序，开发了基于 SIMATIC S7-200 SMART 为核心的 PLC 控制技术，完成了相关软硬件的设计，以及相关电路图的设计。

（4）通过动力学分析软件 ADAMS，对路锥收放机虚拟样机的主要运动机构进行了动力学仿真，探究了各机构的动力学效应，验证了各机构运动的合理性和顺畅性。

5. 创新点

（1）在自动回收和摆放路锥的基础上，通过拨锥机构和输送带机构实现了路锥的自动储存与取出。前几代产品中，都是使用人工将回收回来的路锥存放起来，或者是将存储的路锥人工摆放到收放装置上放下，本产品可以将此处的人力劳动用机器代替，实现较高的自动化。

（2）使用机械爪进行路锥收放。与传统的输送带传送方式相比，具有减小装置体积和重量的优点。

（3）传动系统采用液压驱动的方式。与常见的电机驱动方式相比，具有设备体积小及调整方便的优点。

6. 设计图或作品实物图

图 1 所示为设计作品的三维模型。

图 1　设计作品三维模型

三维复杂零件自动检测装置设计

张棋荣

北京理工大学 机械工程

1. 设计目的

结合国内外的高精度检测方法，在追求高分辨率、高精度检测的同时，越来越注重测量速度与检测效率。针对航空航天领域复杂精密零件在检测质量与检测效率上较难保证的问题，这里重点研究了三维复杂零件检测精度控制方法和与加工工艺相结合的边缘识别技术，设计了一种适用于中等尺寸三维复杂零件的快速、批量检测的检测系统，通过视觉检测的方法实现三维复杂零件的快速自动化检测。

2. 基本原理及方法

（1）利用文献研究法进行微米级检测装置国内外发展现状的研究，分析比较了国内外高精度检测装置与技术、边缘识别技术的发展现状，从而确定了研究目的和意义。

（2）采用调查法，主要对国内外基于机器视觉的非接触式检测方法与装置进行分析，拟定所设计的五自由度集成检测装置初步总体方案。

（3）采用多准则决策分析的研究方法，评估所设计的多种布局方案，定义一系列评估标准和设计要求，对布局方案进行整合优化，确定检测系统总体布局方案。

（4）基于可重配置的模块式设计方法，将所设计的自动检测装置主要分为位姿调整单元、集成夹持单元、机器视觉检测分类单元。根据检测装置总体功能需求，细化各单元实现的功能，并进行相适应的结构设计。

（5）减小位姿调整单元各轴行程以提高定位精度，采用减小阿贝误差的设计方法提高检测精度；集成夹持单元设计时采用提高集成度的设计方法以实现零件宽度 50mm 以内多种结构特征零件的夹持；机器视觉检测分类单元采用宏微结合的设计方法，实现跨尺度高精度特征识别与尺寸检测。

（6）采用定量分析法研究具体结构在整体装置中的承载形式，利用理论公式进行计算设计，利用有限元分析法进行整体刚度和部件刚度的仿真分析与优化设计；采用三角几何学方法进行转角误差分析；基于多体拓扑学的精度建模方法对检测设备进行精度分析，得到理想状态和实际状态的位姿调整函数与运动约束方程。进而基于小误差假设建立综合误差变换矩阵进行误差分析。

3. 主要设计过程或试验过程

（1）在进行微米级检测装置国内外发展现状的研究后，对国内外相关设备的研制方法进行分析、综合、比较，结合本次设计任务的具体要求，首先提出了多种可行的检测装置总体布局的初步设计方案。

（2）根据设计的多种布局方案，采用多标准分析比对后，确定最终的检测装置总体布局方案。根据模块化设计思想，将设计的检测装置主要分为位姿调整单元、集成夹持单元、检测分类单元三部分，同时设计检测过程。

（3）为满足检测装置总体功能要求，根据拟定初步的设计方案，进行各单元的总体设计。位姿调整单元需要实现的功能是根据检测特征的需要，调整零件位姿使相关特征位于相机视野范围内，对各轴布局、结构形式、行程、精度等指标进行设计；夹持装置要求能够实现不同零件的柔性夹持，针对块状、柱状零件，采用传统的夹钳进行零件的夹持，分析比较两种集成方案后确定集成夹持机构最终方案；机器视觉检测分类模块采用基于机器视觉的非接触式测量方法，采用宏微结合的双视场布置方式，宏观视野可实现基于特征匹配的零件识别与零件宏观缺陷检测，微观视野实现零件尺寸特征的测量与零件微观缺陷检测。

（4）完成总体设计后进行各单元详细设计。集成夹持单元主要进行快换卡盘、气动夹爪、气囊等的计算与选型，针对不同尺寸特征和结构特征零件的夹持设计专用的夹持爪臂；位姿调整单元对旋转机构的高精度转台进行计算选型，对各直线轴的滚珠丝杠、导轨、电机、联轴器和附件等进行计算选型，主要对 Z 轴直线运动机构丝杠螺母副进行选型设计，并对丝杠的载荷、容许转速、运行寿命、刚度、定位精度、旋转扭矩等进行了详细的计算校核，对 Z 轴滚动导轨的载荷和寿命进行了详细计算与校核；机器视觉检测分类单元进行 CCD 相机、镜头、直线/回转气缸的选型设计，完成光源的选择与光照方式的布置，根据相机分辨率与镜头光学极限分辨率对检测精度进行分析，确定精度满足设计要求。

（5）开展检测装置的刚度和精度分析。首先分析检测装置在重力作用下产生的变形，根据分析结果优化检测装置为台机布置，进而分别对位姿调整单元和机器视觉检测分类单元进行静态特性分析，优化位姿调整单元布置与材料设置。精度分析主要包括采用几何分析的方法进行转角误差分析，基于多体拓扑学精度建模的直线轴精度分析和视觉检测精度分析。建立理想状态和实际状态的位姿调整函数与运动约束方程后，基于小误差假设建立综合误差变换矩阵，对 Z 向综合误差进行分析。

4. 结论

（1）设计了一种适用于多种尺寸特征的三维复杂零件快速、批量检测的检测系统，适用于中等尺寸带有孔、轴、槽等特征的三维复杂零件的快速检测。

（2）完成了多自由度位姿调整单元的设计。主要对高精度转台、电机、丝杠、导轨等进行选型与校核。各直线轴重复定位精度为 ±0.01mm，各旋转轴重复定位精度为 ±0.002°。

（3）完成了机器视觉检测分类单元的设计。进行了相机、镜头、光源、直线/回转气缸等部件的设计与选型。采用宏微结合双视场，宏观视野范围 50mm×50mm，检测精度优于 0.05mm；微观视野范围 10mm×10mm，检测精度优于 0.01mm。

（4）完成了复杂零件集成夹持单元的设计。对快换气动卡盘、气动夹爪、夹持气囊等外购件进行了选型设计，可实现 1～50mm 多种零件的夹持。

（5）利用 Pro/E 进行建模，用 ANSYS 对重要部件进行强度校核，优化设计。

（6）对所设计的检测系统进行边缘识别精度分析、转角误差分析与直线轴精度分析，通过精度分析可知检测装置可以实现对三维零件五自由度精度为 0.01μm 的自动检测。

5. 创新点

（1）对待测零件进行五自由度位姿调整，能够按照检测要求和镜头特征参数实时调整零件位姿，完成所需维度的尺寸检测。

（2）自动化程度高。夹持单元适用于不同形态特征的复杂零件，如块状、柱状、轴孔类、薄壁类等多种零件，统一的标准化托板能够实现互换性，完成零件的快速装夹到位。

（3）宏微结合。采用基于机器视觉的宏微结合双视场非测量检测方式。

（4）集成度高。完成零件装夹定位、位姿调整、缺陷检测、特征识别、尺寸测量、零件分类，适合在线批量检测。

（5）检测效率高。一次装夹即可实现零件多个表面特征检测，不需要反复装卸零件，节约工时，提高了工作效率。

（6）检测精度高。宏观视场检测精度优于 0.05mm，微观视场检测精度优于 0.01mm。

6. 设计图或作品实物图

图 1 所示为检测装置总体布局。图 2 所示为检测装置台机布局。

图 1　检测装置总体布局

图 2　检测装置台机布局

基于四旋翼的风机叶片检测装置的研究

吕鹏宇

上海交通大学　机械工程

1. 设计目的

为了解决目前风机叶片高空检测作业的难题，针对风机叶片检测的问题初步设计基于四旋翼无人机的检测系统。主要目标为实现四旋翼的负载平台的设计，实现飞机叶片表面着陆与爬行。

2. 基本原理及方法

在本项目中，通过查阅文献调研了目前我国的风能利用情况以及风力机检查所面临的一些问题。对企业的需求进行分析，总结出设计的标准，制定了并联机构的总体框架。使用螺旋理论进行并联机构的自由度分析，并通过 Auto CAD 软件辅助设计，制定方案细节。以理论力学为基础，对并联机构进行运动学分析，得到了机构运行的运动学正解与反解方程，并通过 Matlab 进行数值计算，分析机构的工作空间。根据《机械原理》及《机械设计手册》对设计进行设计计算和校核计算。使用有限元原理，通过有限元分析软件对部分结构的强度及刚度进行分析。根据控制原理，设计控制系统，实现机构的运动。

3. 主要设计过程或试验过程

(1) 制定并联机构的总体方案为 4-UPU，分析自由度，并发现自由度不满足要求。

(2) 更改为 3-UPU 的并联机构，分析自由度，满足条件，并进行运动学分析。

(3) 制定机构具体参数，分析工作空间，校核参数。

(4) 确定各部分详细参数，进行三维建模，绘制三维图纸。

(5) 进行强度与刚度的校核，修改部分不合理尺寸。

(6) 有限元分析及运动学仿真。

(7) 根据确定的三维图绘制工程二维图，确定各部分的公差。

(8) 元件选型及购买，工程图加工。

(9) 同时，控制系统设计及代码编写以及上位机的编写。

(10) 装配与调试。

4. 结论

本毕业设计题目出自国网瑞盈电力科技有限公司，针对目前风机叶片检测面临的费时费力，以及工人高空作业较为危险等问题，提出了一种基于四旋翼飞行器的风机叶片检测系统。作为前期研究，本设计完成了四旋翼载物检测平台的设计，进行了控制系统初步设计。现将具体工作内容总结如下。

（1）调研能源应用背景和目前风机叶片检测遇到的问题，介绍了国内外的相关研究现状，并提出了系统的基本功能与设计要求。

（2）四旋翼风机叶片检测系统的结构，包括并联机构、动平台与静平台、推杆与吸附系统的详细设计。

（3）控制系统的初步设计，包括硬件与软件的模块化设计。

（4）对并联机构进行了运动学仿真，并对部分关键部件进行有限元分析，校核了其强度与刚度。

5. 创新点

（1）将四旋翼飞行器用于风机叶片检测。

（2）将并联机构与爬行的功能相结合。

（3）使用负压吸附实现风机叶片的吸附着陆。

6. 设计图或作品实物图

图 1 所示为设计作品三维模型。

图 1　设计作品三维模型

熔融沉积制造三维打印柔性支撑辅助平台设计及其工艺研究

叶潇翔

浙江大学　机械工程

1. 设计目的

基于熔融沉积制造技术的三维打印零件的支撑结构不仅造成了材料的浪费，还阻碍了三维打印效率的提高。因此，支撑结构的优化或削减对于熔融沉积成形（Fused Deposition Modeling，FDM）技术的发展有重要的意义。另外，当前三维打印的脱料过程基本依靠人力，效率低，对操作员经验要求高，大型零件的分离难度大，目前尚无法实现打印件的自动分离。针对这两个问题，本文设计制造了一种三维打印柔性支撑辅助平台，结合工艺规划来实现支撑结构优化和打印件自动分离等功能。

2. 基本原理及方法

钣金塑性成形柔性制造技术装备给予本文研究重要启发——多点成形柔性制造，基于离散思想，将实体模具离散为一系列规则排列的基本体单元，通过计算机控制各基本体单元高度，构造出成形面，实现板材的二维曲面成形。

因此，本文借鉴多点成形技术的思想，将其运用到减少三维打印支撑生成中来，提出"多点支撑"的想法：基于离散化思想，将支撑结构进行分区划分，然后调节基本体的单元高度，构造出支撑基底的空间形状，从而代替或减少支撑结构。但与钣金塑性成形不同的是：FDM制造过程是逐层堆积制造而非一次性成形，所以在形成支撑替代结构时需要进行相应的工艺规划，不仅考虑到成形的支撑基底的空间形状，还要关心成形工作顺序，以避免打印机和构成支撑基底的基本体在打印过程中的空间干涉。同时在思考该种机构的运动方式时发现，如果在打印完成后结合分离工艺规划，借助基本体的升降错位，就能实现打印模型和支撑基底的分离，可以解决目前人工分离的诸多问题，实现打印件脱料自动化。

3. 主要设计过程或试验过程

本文设计制造了一种三维打印柔性支撑辅助平台，参考多点成形技术的原理将平台划分成多个基本单元体，在打印过程中结合打印路径G代码，通过合理的时序控制实现单元的升降，形成支撑结构的基底，从而替代或减少需打印的支撑结构以提高打印效率和节省材料。打印模型的位置摆放将会影响减支撑的效果，本文对此展开相应试验进行研究。柔性平台另一种功能是在打印完成后利用单元的升降错位使得打印件与平台工作表面自动分离。本文对脱离时状态进行分析，构建自动脱料理论，在此基础上进行脱料模型有限元仿真并结合自动脱料试验探究脱料的判断依据，得出脱料规律指导后期 CAM(Computer Aieded Manufacturing) 系统开发。具体研究过程总结如下。

（1）基于多点成形柔性制造原理，提出了三维打印柔性支撑辅助平台的机械设计方案。柔性平台由升降单元和机架两部分构成。升降单元按线性设计，充分节省了空间；选择直线步进电机作为动力源保证单元可控可调。机架顶端设置限位结构保证单元精度和刚度；导向结构利用滚动轴承来顶住升降杆侧面实现导向作用，而合适的上、下限位板的间距和限位法兰能保证升降单元沿 Z 方向的运动刚度。

（2）为满足柔性平台打印系统的正常工作要求，结合平台的工艺规划设计开发了柔性平台控制系统。

以相应的电气结构为基础，开发设计了控制的基础模块以满足柔性平台基本的工作要求。通过工艺控制避免打印过程中的问题保证打印模型质量：包括准备阶段柔性平台调平，提高第一层打印的质量；工作阶段平台时序控制，一是减支撑操作时通过调节升降单元运动顺序避免与三维打印机喷头干涉，二是自动脱料操作时增加延时避免单元短时间处理大量指令。最后设计试验测定升降单元的运动误差，以分段线性插值的方式在程序中增加螺距误差补偿保证运动精度。

（3）实现了柔性平台减支撑功能，并设计试验验证减支撑优化效果和探究模型位置摆放对减支撑效果的影响。

减支撑功能实现可以分为两步：获取各个区域上支撑偏置值和构建支撑减少的模型切片 G 代码。本文采用了 123D Design 和 Simplify 3D 软件来实现具体操作。选择典型模型进行打印试验来验证减支撑优化效果，同时对三维模型摆放位置对减支撑效果的影响做了相应探究，发现打印速度和材料节省效果并不完全正相关，而是受摆放位置、速度规划的综合影响。

（4）结合理论分析和试验验证，得到脱料规律来指导自动脱料工艺。

为解释脱料破坏的原因，方案提出了两种脱料模型：拉伸破坏模型和局部效应模型。设计了胶接力测试样件来测量胶接界面的拉力强度，发现拉伸破坏模型与试验值相悖。基于 ANSYS 对模型尺寸参数对脱料影响展开探究，仿真分析结果发现局部效应起到很大作用。在仿真结果基础上得到相应规律来预测何种模型的尺寸参数下能正常脱离。

4. 结论

（1）基于多点成形柔性制造原理，完成了三维打印柔性支撑辅助平台的机械设计与制造。

（2）为实现柔性平台打印系统运动控制、通信传输和误差补偿，结合柔性平台的工艺规划设计开发了柔性平台控制系统。

（3）实现了柔性平台减支撑功能，设计试验验证减支撑具有明显的效率提高和材料节省的效果。探究模型位置摆放对减支撑效果的影响，发现打印效率和材料节省并不完全正相关，需要综合两个指标的影响变化给出模型的最佳摆放位置。

（4）结合仿真分析和试验验证，得到了能安全脱料的打印模型尺寸参数区域，通过此区域能指导简单模型自动脱料，并推广到大件模型的脱料上。

5. 创新点

（1）使用柔性平台减少熔融沉积打印中的支撑结构，提高了打印效率，节省了打印材料。

（2）实现打印件的自动脱料，提高脱料效率，解决大件模型的脱料问题，有助于提高打印过程的自动化程度。

（3）对三维打印的脱料问题进行研究，提出了简单模型脱料的模型尺寸参数区域，能用理论来指导脱料工艺。

（4）相比于其他辅助打印设备，控制结构简单，实现容易，稳定性好。

6. 设计图或作品实物图

图1为柔性平台三维结构示意图。图2为柔性平台系统实物图。

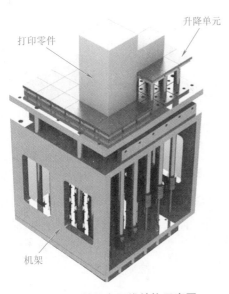

图1　柔性平台三维结构示意图

图2　柔性平台系统实物图

煤矿提升机天轮车槽装置机械系统设计

刘 雷

安徽理工大学 机械设计制造及其自动化

1. 设计目的

矿井天轮在煤矿提升机系统中起到导向和支撑等作用，但在新绳换旧绳过程中，受换绳周期不同步、多绳受力不均、高空动载等因素影响，其绳槽磨损后对新绳极易造成二次伤害，危害新绳的使用寿命，故需要进行在线天轮车削。但现有的煤矿提升机天轮车槽装置只针对摩擦轮，自动化水平较低，且存在天轮平台操作空间狭小的难题。因此，本文基于在线数控车削绳槽的思想设计了一种用于高空天轮平台车削绳槽的装置及其固定支架，弥补了国内这方面的空白。

2. 基本原理及方法

本装置进给机构动力源采用的是伺服电机，伺服电机每旋转一个角度都会发出对应数量的脉冲，这样和伺服电机接收的脉冲形成了呼应，或者称为闭环。如此一来，系统就会知道发了多少脉冲给伺服电机，同时又收了多少脉冲回来，这样就能够很精确地控制电机的转动，从而实现精确的定位。电机输出的力矩较小，需与减速器配合，以达到减速增扭的作用。减速器输出的旋转运动需要转化为直线的进给运动，能将旋转运动转化为直线运动的机构很多，由于精度的要求，本装置采用滚珠丝杠副。车槽装置 X、Y 两方向的进给运动满足了对不同绳槽和不同深度的切削，且定位精度较高。本装置采用了一种新型的车铣复合加工方式。车槽装置配有一高速旋转的电机，电机轴上安装与绳槽直径匹配的铣刀。加工天轮绳槽时，天轮保持匀速转动，这样便形成了车铣复合加工，使加工出的绳槽光洁度更好，精度更高。由于天轮位于较高的井架上，对车槽装置的安装极为不便，且危险性很大。经实地勘测调研，巧妙地设计了一种便于车槽装置安装的底座机架，机架设计采用整体式设计。由设计的安装底座的具体尺寸，基于结构力学和材料力学的相关知识将其简化为相应的力学模型进行强度校核，校核的结果证明了底座设计的可行性。最后，根据具体的选型设计参数，采用 SolidWorks 软件完成车槽装置总体三维模型的建立。

3. 主要设计过程或试验过程

本文在查阅大量参考文献和资料的前提下，对目前天轮车槽装置存在的缺点和不足进行改进设计。

首先，对车槽装置进行了系统设计。切削加工工艺选择，通过对比分析传统加工工艺和车铣复合加工工艺的优缺点，结合天轮车槽的实际工况和对精度的要求，优先选择车铣复合加工的加工方式；加工驱动方式的选择，相较于传统的手动车削的机械驱动方式，采用基于伺服电机＋滚珠丝杠副的两轴联动驱动方式，依靠其高精度、高平稳性、无爬行振动等特点，实现了机床运行的平稳可靠、高精度，克服了机架安装、人为判断等误差因素而导致的运行稳定性差、车槽精度较低、切削过程麻烦等困难；切削进给方式的选择，采用单刀多次进给方式，既避免了传统的单刀多次车削所面临的校准定位精度差、基准难以统一等缺点，又保留了其加工精度高、变形量小、切削灵活的优点；机架设计及定位方式，考虑到本装置对定位安装的便捷、可靠及精度要求，机架设计采用整体式设计。此外，本装置结合基准找正技术，进行精确安装定位，实现机床精度与天轮平台精度的配合，为最终达到天轮车槽的精度要求做好必要的安装精度衔接。

其次，在完成了车槽装置的系统设计后，又对其进行了具体的结构设计。本装置以伺服电机为动力源，伺服电机与行星减速器相连，通过滚珠丝杠副将旋转运动转化为直线运动，完成 X、Y 两方向的运动，并对主要零部件进行了选型设计。由具体的参数进行计算，完成了对滑轨、滚珠丝杠副及伺服电机的选型设计，并完成了其强度、精度及额定寿命的校核，校核结果验证了选型的合理性。接下来，由设计的安装底座的具体尺寸，基于结构力学和材料力学的相关知识将其简化为相应的力学模型进行强度校核，校核的结果证明了底座设计的可行性。然后对车槽装置的偏心误差和定位误差进行了理论分析，并应用 Matlab 分析，绘制相应的曲线，便于观察对误差影响较大的因素，进而避免或减小该因素对装置误差的影响。

最后，根据具体的选型设计参数，采用 SolidWorks 对所设计装置各零部件进行三维仿真建模，并对零部件进行装配，完成车槽装置总体三维模型的建立。

4. 结论

矿井天轮在煤矿提升机系统中起到导向和支撑等作用，但在新绳换旧绳过程中，受换绳周期不同步、多绳受力不均、高空动载等因素影响，其绳槽磨损后对新绳极易造成二次伤害，危害新绳的使用寿命，故需要进行在线天轮车削。为了解决这一难题，提高车绳槽的自动化水平，本文提出了在线数控车削绳槽的思想，完成了"正交车铣复合加工＋二维伺服数控驱动＋整体式机架定位"的系统车削方案设计，进行了滑轨、滚珠丝杠、伺服电机、底座机架等机构的选型、设计和校核，设计了一种用于高空天轮平台车削绳槽的装置及其固定支架。同时，建立了装置和机架的仿真与数学模型，并据此完成了偏心和定位误差的理论分析，验证了装置和机架的安全性与可行性。该装置具有精度高、安全性好、安装操作便利等优点，弥补了国内在这方面的空白。

5. 创新点

（1）加工方式的创新：提出了一种煤矿提升机天轮在线数控车削绳槽的思想。

完成了"正交车铣复合加工＋二维伺服数控驱动＋整体式机架定位"的系统车削方案设计，解决了传统煤矿提升机车绳槽过程中存在的人工操作安全性差、精度和效率低等难题，实现了自动化、无人化的远程遥控加工进给。

（2）安装方式的创新：设计了一种用于高空天轮平台车削绳槽的装置及其固定支架。

根据煤矿提升机高空天轮重载、动载荷多变的工况，分析了绳槽车削的方式，针对天轮平台狭小的可操作空间，设计了一种用于高空天轮平台车削绳槽的装置及其固定支架，具有精度高、安全性好、安装操作便利等优点，属于国内首创。

6. 设计图或作品实物图

图 1 为天轮车槽装置三维图。图 2 为安装底座三维图。

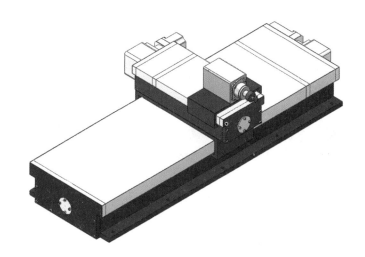

图 1　天轮车槽装置三维图

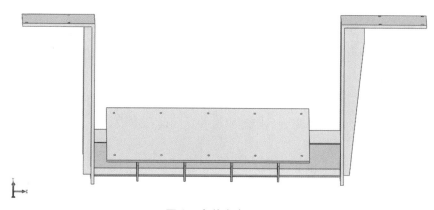

图 2　安装底座三维图

直升机尾斜梁电动锁销机构设计

周仁弘毅

重庆大学　机械设计制造及其自动化

1. 设计目的

舰载直升机为了减小全机停放时的外廓尺寸，有效缩小直升机在舰上的存放空间，减少飞行前、后的保障时间，便于其他直升机起降，提高作战效能，直升机尾斜梁需具有快速折叠和展开的能力。为保证飞行安全，锁销在飞行过程中应确保处于上锁状态，直升机空中飞行时尾斜梁部分振动很大，为防止锁销因振动而异常动作，需要上锁时对锁销进行锁定。以重量最小为目标，研制出符合使用要求的尾斜梁电动锁销机构设计。

2. 基本原理及方法

（1）行星轮系传动：齿轮传动是传递机器运动和力的主要形式。行星轮系传动是在齿轮系运转时，组成该齿轮系的齿轮中至少有一个齿轮的几何轴线位置不固定，而绕着其他齿轮的几何轴线旋转。行星传动具有传动效率高、使用寿命长、结构紧凑、可靠性好、传动比准确、承载能力大等优点。本设计能将电动机输入的高转速低扭矩先经过锥齿轮减速，然后分流到两侧行星轮系进一步减速后转化为低转速高扭矩，以驱动滚珠丝杠副运动，从而达到功能要求。

（2）有限元分析：有限元分析是利用数学近似的方法对真实物理系统（几何和载荷工况）进行模拟。还利用简单而又相互作用的元素即单元，就可以用有限数量的未知量去逼近无限未知量的真实系统。由于箱体、行星架、锁销组件形状结构与受力情况复杂，若用传统的手工计算，其强度刚度校核难度与工作量相当大，因此在本设计中采用有限元商业软件进行计算。

（3）强度刚度校核：基于相关设计标准，对连接花键、高强度螺栓和轴承进行设计校核。花键根据 AGMA 6123 标准校核其微动磨损能力，根据 DIN 5466 标准校核其承载能力；高强度螺栓根据设计要求的静载荷、疲劳载荷和所选择的螺栓参数，依据 VDI 2230—2003 高强度螺栓连接系统计算准则和《机械设计手册》计算静强度和疲劳强度。由于轴承是锁销机构中重要的、关键的基础零部件，直接决定着传动机构的性能、质量和可靠性。因此，根据设计建立传动机构三维模型，并对其中的轴承进行静载荷安全系数和修正额定寿命的计算。

3. 主要设计过程或试验过程

（1）针对一体式锁销传动机构提出三种方案，方案一为一级 NGW 型行星齿轮减速器，一级 NN 型行星齿轮减速器；方案二为一级 NGW 型行星齿轮减速器，一级 NW 型行星齿轮减速器；方案三为两级 NGW 型行星齿轮减速器。通过参数设计建立三维模型。通过比较锁销直线推力、锁销作动速度、手动开锁力、传动效率、齿轮安全系数和总重量等因素后，确定了方案三，即两级行星轮系均为 NGW 型的方案为最优设计。

（2）由电动锁销机构的最优设计方案，依据其计算分析得到的设计参数，提出了与锁销机构相配套的传感器的设计方案。依据需要满足的工作要求，对传感器性能进行了验证分析。根据计算结果，发现该方案满足所必需的设计目标，故本传感器设计方案具有可行性。

（3）基于方案三，对其箱体、行星架和锁销建立有限元模型并进行有限元分析，通过划分网格，确立边界条件，给出应力应变云图，经过计算变形及应力的分布，完成上述构件的强度、刚度校核。结果表明：箱体、行星架和锁销的强度、刚度足够，结构设计合理。

（4）基于方案三，并依据相关标准，对连接花键、高强度螺栓以及轴承进行校核计算。结果表明：行星架内花键连接均满足设计要求；对螺栓进行强度校核显示各级螺栓 / 螺柱满足要求；锁销传动机构所用轴承均满足静载荷安全系数大于 1 的要求；计算所得的修正额定寿命满足大于工作时间 11.67h 的要求。

4. 结论

本文针对锁销传动机构完成了方案确定、参数设计，通过比较锁销直线推力、锁销作动速度、手动开锁力、传动效率、齿轮安全系数和总重量等因素后，确定了方案三，即两级行星轮系均为 NGW 型的方案为最优设计；提出了与之配套的行程测试传感器的设计方案，依据所需要满足的工作要求，对传感器性能进行了验证分析。根据计算结果，发现该方案满足所必需的设计目标，故本传感器设计方案具有可行性。最后，对齿轮箱体、行星架和锁销进行了分析校核，经过验证均满足强度刚度等条件。结果表明：本设计在以重量最小为目标中，满足了工作需要，研究出了合格的产品。

5. 创新点

（1）采用了一体式锁销机构设计。锁销电动装置的一体式方案产品设计复杂，对直升机机械接口要求较高，两端锁销距离较远，连接两端锁销的支撑结构冗余多。分体式方案产品设计结构简单，体积小，并且安装灵活，由于各锁销可单独作用，也降低了完成任务的风险。故传统上均采用分体式装置。但由于安装本装置的某型号直升机端面上下距离不大，因此与分体式方案相比，一体式方案在行程与重量上具有一定的优势，故本设计采用一体式锁销机构。

（2）采用了两级 NGW 型行星轮系的传动方案，行星传动具有传动效率高、使用寿命长、结构紧凑、可靠性好、传动比准确、承载能力大等优点，能获得较高扭矩，故本设计采用行星轮系传动。

6. 设计图或作品实物图

图 1 为设计作品的结构图。

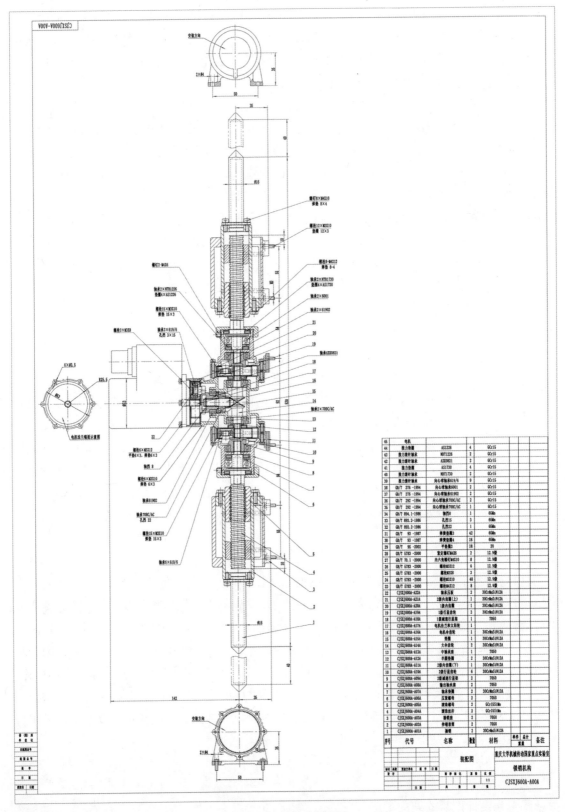

图 1 设计作品的结构图

重型数控车床纵向进给系统齿轮齿条传动设计

卢　轩

兰州理工大学　机械设计制造及其自动化

1. 设计目的

数控车床进给系统一般采用滚珠丝杠传动方式，但对重型、远距离传动的大型数控车床而言，采用滚珠丝杠传动时，由于滚珠丝杠长度较长，受其自身重量的影响易造成弯曲变形，从而使得床鞍的移动定位精度变差；同时，长度的增加，使整个传动部分惯量加大，导致生产成本增加、机构更加复杂化。针对上述问题，本设计在进给系统中采用高精度双斜齿轮齿条代替传统的滚珠丝杠，并利用消隙机构提高其传动精度。

2. 基本原理及方法

进给系统采用双斜齿轮齿条消隙机构，利用两输出斜齿轮的轮齿分别与齿条轮齿相反的两侧接触，达到消除反向传动间隙的目的，其传达原理图如图 1 所示。

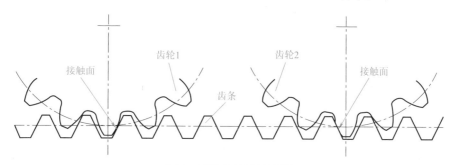

图 1　双齿轮消隙原理图

图 1 中，齿条的左齿面和齿轮 1 的右齿面接触，齿条的右齿面和齿轮 2 的左齿面接触，当齿轮 1 驱动齿条向右移动时，齿轮 2 处于空转状态；反之，当齿轮 2 驱动齿条向左移动时，齿轮 1 处于空转状态。齿轮 1 和齿轮 2 的不同侧面同时与齿条两齿面接触，从而达到消除换向进给时的反向间隙的目的。

为了保持两斜齿轮齿面与齿条齿面始终紧贴，采用弹簧消隙机构。其原理为通过弹簧给齿轮施加预紧力，从而使齿轮与齿条齿面紧贴，消除传动过程中的反向间隙。

齿轮在进给箱中处于密封状态，其主要失效形式有齿面疲劳点蚀、热胶合等，基于齿轮的常见失效形式，并结合本次设计内容，通过给定参数计算出齿轮的各尺寸参数后，校核齿面的疲劳强度。

轴设计时通过传递转矩和功率确定最小轴径，并计算分析轴上受力，确定危险截面后校核轴的弯扭疲劳强度。

3. 主要设计过程或试验过程

1) 项目基本情况及参数分析

从给定任务出发，结合实际工作情况对课题的参数进行分析，通过数据计算和理论研究确定设计方向，从可靠性、经济性、强度刚度等方面综合考虑，发现主要问题并查阅相关文献资料寻找可供解决的方案。

2) 总体传动方案确定

在选择以齿轮齿条作为主传动方式后，对总体传动方案进行设计，主要从进给箱尺寸、轴的空间布置、齿轮的定位及安装方式、轴的固定等方面考虑，制定出进给系统的总体传动方案，为此后的设计计算提供依据。

3) 消隙机构选择

查阅相关文献资料，了解齿轮齿条传动系统中齿侧间隙产生的原因，以及齿侧间隙的存在对进给系统和机床加工带来的影响，寻找可消除齿轮齿条传动系统中齿侧间隙的方案，从经济性、结构的复杂性、后期的维修调试等多方面对消隙方案进行比较，最终确定弹簧消隙方案作为本次设计的最终方案。

4) 电机、减速器选择

对进给系统在不同工作情况下的受力进行分析，通过峰值扭矩计算选定减速器及与之相匹配的电机。

5) 主要传动部件的校核计算

该部分主要由三部分组成，即齿轮校核计算、轴校核计算和轴承校核计算。确定电机后，通过减速比计算出各轴传递的转矩、功率和转速，选择合适的齿轮材料并计算尺寸参数，按照齿轮的失效形式进行安全校核。齿轮设计完成后，对轴进行设计。首先，通过转矩确定最小轴径，对轴进行结构设计，主要考虑轴的安装定位及轴上零部件的安装定位；其次，对轴进行受力分析，并画出弯扭图，对安全截面进行安全校核；最后，利用相关软件进行有限元分析，进一步完善计算结果。在轴校核完成后，结合轴的结构选择合适的轴承进行寿命计算，完成传动部件的校核计算过程。

6) 三维建模及二维工程图绘制

利用 ANSYS Workbench 软件对零部件进行三维建模并虚拟装配。利用 SolidWorks 软件绘制主要零部件的二维工程图及总装配图。

4. 结论

本设计主要设计了重型数控车床纵向进给系统齿轮齿条传动机构，利用双斜齿轮齿条机构完成纵向进给传动，解决了由齿侧间隙而产生的传动误差问题。最后，对整个进给系统零部件进行设计计算。主要结论如下。

（1）齿轮侧隙是影响进给传动精度的主要因素之一，设计时应采取相应措施加以消除。

（2）借助三维建模软件可快速建立相应零部件实体模型，并可对其进行运动仿真、虚拟装配及有限元分析等研究，使整个设计过程包括绘图、计算等过程高效直观。

5. 创新点

（1）利用弹簧消隙机构消除了齿轮齿条传动机构中由齿侧间隙带来的反向空回程问题，提高了数控机床的加工精度。

（2）采用联轴器箍紧轴上齿轮的方式定位齿轮，完成动力传输，代替了传统的键连接对齿轮的周向定位，消除了键连接带来的周向误差，进一步提高了传动系统的精度。

6. 设计图或作品实物图

图 2 为弹簧消隙结构图。图 3 为隐藏箱体后的虚拟装配图。

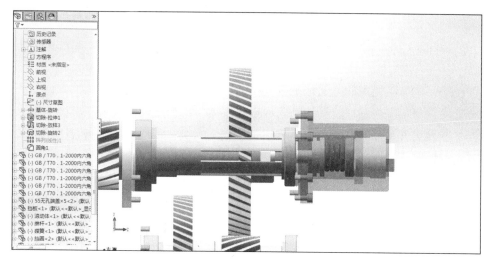

图 2　弹簧消隙结构图

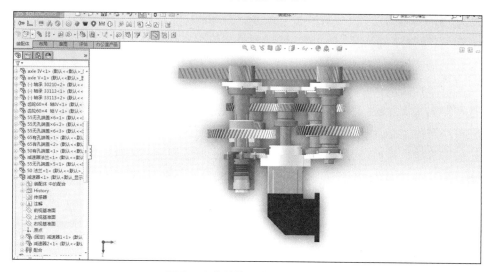

图 3　隐藏箱体后的虚拟装配图

航空发动机转子装配界面平面度测试系统研制

王　珏

大连理工大学　机械设计制造及其自动化

1. 设计目的

在机械零件装备时，装配界面形状误差信息非常重要，形状误差往往会影响接触刚度和装配精度。接触刚度的大小直接影响装备整体的动力学特性和密封性等。为了精确控制装配体性能，需要测试零件的形状误差，如航空发动机、离心压缩机等重大装备装配过程，形状误差在位测量是实施装配工艺及性能精确控制的前提和基础，是智能装配过程中不可缺少的环节。而且装配过程中广泛存在环形零件，这些零件结构复杂、质量大，只能使用在位测量技术。

目前在工厂中广泛使用的方法是测量全跳动误差，但是全跳动误差是位置误差和形状误差的综合反映，仍难以根据全跳动信息获取形状误差。平面度仪法或者三坐标测量仪虽然能测量零件装配界面具体形貌，但通常不适用于航空发动机、燃气轮机、离心压缩机转子等大型环形界面形状误差的测量。

本设计目的在于设计出一种在位测量圆环面平面度的测试系统，该测试系统用于指导国内某航空发动机制造企业在生产转子时的装配过程，通过系统测试出来的平面度和平面形貌来指导高对低、低对高的装配。

2. 基本原理及方法

测试采用的基本方法为 EST(Error Speration Method) 误差分离方法，即通过多个传感器顺序重复测量，将测试系统与被测表面的误差分离出来，其中具体方法包括时域两点法、时域三点法和频域三点法。这些方法主要包含的误差源有以下几点：初始调零误差、传感器支架倾角误差、采样步距误差、测头间距误差和传感器随机误差。其中初始调零误差三种方法均可通过递归方式消除；传感器支架倾角误差只有时域两点法存在；采样步距误差和测头间距误差都很小可以忽略。

采用误差等效均化处理减少传感器随机误差的影响。时域三点法中的随机误差一般是以一个点为基准、单方向不断放大的，因此未处理的时域三点法曲线一般是指数型漂移的。如果将所有的点都作为基准，并以起点向数据两侧同时进行时域三点法处理，然后对结果进行平均处理，这样可以让误差的迭代等效地作用于每一个点，而且只用一次测量就可以直接得到精确结果。

试验数据经过上述方法处理之后，需要进行三维空间内的最小二乘法处理。最小二乘法估计平面度算法是利用最小二乘法求出平面散点的最小二乘平面作为理想平面，然后经过坐标系变换，将原散点坐标系中的 x-y 平面转换到最小二乘平面，进而估算这些散点在新坐标系中的平面度信息。

3. 主要设计过程或试验过程

设计要求如下。

（1）被测面为圆环面。

（2）被测圆环面直径为 230 ～ 280mm。

（3）被测面可能是平面也可能是法兰面，要求均能满足测试条件。

（4）要求不仅能测出被测件平面度值，还要求构建出被测面平面形貌特征。

（5）要求平面度测量精度为 5μm。

（6）要求测量被测件时，被测件不能离开装配台进行二次安装，要求实现在位测量。

（7）测试系统要求能自行回转，被测件不能动。

（8）被测件装配时由于装配界面是竖直面，因此测试系统的测头平面也要求是竖直的。

（9）根据圆环面平面度在位测量理论，要求设计自调平系统，即能实现测头平面 x 轴和 y 轴的旋转。

（10）要求设计出相配套的数据采集分析系统，可以实现自动化的测量。

根据上述设计要求，设计该系统需要的部分包括调姿部分、回转部分、测试部分和采集部分。回转部分要安装在调姿部分上，可以实现回转部分的自调平；测试部分要安装在回转部分上，可以实现测试系统运动，而被测件不动的测试方式；采集部分与测试部分相连，实现数据自动采集、存储和处理。

对调姿部分进行选型，选择可以进行自动控制的电动角位台和电动旋转台进行组合实现调姿功能；对回转部分进行选型，选择机床常用的多齿分度台实现精确回转，并设计多齿分度台与调姿部分安装的底座；对测试部分进行选型，选择基恩士公司生产的 GT2-H12K 型接触式传感器作为测头，并设计传感器夹具使传感器与多齿分度台完成定位和固定，采集部分选择 LabVIEW 进行采集和存储，并将存储的数据直接利用 Matlab 进行处理。

试验时，先利用装配台自带的调位功能，使被测件的圆心和测头平面的圆心基本共点，再根据传感器读数，利用调姿装置使测头平面和被测件表面平行。随后再调节三个测量用传感器零点初值的误差，使其在零点的读数基本相同。然后每测完一组数据后，旋转多齿分度台 α 度后再测量下一组数据（α 为两个传感器相对圆心的夹角度数），直至测量完一周的全部点。为了能消除零点初值的误差对测量的影响，一周测完后，再多测量两个点用于消除误差。所有采集的数据先经过误差等效均化处理，然后利用时域三点法进行误差的分离，最后通过最小二乘法对平面度进行评估。

4. 结论

本文根据航空发动机转子中轴盘和锥壁的装配要求，设计了一种在位测量圆环面平面度的方法和系统。目前已存在的一种三点法测量圆环面误差方法，其首先不能实现在位测量，其次不能实现随机误差的消除，同时也没有考虑到直线测量中的线性误差传换到圆环面后变为非线性影响，必须要进行平面的最小二乘处理，根据上述存在的问题，本文基于时域三点法测量直线度的原理，设计了能自调平的圆环面平面度在位测量系统，另外，对设计的系统进行了应力和变形分析，确保其力学性能足以保证测量精度。另外，在误差分析中创新性地引入了误差等效均化处理和最小二乘法处理，使系统首次实现了圆环面平面度的在位测量。

最终结果显示，时域二点法测量值为 45.9μm、基于误差等效均化处理的时域三点法测量值为 111.2μm、基于误差等效均化处理的频域三点法测量值为 19.6μm。三坐标测量仪的测试结果为 104.6μm，时域三点法测量结果与其最为接近。该系统实现了事先的预期效果，并且根据测试得出的平面形貌来看，它与机械制造原理相吻合，进一步证明了该测试系统的可靠性。

5. 创新点

（1）首次实现了在位测量大中型零件圆环面平面度，设计出了能自调平的圆环面平面度测量系统。

（2）将测量直线度的时域三点法转化到圆环面平面度测量中，并重新分析各个误差的变化情况。

（3）误差等效均化处理方法首次利用于圆环面平面度测量中。

（4）首次利用最小二乘法处理圆环面平面度。

（5）设计了相配套的计算机采集和处理软件，实现了自动化的测量。

6. 设计图或作品实物图

设计作品结构图如图 1 所示。设计作品实物图如图 2 所示。

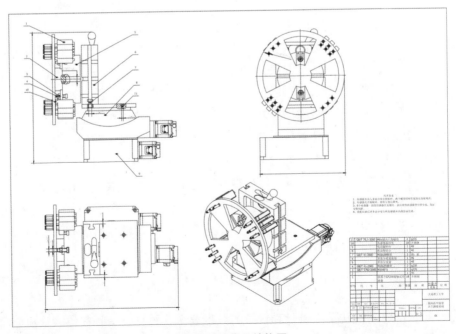

图 1　设计作品结构图

图 2　设计作品实物图

优秀奖

全方位移动家用擦窗机器人原型设计

陆丁异

上海交通大学　机械工程

1. 设计目的

针对普通家庭用户和商户对大型落地窗的清理问题，以及高层住户的窗户外侧的清理需求，设计出一款基于非接触永磁吸附的全方位移动家用擦窗机器人，并设计了关联的APP进行控制，用户可以在手机APP上控制擦窗机器人，为机器人规划路径，结合机器人内置的传感器，达到高效、安全、精确擦拭窗户的效果。

2. 基本原理及方法

1）机械结构

在Unigraphics NX平台上设计机械结构，包括内外机和内部的各个零件，针对机械校核的结构再做进一步的修改

2）机械校核

（1）运动学分析：从麦克纳姆轮单轮出发得到麦克纳姆轮中心点的速度表达式，在移动平台质心建立坐标系列出麦克纳姆轮中心点的速度表达式，从两种方式推导得到轮子的中心点运动速度表达式相等。联立两个速度表达式得到基于麦克纳姆轮全方位移动平台的运动学方程。利用该表达式可以得到运动学正向方程和逆向方程。

（2）壁面静力学分析：需要保证机器人和壁面的摩擦力一直大于擦窗机器人的重力，避免出现打滑。同时，磁铁提供的吸附力矩大于机器人自身重力导致的倾覆力矩，避免出现倾覆。

（3）永磁体：在ANSYS Maxwell平台进行对各类永磁体以及不同排布下的磁力进行模拟，比较后得到较优的设计。

3）电路设计

使用STM32处理器进行程序开发并绘制加工PCB板。在MDK5.14开发环境下编写控制程序，制定合适的运动方式和轨迹规划。

4）APP设计

在Unity3D环境下进行APP的设计，包括轨迹规划、工作时间等的显示，并设计了与下位机的蓝牙通信。上位机APP蓝牙通信模块是基于安卓系统的蓝牙通信模块设计。

3. 主要设计过程或试验过程

通过对擦窗机器人所实现功能的剖析，并根据企业的要求制定相应的具体功能，使用现有市场上对应的各类零部件，根据实际使用所需要的力矩等进行型号、尺寸选择，在实现其功能的前提下达到较好的兼容效果。

根据现有市场上的擦窗机器人的质量、尺寸对本项目所设计的擦窗机器人整体尺寸和质量进行初步估计，通过静力学分析得到对应所需的电机力矩和麦克纳姆轮尺寸。

永磁体的设计有很多要求，首先需要保证内外机相对位置不能发生变化，以及在各个环境下内外机都能吸附在一起。由于永磁体吸附在各个时刻都能紧密吸附，在摘下内外机的时候需要提升永磁体一定距离，因此需要一个永磁体提升装置。

在运动功能实现后，则需要实现对窗面的擦拭。外窗面相对内窗面较脏，需要清洁液和水箱，适宜温度的清洁液通过水泵挤压喷于窗面，再通过清洁布和刮条将窗面擦拭干净。而内窗面则只需要清洁布和刮条即可。

外机通过无线充电进行供电，外机需要供电的主要是水泵和传感器等耗电量较少的元器件，所以需要进一步确认无线充电的功率。

在选择处理器之后，针对现有各类型号的零部件进行电路的设计与控制，对相关元器件进行选型，最后绘制相应的 PCB 板设计图，然后进行制板加工。

针对擦窗机器人的整个擦窗作业进行轨迹规划，在 MDK5.14 开发环境下进行控制程序的开发，在主程序中附加初始化、预清洗、收尾等操作。

在 Unity3D 环境下进行 APP 设计，在分析上位机 APP 软件功能需求后确定 APP 三大功能模块：用户功能模块、附加功能模块、蓝牙通信模块。在 Unity3D 中通过绘制界面、撰写逻辑代码，分别实现了这三大模块所需的功能，使擦窗机器人自动进行轨迹规划。用户也可以在 APP 上控制和监控机器人。

以上均为一些理论分析，而在设计一款实际产品的时候需要一些试验的支持。在购买到相应结构的磁铁后，需要对实际的吸附力进行测试，是否能将内外机紧密吸附；由于外机需要水箱和水泵喷水，水箱的体积由单位时间的出水量乘以需要工作的时间得到；无线充电选型主要是针对传输功率进行选择，通过测试一定距离的线圈传递功率以及水泵的功率，可以较好地进行选择。

4. 结论

（1）绘制了全方位擦窗机器人的模型图，包括机器人各部分应用的机械结构设计和电机等原件选型。

（2）在进行机械结构设计后，对机器人的重要部分进行了强度校核：对擦窗机器人的内机和外机进行了静力学分析，得出了所需要的吸引力大小的关联式并进行了估算；对需要的磁力机构进行了分析并设计所需要的磁力吸附机构；通过对运动的擦窗机器人进行受力分析，得出了电机所需要的功率。

（3）在机械结构确定的前提下，对相关的控制电路部分进行了设计与相关元器件的选型，然后将电路原理图绘制成 PCB 板并进行制板加工，最后在 MDK 开发环境下进行相关程序编写。

（4）通过蓝牙与机器人进行通信，让用户能够在 APP 上监控和控制机器人。

5. 创新点

（1）擦窗机器人分为内机和外机两个部分，同时对窗的内、外进行擦洗，显著提升了擦窗的效率。

（2）采用了非接触式永磁吸附的方式，通过在内外机安装永磁体，达到在各个时刻内外机都能紧密吸附于窗面并进行移动擦窗。

（3）在内机上使用全方位麦克纳姆轮，在外机上使用随动的万向轮，达到在不改变机器人姿态的情况下在窗面进行各个方向的移动。

（4）内机通过有线充电进行充电，外机通过无线充电由内机向外机输送电，可以保证外机持续供电，清洁液持续从水泵喷出。

（5）在 Unity3D 平台上设计一款基于安卓平台的 APP，实现了在移动客户端对机器人进行状态监控和移动控制。

6. 设计图或作品实物图

图 1 为设计作品的实物图。

图 1　设计作品实物图

硬岩隧道掘进机刀盘驱动系统设计

王勇智

大连理工大学　机械设计制造及其自动化

1. 设计目的

硬岩隧道掘进机 (Tunnel Boring Machine，TBM) 是集机械、液压、电气、控制等多种学科于一体，专用于隧道工程施工的工程装备。它具有安全性高、掘进速度快、使用人力少、对周围环境的破坏小的优点，现已广泛应用于国内外的工程建设中。

刀盘驱动系统是 TBM 的关键部件，负责驱动刀盘转动切削岩石。TBM 作业环境的冲击载荷使刀盘驱动系统负载不均匀，常发生剧烈振动，极易诱发关键构件产生裂纹和断裂失效。因此，设计结构合理、承载能力高、振动水平低的刀盘驱动系统，对于整个 TBM 的设计十分重要。

2. 基本原理及方法

1）有限元分析理论

有限元法的基本思路是化整为零、积零为整，把复杂结构看成由有限个单元组成的整体。它首先将求解域离散为有限个单元，单元与单元只在节点相互连接，即原始连续求解域用有限个单元的集合近似代替。然后对每个单元选择一个简单的场函数近似表示真实场函数在其上的分布规律，该简单函数(通常称为插值函数或位移函数)可由单元节点上的物理量来表示，并基于问题的基本方程，建立单元节点的平衡方程(即单元刚度方程)。最后借助于矩阵表示，把所有单元的刚度方程组合成整体的刚度方程，这是一组以节点物理量为未知量的线性方程组，引入边界条件求解该方程组即可。

2）虚拟轴段等效理论

虚拟轴段法根据相似原理建立等效动力学模型，其模型准确、计算量小，已广泛应用于机械系统动力学研究。本文的具体等效原则为：①等效后的虚拟轴段与原构件材质相同，且尺寸不超过原构件；② 虚拟轴段与原构件的固有频率和振型的相似度要尽可能高，尽量满足前几阶固有频率一致；③ 可采用阶梯虚拟轴段代替原部件。这样等效后的构件与原构件振动频率等动力学性能相似。

3）分层次建模方法

TBM 刀盘驱动系统构件多、结构复杂，所以本文提出了分层次建模的方法。首先将刀盘驱动系统分成控制系统和机械系统，控制系统就是电机驱动部分，机械系统就是从电机到刀盘的传动结构。然后将系统的基本构件及耦合关系做等效处理，形成有限元基本单元。最后将各单元按照结合关系逐级耦合，得到 TBM 刀盘驱动系统各子系统及整机的耦合动力学模型。

3. 主要设计过程或试验过程

1）刀盘驱动系统机械结构和关键元件设计与分析

本文设计了 TBM 刀盘驱动系统的结构，并利用 SolidWorks 建立了三维装配图，分析了其工作原理和载荷的传动过程。对小齿轮 - 大齿圈啮合副和主轴承等关键零部件进行了设计选型和强度分析。在此基础上，运用准确高效的有限元思想，通过 ANSYS 软件进行了关键部件总变形、应力、应变的分析，证明了强度分析过程的正确性，得出了关键部件性能优良的结论。

2）多电机驱动控制系统设计

TBM 工作环境恶劣、复杂多变、不可控因素多。施工中 TBM 刀盘负载突变，受冲击力的情况经常发生，进而导致多电机同步驱动载荷剧烈波动，发生偏载。因此，TBM 电机驱动系统的控制结构和动态性能要求很高。本文分析了现有的 TBM 刀盘驱动系统的原动机类型，选择了电机驱动方式，并建立模型。并对单电机变频调速方式做了分析比较，选择了直接转矩控制方式。针对刀盘驱动系统多电机同步控制问题，本文设计了基于主从控制结构的刀盘驱动控制系统。

3）刀盘驱动系统机电耦合动力学建模

针对 TBM 刀盘驱动系统的结构特点和动力学特征，本文提出了一种基于多层次建模思想的 TBM 刀盘驱动系统动力学建模方法。该方法主要运用虚拟轴段等效方法，将轴段单元、齿轮啮合单元和支撑连接单元分别等效成相应的轴段、弹簧阻尼连接，建立了主减速器的集中质量法模型和各零部件的有限元模型。最后，将各部分的模型通过相应的连接关系组合到一起，建立了包含非线性因素的刀盘驱动系统的机电耦合动力学模型。

4）刀盘驱动系统动力学特性数值模拟与分析

首先分析了外载荷即电机驱动力矩的变化，得到了电机驱动力矩变化的规律。再将其代入前面建立的 TBM 刀盘驱动系统模型中，得到了关键部件的振动特性。从时域和频率两个角度分别分析了这些关键部件振动特性。在时域内，分析了位移、速度和加速度振动曲线，并分析了其振动特性变化与外载荷变化的关系。在频域内，以加速度振动曲线为例，分析了关键部件振动的频率分布与小齿轮 - 齿圈啮合等振动源频率的关系，并比较了各关键部件振动频率分布的不同。

4. 结论

（1）本文设计了 TBM 刀盘驱动系统的结构和关键部件，并通过理论计算方法和有限元方法分析校核了这些部件的变形和最大应力情况。

分析结果显示，小齿轮 - 大齿圈啮合传动系统最大变形为 4.9295×10^{-4}m，最大变形率为 0.010%；最大应力为 250MPa，小于弯曲疲劳许用应力 480MPa。主轴承最大变形为 1.8×10^{-4}m，最大变形率为 3.40×10^{-5}；最大应力为 383MPa，小于滚子许用应力 2422MPa。这些结果说明其结构合理，尺寸合适。

（2）本文基于 Matlab 中的 Simulink 模块建立了多电机同步驱动控制系统模型，并进行了仿真分析。仿真结果表明：该控制系统在刀盘载荷变化时能迅速反应，重新达到平衡，验证了主从直接转矩控制系统在 TBM 刀盘电机控制方面的有效性。

（3）完成了 TBM 刀盘驱动系统动力学特性分析。系统振动响应的分析结果表明：电机启动转矩变化及刀盘负载变化会影响系统与关键部件的振动。在时域范围内，在电机启动阶段，齿圈节点除轴向外的振动与电机转矩变化的两个阶段一致。冲击载荷阶段，节点振动平衡位置不变，但振幅加大。在频域范围内，发现各关键部件的振动频率主要由齿轮啮合频率和其倍频组成。

5. 创新点

（1）利用有限元分析软件对结构进行力学分析，可以得到相对更加真实详细的零部件受力信息，可以在设计阶段进行修改和安全校核。所以，本文在用理论计算方法设计校核零部件强度的同时，还通过 ANSYS 软件利用了有限元方法予以校核，并将理论计算方法与有限元方法得出的结论进行对比，证明了理论计算方法的正确性。

（2）国内外学者目前对 TBM 刀盘驱动系统的研究，多集中在刀盘载荷预测和对关键零部件的强度、动态特性分析方面。但刀盘驱动系统结构复杂，结合点多。只分析单一零部件的特性不足以反映系统的整体特点。因此，本文分别考虑各个零部件的特性，并将其综合到一起，完整准确地反映驱动系统的特性，为 TBM 刀盘驱动系统的设计和分析提供理论依据。

6. 设计图或作品实物图

图 1 为 TBM 刀盘驱动系统轴侧图。

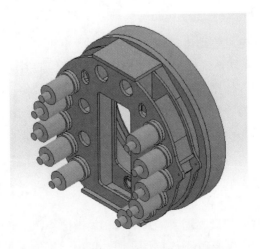

图 1　TBM 刀盘驱动系统轴侧图

图 2 为齿轮系统及其有限元分析得到的点变形。

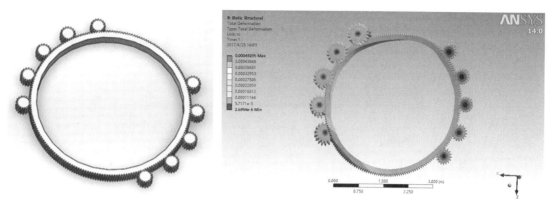

图 2　齿轮系统及其有限元分析得到的总变形

图 3 为齿圈节点振动位移时域曲线。

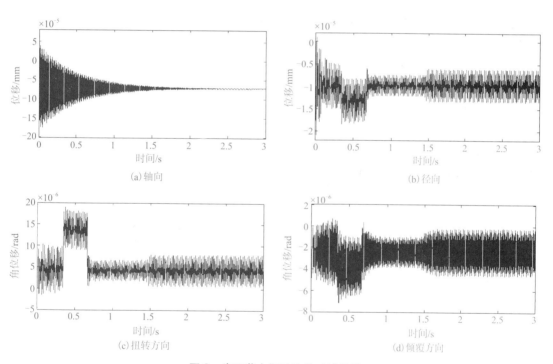

图 3　齿圈节点振动位移时域曲线

高分辨率两自由度对准用云台设计

李延璘

西安工业大学　机械设计制造及其自动化电子方向

1. 设计目的

微波通信已经广泛应用于电信、航天、军工等众多行业。针对中距 (5 ~ 10km) 条件下的点对点通信，目前常采用两自由度云台完成两点间自动对准工作。高分辨率、稳定、高效的两自由度云台是自动对准系统的关键部件，本设计的目的是根据国内外设计和发展状况提出一种车载条件下，结构合理、性能优越、满足技术指标的两自由度云台的机械结构，并以降低振动、提高强度、减轻重量等为优化目标进行结构参数优化设计，最后实际完成了加工、装配和测试工作。

2. 基本原理及方法

(1) 优化设计：将云台的结构在三维软件中建立模型，利用有限元分析找出设计的问题，不断地完善设计得到最优的结构。

(2) 可靠性设计：轴承的质量直接影响整个云台的质量，针对轴承受力进行可靠性的分析和预测也就是寿命计算。

(3) 参数化设计：在设计中使用 SolidWorks 三维建模软件，在软件中将设计好的零件的参数以构建的形式出现，无论对哪个零件的参数进行改动都可以自动地在其他相关联零件上反映出来，使得煤机的各机械零件设计都互相关联。参数化的设计显著提高了零件的设计与修改速度。

(4) 轻量化设计：两自由度云台大部分零件的材料为铝，方位轴与俯仰轴为空心轴，俯仰轴承座在保证结构强度的前提下铣削掉一部分以减轻重量。轻量化的总体设计减轻了整机的重量。

(5) 标准化的设计：整机采用的零件除了自行设计的结构件，其余螺钉、垫圈、轴承等零件均采用国标件，这样提高了零件的互换性，从而简化了二维云台的安装与维修。

(6) 有限元设计：这种方法是利用数学近似的方法对二维转台物理系统进行模拟。将整个转台利用 ANSYS 进行网格单元划分，就可以用有限数量的未知量去逼近无限未知量的真实情况。对云台进行结构的静态和动力分析，能准确地计算形状复杂零件的应力分布和变形，零件强度和刚度计算的有力分析是整个云台结构安全运转的重要前提。

3. 主要设计过程或试验过程

（1）针对本次设计的研究背景及研究意义，在详细调研两自由度云台国内外设计和发展状况的基础上，对云台结构进行重点研究并提出了两种不同机械结构的可行性方案，对两种方案进行比对后选出最优方案进行详细设计。

（2）机械方案包括两套完全独立的运动系统，分别为俯仰轴和方位轴，其基本结构均为步进电机连接无间隙蜗轮蜗杆减速机组成传动系统、同轴连接绝对值编码器构成闭环运动控制系统。针对上述传动机构进行了详细设计，包括涡轮蜗杆减速机选型、轴承的选型与校核、传动轴的设计与校核、平键的校核、机座的结构设计、轴承座及轴承端盖的结构设计、电器连接件的结构设计等。

（3）使用 SolidWorks 进行了云台零部件的三维零件建模工作，进行了云台机械结构的装配体设计工作，对装配后的云台进行了运动学仿真并录制了运动视频。

（4）在对云台结构中可能出现问题的薄弱环节进行分析的基础上，使用有限元分析软件 ANSYS 对关键零件进行静力学仿真，测算其最大变形和应力状态，对云台整体进行模态分析，测算其共振频率，验证云台结构设计的稳定性和合理性。

（5）经过详细设计、校核和有限元分析后，绘制装配图和零件图，完成了设备的机械加工、装配和初步调试工作，云台机械结构达到设计要求。

4. 结论

高分辨率两自由度对准用云台是一种能应用于军工、工业测试领域等众多行业的高精度设备，具备优异的推广前景。本文对两自由度云台的机械结构进行了系统性的探讨，完成了两自由度云台机械结构从选型、设计、校核、三维设计、三维装配、强度仿真、模态仿真、出图、加工、总装和初调的全过程。

采用本文方法设计的云台加工方便、装配简单，装配后的云台完全达到了预期设计指标，证明本文提出的云台机械结构是切实可行的，是一种能够市场化生产的产品，可以被广泛地应用于各种行业，未来也会在保持高精度、高灵敏度、高集成化的基础上进一步向轻量化的方向发展。

5. 创新点

（1）机械结构简单紧凑，结构设计新颖；两自由度云台的零部件进行拆分设计，加工方便、便于装配。

（2）两自由度云台大部分零件的材料为铝，方位轴与俯仰轴为空心轴，这样既减轻重量也便于电气部分的布线，俯仰轴承座在保证结构强度的前提下铣削掉一部分以减轻重量，整机轻量化的总体设计。

（3）运动系统采用无间隙蜗轮蜗杆减速机，整机的运转精度提高，运动平稳。

（4）运动系统方位轴与俯仰轴均安装高精度绝对值编码器，编码器与控制器之间构成闭环运动控制系统，整机精度显著提高；方位轴与俯仰轴都安装 TC 骨架密封，云台的环境适应性强。

（5）俯仰盘有多种安装孔和开口槽，便于安装其他仪器或者设备；俯仰盘与俯仰盘连接架之间便于拆卸更换其他安装盘，通用性高。

6. 设计图或作品实物图

图 1 为设计作品的实物图。

(a)

(b)

图 1　设计作品的实物图

真空断路器合闸弹跳机理分析与新操动机构设计

罗兆瑞

上海交通大学　机械工程

1. 设计目的

针对某型 40.5kV 真空断路器进行研究，利用能量传动的角度分析合闸弹跳产生的机理。根据弹跳机理分析，得到真空断路器传动机构中影响合闸弹跳的四个环节，并针对这四个环节提出相应的改进方案。设计新真空断路器并使之满足以下条件。

（1）动触头行程为 29.5 ～ 31mm，合闸速度为（1.0±0.2）m/s，合闸弹跳时间 < 3ms。

（2）分闸缓冲平缓，冲击小，分闸位置准确，分闸速度为（1.7±0.3）m/s。

（3）满足 40.5kV 真空断路器本体特性要求。

尽量缩短合闸弹跳时间，缓解合闸弹跳问题，尽量消除合闸弹跳现象。

2. 基本原理及方法

根据能量流动以及降低碰撞刚合速度的思路，考虑对真空断路器传动机构的四个环节进行修改完善，能够减少能量的整体输入、改善能量的流动、降低碰撞速度，以缓解或者消除合闸弹跳。四个环节主要为：合闸弹簧与曲柄拐臂初始夹角的修改、凸轮外形轮廓的修正、曲柄滑块机构的改进和动静触头的改良。

合闸弹簧与曲柄拐臂在不同的初始夹角下，力臂不同，合闸弹簧拉力的大小不同，这导致整体输入的能量不同。转轴的旋转储能的过程中，不同的夹角下储能的快慢不同。设计通过使用不同的夹角区间范围，对储能的过程进行控制。

合闸机构具有非常高的运动速度，使得简单的凸轮曲线设计出现运动失真的问题，得不到期望的运动规律，无法精确控制合闸过程中能量的分配。另外，凸轮的运动不是匀速运动，导致运动规律并不能按照匀速运动下的特性进行计算。因此，要获得理想的运动规律以及合理的能量分配，需要使用凸轮动力学和运动仿真重新进行设计。

原曲柄滑块机构使用的曲柄旋转角度范围集中在最大速度两端。当合闸动作时，曲柄以较高速度转动，此时动触头同样以高速与静触头碰撞，产生弹跳。选择合闸时期适当的曲柄转角范围，可使得动静触头碰撞时刻动触头的碰撞速度下降，由此减小合闸弹跳。根据相同的原理，可以重新设计传动机构，降低碰撞速度。

原有的真空断路器的合闸机构与动触头是刚性连接，当动触头与静触头接触后，整个机构的动能需要通过动静触头的碰撞来消耗这部分的动能，从而造成了合闸弹跳。

3. 主要设计过程或试验过程

方案一为修改合闸弹簧初始位置以降低能量输入。原模型中，合闸弹簧与曲柄拐臂初始夹角较小，曲柄拐臂与竖直线的初始夹角也随之变小。因此，合闸弹簧产生的驱动力臂减小。如果要拉动整个操动机构，需要给合闸弹簧设置较大的初拉力，则能量输入过高。使用ADAMS 软件仿真，调整合闸弹簧初始位置以及合闸弹簧的初拉力，比较不同夹角下合闸弹簧的初拉力和弹跳时间，通过分析得到最佳初始夹角。

方案二为修正凸轮轮廓以优化运动规律。凸轮廓线形状的合理性对机构的运动、能量分配、合闸弹跳有很大影响。主要改进方向有：①减小初始压力角，使凸轮前期运动速度加快以抑制最大峰值；②对凸轮廓线进行优化，以从动件速度输出为目标设计凸轮廓线，要求合闸刚合点处速度尽可能小；③合闸刚合点处采用无柔性冲击的运动规律以避免剧烈振动。试验数据中，原凸轮三相平均弹跳时间为 4.0ms，新凸轮三相平均弹跳时间为 2.5ms，弹跳时间相对原凸轮下降了 37.03%，结果表明：新凸轮的设计可以改善合闸弹跳。

方案三为改进曲柄滑块机构以降低碰撞速度。对原有曲柄滑块机构进行改良，当 $\theta < 180°$（曲柄处于右侧）时，运动关系与方案二中改良机构一致，从而保证了在合闸前的运动曲线的基本一致。当 $\theta = 180°$ 合闸时，动触头速度一定为零，避免碰撞的发生。当 $\theta > 180°$（曲柄处于左侧）时，因为凸轮左侧为以曲柄长度为半径的一段圆弧，所以曲柄的运动不会导致动触头的运动。因此在合闸之后，曲柄运动到大于 180° 后，曲柄发生的任何运动都会被隔绝，从而保证了动静触头的合闸。

方案四为改良动触头连杆以增加耗能。通过在动侧或者静侧增加弹簧阻尼消耗能量，改变动静侧的柔韧度来改善弹跳。由于改变真空泡动静侧的柔性已经不属于研究对象（真空断路器操动机构）的一部分，因此想到只在动触头连杆加入弹簧阻尼，通过弹簧储能阻尼耗能的方式改善甚至消除弹跳现象，在动触头与连杆之间加入弹簧阻尼系统，当动静触头第一次接触发生碰撞后，动触头与连杆之间发生相对运动，弹簧阻尼系统发挥作用。试验仅测试加入弹簧后预压力对合闸弹跳的影响。试验结果发现，最优方案为对称安装 4 根刚度为 12500N/m 的螺旋弹簧、控制预压缩力为 802N，断路器中 B 和 C 相柱的弹跳时间明显得到缩短。

4. 结论

针对目前真空断路器广泛存在的合闸弹跳现象进行了机理分析；同时以某型 40.5kV 真空断路器为研究对象，得到了能量流动的路径，从能量分配角度分析出该机构中影响弹跳的四个关键环节，发现原有问题并提出四个改进与设计方案，最后通过仿真和试验来验证新设计。得到的结论如下。

（1）仿真显示，适当增大合闸弹簧与曲柄拐臂初始夹角，能降低碰撞速度，缩短弹跳时间；仿真的最佳夹角为 5°，该夹角下弹跳时间最短。

（2）通过优化凸轮设计能够明显改善合闸弹跳现象。试验表明：原凸轮模型平均弹跳时间为 4.0ms，新凸轮模型平均弹跳时间为 2.5ms，因此明显改善了合闸弹跳现象。

（3）通过仿真可知，将原有曲柄滑块机构改为凸轮机构，保证曲柄的超程运动不会导致动触头脱开,既保证了合闸时动触头速度为零,又保证了合闸稳定。

(4)动触头连杆加弹簧阻尼使动触头变为柔性结构,从理论上可以完全解决合闸弹跳的问题。受限于实际情况,试验中仅为动触头加入弹簧并调整预压力,这样也明显缩短了弹跳时间。

5. 创新点

(1)从理论层面对机构弹跳的产生进行了分析,从能量流动的角度对真空断路器整体系统进行研究,为国内外整个高压电气行业解决合闸弹跳问题提供了一种新的思路。

(2)凸轮机构更改原设计以力输出为目标的方法,重新以速度输出为目标设计凸轮轮廓线,控制从动件输出速度满足电气要求的同时能最大限度地减小刚合速度,进而抑制弹跳。

(3)利用机构的运动特性,应用曲柄滑块机构中滑块速度为零时的位置对原有的真空断路器曲柄滑块机构进行了改良,并对其申请了国家专利。

(4)将动触头连杆的刚性结构改为柔性结构,为动触头连杆加入弹簧阻尼系统,用以消耗触头碰撞后剩余的能量。

6. 设计图或作品实物图

操动机构的正面和背面分别如图1和图2所示。

图1　操动机构正面图　　　　　图2　操动机构背面图

功能性微沟槽表面超精密切削研究

贺裕鹏

北京理工大学　机械工程

1. 设计目的

功能性微结构表面因其特殊排列的微结构，表面具有特有的功能，如亲水疏水性、表面黏附、光学特性等，在军用民用领域具有广泛应用。功能性微结构表面中最典型的是微沟槽表面，加工微沟槽表面的超精密加工技术很多，超精密切削方法在切削量极少的情况下加工完成，但是由于一些在普通切削下影响不显著的因素在超精密微切削中将成为关键因素以及相应的工艺路线尚不成熟等，超精密微切削表面微结构加工极限很难满足工业应用的要求。因此，本设计开展铜、铝等金属表面的功能性微沟槽切削加工研究。通过夹具设计、刀具设计、机械加工工艺参数优化以及加工质量检测等手段，探索微沟槽加工中材料变形、切削力的变化、工艺参数对加工质量的影响趋势等，并通过三维实体建模与机械加工工艺规划，利用单点金刚石车床，在金属表面加工微沟槽，构建多尺度 BIT logo 图案。

2. 基本原理及方法

图 1 为超精密切削加工中的切削模型，该切削模型是基于刀具对材料的推挤变形原理而不是使用传统切削的剪切模型来描述超精密切削。随着切削厚度的减小，切削厚度与刀具刃口半径的比值存在一个临界值，若切削深度 a_c 与刃口半径 r 的比值小于该临界值，切削过程将不会产生切屑，若比值大于该临界值，才会产生切屑。当 a_c/r 的值小于临界值时（图 1（a）），刀具对材料的作用仅仅使材料发生弹性和塑性变形。随着刀具和材料进一步的相互运动，发生变形的材料通过切削刃的最低点后，材料弹性变形部分会发生回弹而塑性变形将形成永久的变形，同时在材料内部产生残余应力。a_c/r 的临界值不仅与刀具的钝圆半径有关，还与材料的特性、切削条件等有关。当 a_c/r 的值大于临界值时（图 1（b）），刀具与材料的作用区域存在一个点 S，S 点处材料的剪切力和推挤作用力使材料产生分流，在 S 点上方的材料被剪切掉形成切屑，S 点下方的材料则通过刀具的最低点形成已加工表面。

微沟槽表面超精密切削中常使用类似于成形刨削的加工方法来加工微结构，如微沟槽的超精密切削加工，传统的刨削加工原理如图 2（a）所示，微沟槽表面超精密切削加工原理如图 2（b）所示。微沟槽超精密切削加工所用的机床为 T 形布置的超精密切削加工机床，工件常安装在可以沿机床 X 轴运动的 C 轴上，刀架安装在可沿 Z 轴运动的工作台上。X 轴的运动为切削主运动，通过控制刀架的高度（或者调节 Y 轴）可以实现刨削中的间断进给运动，通过控制 Z 轴的运动量来控制切削深度。切削加工时，X 轴的运动导致金刚石刀具在工件上完成一个沟槽的加工，接着调节刀架的高度继续重复 X 轴的运动直到完成一个方向上微沟槽加工。

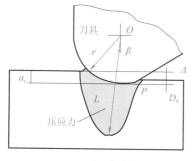 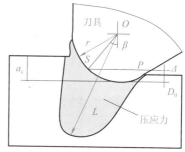

(a) a_c/r 小于临界值 　　　　　　　　(b) a_c/r 大于临界值

图 1　超精密切削加工中的切削模型

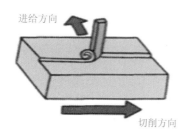 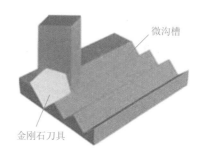

(a) 传统的刨削加工原理　　　　　　(b) 微沟槽表面超精密切削加工原理

图 2　切削加工方法

3. 主要设计过程或试验过程

1）微沟槽超精密切削仿真

利用有限元仿真软件 AdvantEdge 研究单个微沟槽以及相邻微沟槽切削过程中材料的去除机理、切削变形过程和切削力的变化，主要包括几何建模、材料属性设定、刀具与工件的接触定义、网格划分和仿真分析。图 3 为单个微沟槽以及相邻微沟槽切削仿真的建模图，工件为铜材料，两侧面及地面均限制了 X 和 Y 方向的位移，切削表面没有约束为自由表面，刀具为刚体沿 Y 轴方向切削。表 1 为切削仿真过程中的参数表。

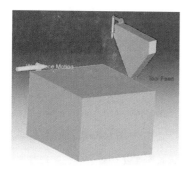 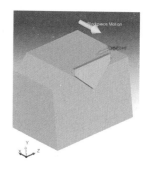

(a) 单个微沟槽切削建模　　　　　　(b) 相邻微沟槽切削建模

图 3　微沟槽切削仿真建模

表 1   仿真切削参数表

切削参数	切削深度 /μm	2/3/4/5/6
	切削长度 /mm	5
	切削速度 /(mm/min)	1000
	冷却方式	干切削

2) 微沟槽超精密切削试验

本文中加工微沟槽使用的金刚石刀具两切削刃之间的夹角为 90°，所以复制出的微沟槽宽度是微沟槽深度的两倍。完成一次条微沟槽的切削加工后，通过控制纳米定位台使刀具在 Y 方向上移动微沟槽的周期尺寸，再次执行程序完成另外一条微沟槽轨迹的加工，重复以上过程直到完成所设计的微沟槽的加工。本试验中主要研究了切削液、工件材料、切削速度、切削厚度等对微沟槽表面加工质量的影响，并确定现有条件下较好的切削参数。

（1）工件材料对加工质量的影响。试验中对以纯铜和铝合金为材料的工件在相同的切削条件进行直线形微沟槽切削加工，切削深度 5μm，切削速度 2000mm/min，沟槽间距 10μm。

（2）切削液对加工质量的影响。在铜和铝材料上进行了使用切削液与不使用切削液的加工试验，所用切削液为酒精，切削深度 5μm，切削速度 2000mm/min，沟槽间距 10μm。

（3）切削速度对加工质量的影响。切削速度从 50 ～ 2500mm/min 不断增加，测得加工后微结构表面粗糙度随速度的变化值。

（4）切削厚度对加工质量的影响。改变微沟槽切削厚度从 2 ～ 8μm 变化，测得微沟槽表面粗糙度以及材料表面的隆起高度与切削厚度的关系。

3) 宏观图案微沟槽跨尺度加工

本试验中将所要加工的 BIT logo 图案分为宏观和微观两部分，其中宏观部分通过路径规划，使用德玛吉五轴联动加工中心高速铣削完成，如图4所示，工艺参数和刀具参数如表2所示。

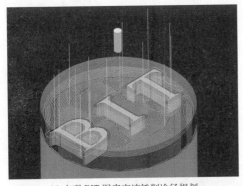
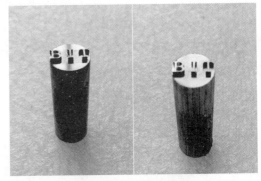

(a) 宏观 BIT 图案高速铣削途径规划   (b) 宏观 BIT 图案实物图

图 4   宏观 BIT 图案高速铣削加工

表 2　轮廓铣工艺参数与刀具参数

铣刀类型	立式铣刀	进给量	150 mm/min
刀刃直径	0.5 mm	转速	2000 r/min
刀刃长度	1 mm	行距	0.1 mm
刀柄直径	3 mm	下切步距	0.2 mm

完成宏观 BIT 轮廓高速铣削，铣削后的工件装夹在超精密加工机床 Nanoform 上开始加工 BIT 图案微观部分的微沟槽结构，如图 5 所示。微沟槽加工使用的切削参数均取微沟槽试验中得出的较好的数值，即使用切削液、切削深度 5μm、切削速度 2000mm/min、微沟槽间距 10μm，刀具仍然为金刚石 90° 尖刀，加工后的图案如图 6 所示。

图 5　BIT 上微沟槽加工

(a) 铜上加工 BIT 实图　　　　　　　　　　　(b) 铝上加工 BIT 实图

图 6　BIT logo 微沟槽图案实物图

4. 结论

微沟槽切削有限元仿真结果表明，材料自由表面产生的毛刺是工件材料受刀具切削刃挤压作用塑性流动的结果，切屑也是在刀具的挤压作用下不断地沿着前刀面塑性流动。此外，相邻微沟槽切削中材料的挤压变形对已加工的微结构几何形状精度有重大的影响。仿真还预测了微沟槽表面超精密切削中切削力的变化情况，其结果与实际加工有很好的一致性。

微沟槽表面的超精密切削试验中工艺参数对加工质量的影响显著，现有条件下使用切削液、切削深度为 5μm、相邻微沟槽间距为 12μm、切削速度为 2000mm/min 时微沟槽的表面粗糙度较小，因此可以作为后续微沟槽超精密切削加工的参考值。此外，铝材料因切削过程中在刀具刃口处形成氧化膜其加工质量不及铜。

在试验研究的基础上，将微沟槽表面超精密切削加工运用到 BIT logo 图案的构建上，完成了跨尺度加工 BIT logo 图案试验。对 BIT logo 测试发现试验中加工的微沟槽表面粗糙度在纳米级，几何精度良好，且在微沟槽切削出口处毛刺现象不明显。最后图案有一定的光学特性，进一步验证了微沟槽切削加工的合理性。

5. 创新点

（1）通过有限元仿真技术研究了铜和铝材料上微沟槽表面超精密切削加工过程，预测了单个微沟槽和相邻微沟槽切削加工过程中的切削变形、缺陷形成以及切削力的变化，为微沟槽表面切削提供理论参考。

（2）通过试验验证了有限元仿真结果，并研究了微沟槽超精密切削加工中切削液的使用、切削深度、切削速度、微沟槽间距等对加工质量的影响，并得到了现有条件下较好的工艺参数值。

（3）使用试验得出的微沟槽切削加工较好的工艺参数值，通过刀具的路径规划，结合高速铣削和超精密切削技术将微沟槽表面超精密切削加工运用于构建宏观图案微结构上，完成了跨尺度加工 BIT logo 图案，并验证了微沟槽的光学特性。

6. 设计图或作品实物图

图 7 为 BIT 微沟槽切削加工后在基恩士 VK-X100 显微镜下放大 200 倍的照片。

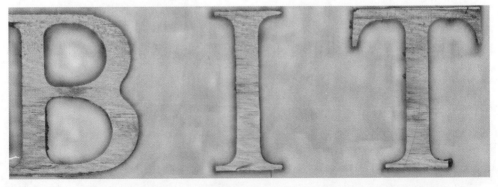

图 7　BIT 微沟槽切削加工后在基恩士 VK-X100 显微镜下放大 200 倍的照片

曲轴磨削定心夹具设计

王健豪

北京工业大学 机械工程

1. 设计目的

（1）国内现用夹具基本都是国外进口件，成本非常高，而且每隔 3～4 年就要更新。所以，在大方向上的设计目的是降低生产成本。

（2）在自动定心夹具的设计技术方面国外发达国家对我国严格封锁。因此，这一层面的设计目的是要研究设计出拥有自主知识产权的定心夹具。

（3）即便是国外生产的自动定心夹具也存在工作范围非常有限的问题，被夹紧轴径每变化 15mm，需要配置一套不同的夹具。所以，针对这一问题的设计目的即为研究设计出具有更大工作范围的定心夹具。

2. 基本原理及方法

自动定心夹具的基本工作原理可以初步概括为：依靠液压驱动动力，通过内联机构使得前端夹爪能够同步做等距径向运动，从而实现对轴类零件的定心和夹紧。能够使得自动定心夹具的前端夹爪做同步径向等距的内联机构有很多种，这里采用一种摆杆 - 凸轮机构来实现自动定心夹具前端夹爪的同步径向等距运动。该自动定心夹具含三个前端夹爪，彼此围绕假定的工件轴圆心呈 120° 分布，其中一个前端夹爪与一个凸轮紧固连接，另两个夹爪则通过具有固定支点的摆杆与凸轮外扩线相接触。为了以后叙述方便，这里将与凸轮固连的前端夹爪称为中心轴夹爪，将与摆轴相连的夹爪称为摆杆夹爪。当中心轴夹爪在液压缸的驱动下向假想的工件轴心运动一个距离时，凸轮也会向上运动，推动与其相接触的两个摆杆支撑端产生运动，摆杆支撑端依据杠杆原理将通过摆杆带动摆杆前端的夹爪产生运动，但必须要求摆杆前端的夹爪要向轴心方向等距运动，才能实现本文所述的定心夹具的基本功能。其中，一个关键问题是，凸轮该具备什么样的外廓曲线，才能确保摆杆前端的夹爪能够与中心轴夹爪保持等距运动。另一个关键问题是凸轮轴应该为多长，摆杆的前端和后端又该为多长，这一切均是未知数，必须开展更加复杂的定量运动学分析和研究工作才能解决这些问题。

3. 主要设计过程或试验过程

首先要找出点在两个坐标系下的转换关系。当得知凸轮轴移动的距离 和连杆的摆角后，由所设计的连杆结构可以推导出连杆坐标系内任意一点在固定坐标系中的坐标，再依据凸轮轴坐标系与固定坐标系的关系，得到连杆支点处轴承中心在凸轮坐标系中的坐标。有了任意时刻连杆支撑端轴承中心在凸轮坐标系中的坐标，就可以编制程序，计算连杆末端在凸轮轴坐标系中的轨迹，再偏移一个轴承半径（等距线方程），就能够得到凸轮外廓曲线。

在理想情况下，我们希望左上轴承能够沿着120°直线运动，但实际上左上轴承沿着弧线运动，这就产生了运动误差。通过市场上选定的轴承半径以及规定的被夹持轴最小半径（50mm）和之前求得的参数方程，可以推导出各个参数的具体数值。根据推导得出的轴承中心运动轨迹的最大误差为3.0117mm，对应的角度偏差为5.15°，对夹持定心没有太大影响。经过受力分析发现，连杆夹爪、凸轮轴夹爪施加给被夹持轴的作用力是平衡的，连杆夹爪端施加给被夹持轴的径向力基本维持恒定，这对保持工件表面光洁度非常重要。

在完成一系列的计算分析后便开始构建模型，改进方案。经历了四次方案的修整，本文所设计的定心夹具趋于成熟。新的方案模型已经确立，只是由于时间关系，还有一小部分参数需要确定，后期将会逐步完成。

4. 结论

复杂系统设计的一个关键要素是进行参数化设计。仔细梳理设计要素，将所有难以确定的结构尺寸先表达为参数，并用参数建立数学表达模型。要注意，千万不要从一开始就试着直接用不确定的尺寸建立计算公式，因为后续要大量改动，前边如果用具体尺寸数值建立公式，后边就会越改越乱。

在以上设计经验及设计流程的基础上，本文首先建立自动定心夹具的总体设计方案，进而通过参数化模型，建立了自动定心夹具的运动分析方程和结构表达方程，分析了自动定心夹具的受力状况，推导并求解出凸轮廓形曲线模型和离散数据。在这些工作的基础上，经过四次改进，设计出详细的自动定心夹具全部零件图和装备图，并开展动画仿真分析等工作，完成了自动定心夹具的设计任务。本文提出的设计方案，极大地拓宽了自动定心夹具的工作范围，使得工作变化范围由原来的15mm扩大到现在的92mm。

5. 创新点

（1）三个夹持爪的120°分布以及内联机构的设计，极大地拓宽了自动定心夹具的工作范围，使得工作变化范围由原来的15mm扩大到现在的92mm。

（2）二级机构的设计（第四次方案）。通过自动定心夹具的静力学分析，发现如果能让凸轮运动距离加大而连杆摆角减少，则可以显著提升连杆中心对连杆支撑端的力臂长度，整个自动定心夹具将产生楔子效应，将使得力学性能得到显著改善。这样就要求凸轮轴的运动距离大于夹爪的运动距离，也就是说凸轮轴与其前夹爪不能做在同一物体上。因此，本文设计了第四次自动定心夹具。该夹具的最大特点是：通过齿轮齿条传递机构，使得凸轮轴运动两倍的行程，凸轮轴前夹爪及连杆夹爪只运动一倍行程，凸轮外廓曲线显著平缓，受力特性大为改善。

6. 设计图或作品实物图

图 1 为凸轮内凹式自动定心夹具详细设计方案。

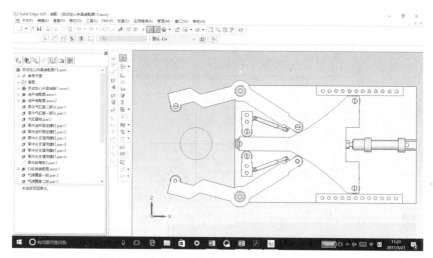

图 1　凸轮内凹式自动定心夹具详细设计方案

图 2 为凸轮轴双倍行程式自动定心夹具详细设计方案。

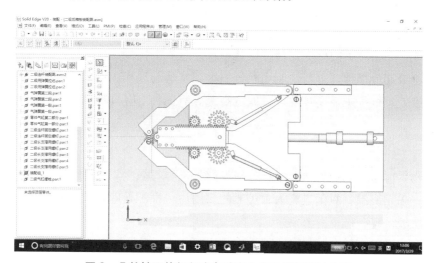

图 2　凸轮轴双倍行程式自动定心夹具详细设计方案

家用厨余垃圾微生物处理机的研制

谢佳成
北方工业大学　机械设计制造及其自动化

1. 设计目的

针对三口之家一天厨余垃圾的产生量，设计出具有资源化、微量化、无害化、标准化以及源头化处理的新型偏心振动搅拌装置，用于厨余垃圾的微生物处理。这种装置比传统方式更加节能和省时；采用 STM32 开发板控制及液晶触摸屏显示，使得可控范围更广、显示内容更加丰富；通过试验，得到不同类厨余垃圾处理的最优稳控温曲线，实现智能控制，并研制出一台节能高效的厨余垃圾处理机，它具有很好的实际应用价值，易于推广，在家庭—政府—菜农之间形成一条绿色的产业链。

2. 基本原理及方法

基本原理：厨余垃圾的生化处理过程是一种通过人工控制反应器环境，将微生物菌种及辅料与厨余垃圾充分搅拌，进行快速高温好氧堆肥发酵的过程。由于微生物发酵需要一定温度，厨余垃圾处理过程中需要加热，以促进高温好氧菌种对有机物质的降解效率，缩短处理周期等。

1）微生物处理技术

在微生物发酵方面采用好氧菌进行好氧发酵处理。靠微生物成长不断繁殖的过程，消纳掉餐厨垃圾。采用高温好氧菌进行人工控制的餐厨垃圾堆肥处理，可以在 9~12h 处理完家庭每天的有机垃圾。

2）偏心振动搅拌

图 1 为偏心振动搅拌装置结构图。

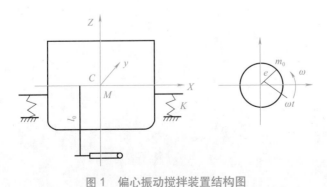

图 1　偏心振动搅拌装置结构图

$$M\ddot{\bar{x}} + C\dot{\bar{x}} + K\bar{x} = m_0 e\omega^2 e^{i\omega t} \tag{1}$$

$$J\ddot{\bar{\phi}} + C\dot{\bar{\phi}} + K\bar{\phi} = m_0 e\omega^2 l_0 e^{i\left(\omega t - \frac{\pi}{2}\right)} \tag{2}$$

式（1）和式（2）实际代表了四个振动方程，即系统有四个自由度。由于搅拌容器的结构对称，数学上仅需要解以上两个方程即可。

3）运动状态分析

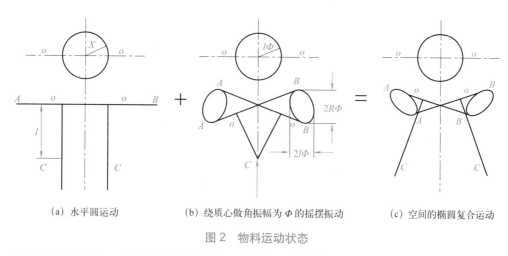

(a) 水平圆运动   (b) 绕质心做角振幅为 Φ 的摇摆振动   (c) 空间的椭圆复合运动

图2 物料运动状态

由叠加原理可知，位于该层面半径为 R 处的 M 点的物料运动（图2）是随质心做半径为 X 的圆平动和绕质心做摇摆角振幅为 Φ 的圆锥面摆动这两种运动的叠加。

4）机构原理

机械传动装置主要用于传输机构的动力；搅拌装置由搅拌支架和刀片构成，其目的是促进反应进行；通风装置由风扇构成，将外部空气鼓入箱体内；隔热装置是在箱体四壁贴有保温海绵，用于装置保温，防止热量流失，降低能耗；传感装置可以监测反应罐内温度，并由电路板内编程对温度进行调控；显示装置是由显示屏及其组件构成，用于机器的操作控制。

3. 主要设计过程或试验过程

1）装置设计

设计反应仓：发酵过程中由于是好氧发酵，发酵罐内部由搅拌轴搅拌垃圾。为使垃圾得到充分均匀的搅拌，将发酵罐设计成圆柱体，而且根据中国普通家庭一家三口的餐厨垃圾日产生量来设计，需要可容纳 1.5kg 的餐厨垃圾，因此直接购买直径为 120mm、高 195mm 的不锈钢圆柱筒。

偏心振动搅拌装置：搅拌装置包括功率步进电机、传动装置、搅拌杆和弹簧。偏心振动装置包括功率步进电机、传动装置、搅拌轴和弹簧。采用步进电机带动传动轴，传动轴带动偏心轴，偏心轴与发酵罐连接，并带动发酵罐做偏心运动，发酵罐通过四根弹簧固定，起到振动搅拌的作用。搅拌轴采用偏心轴固定在箱体上，搅拌桨固定在箱体内部的顶端，随着发酵罐的偏心振动,起到搅拌的作用。搅拌桶放入箱体内,四角为弹簧。为了能够让搅拌更加均匀,需要控制步进电机的定时转动及正、反转。发酵罐通过四根拉簧和偏心装置的支撑,固定在箱体内,也是为了使搅拌更均匀、更充分。

试验过程:对厨余垃圾进行分类研究处理并进行数据分析,主要分为肉类、蔬菜、淀粉。

蛋白质的消纳处理如图3所示,温度随时间增加而上升达6h到最大值,然后随着时间的增加温度降低,总发酵时间为9h。

根据纤维素的反应状态与时间的对应绘制出如图4所示的反应曲线,从中可以得出:温度在0~4h时随着时间的增加温度逐渐上升,但升温过程比较缓慢,在4~5h时温度增加比较快,在第7h达到最大,之后温度逐渐降低,最后在12h时反应完成。

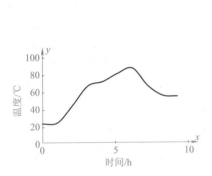

图3 蛋白质的消纳处理的温度-时间曲线

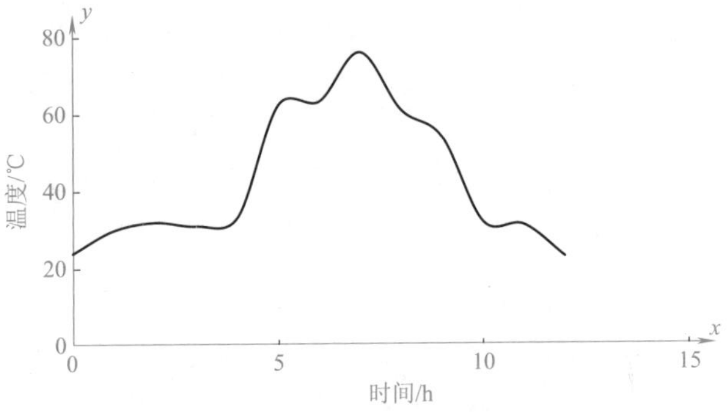

图4 纤维素的反应状态与时间的关系曲线

淀粉微生物发酵的反应曲线如图5所示,从图中可以看出温度随着时间的增加较为匀速上升,到第7h的时候达到最大,之后随着时间的增加而下降,在第9h发酵完成。

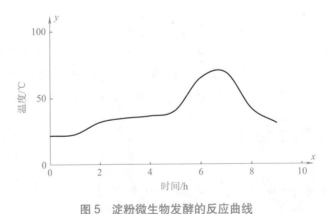

图5 淀粉微生物发酵的反应曲线

2) 控制方面设计

针对试验数据做出相应的参数控制,主要对电机、温度、排风系统和摄像头的控制。

温度:0～2h(潜伏阶段)控制温度为25℃,在此时间段内,当温度高于25℃时继电器断电,当温度小于23℃时继电器恢复工作;2～4h(中温阶段)控制温度为45℃,在此时间段内,当温度高于45℃时继电器断电,当温度小于43℃时继电器恢复工作;4～9h

（高温阶段）温度控制为 75℃，在此时间段内，当温度高于 75℃时继电器断电，当温度小于 70℃时继电器恢复工作；9 ~ 12h（熟化阶段）控制温度为 20℃，在此时间段内，继电器断电，自然降温到室温。

电机：正转 5min，停 1min；反转 5min，停 1min。

排风扇：工作 1min，停 1min。

拍照：每隔 20min 拍 1 次。

4. 结论

（1）完成了一台用于中国普通三口之家的家用餐厨垃圾处理的机械装置的设计，绘制了装配图和所有自制件零件图（折合一张 0 号图纸），并进行了加工和装配。

（2）分析了搅拌方式对搅拌效率的影响，综合考虑偏心振动搅拌在完成搅拌需求的同时最大限度地节约能耗。

（3）利用 ARM 内核控制器完成了程序的设计，对机构实现控制；完成了不同类型的餐厨垃圾的温度控制程序编制、调试；完成了电容屏对装置参数的显示，采用液晶触摸屏对显示的参数进行了很好的改进，使得工作效果得以提升。

（4）利用样机完成了微生物发酵试验的数据分析。通过对本校学生食堂提取的各类餐厨垃圾进行微生物处理的大量试验，得到了相应的温度曲线，为后续的处理范围拓展奠定了良好基础。

（5）最后对程序控制进行了改良，使该装置对每一种餐厨垃圾都有最佳处理模式，对含有不同成分的餐厨垃圾进行消纳处理，做到高效省时。

5. 创新点

（1）新型偏心振动搅拌装置。偏心振动搅拌完全可适用于家庭的餐厨垃圾处理器，并且偏心振动搅拌装置可以有效节约能耗，比传统的机械搅拌方式节省能耗 58.3%，处理时间缩短 61.9%。

（2）分析设备工作时物料混合搅拌规律和效率、反应仓加热效率和温度均衡、进气和排气效率、电机转速转向和工作时间规律，进而选取最优模式。

（3）通过大量不同类型、不同成分的厨余垃圾试验，对不同餐厨垃圾的处理，得到不同的最佳处理模式，可以应用在不同场合，如菜市场的鱼鳞及内脏、食品厂的过期食品、园林部门的枯枝落叶等，具有较大的推广应用价值。

6. 设计图或作品实物图

图 6 为设计作品的样机图。

图6　样机图

图7为设计作品的结构图。

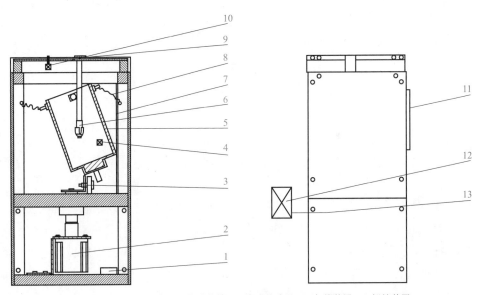

1.控制装置；2.动力装置；3.传动装置；4.温度传感器；5.加热装置；6.搅拌装置；
7.保温涂层；8.弹簧；9.风扇；10.摄像装置；11.显示屏；12.过滤装置；13.排气装置

图7　结构图

5吨叉车液力变速箱液压系统设计

王成军

合肥工业大学 机械设计制造及其自动化

1. 设计目的

通过优化液力变矩器工作轮出、入口角度数值，提高液力变矩器的工作效率、变矩比等性能。通过三维建模软件建立液力变矩器三维模型，进行计算流体力学（Computational Fluid Dynamics，CFD）分析获得更精确的特性数值，然后完成液力传动系统的设计。

2. 基本原理及方法

通过 Matlab 编制液力变矩器特性计算程序，计算特性数值并绘制特性曲线。

液力变矩器设计研究的主要方法有理论解析法、试验法和 CFD 法。其中，理论解析法成本低、效率高，但对液力变矩器的各项特性预测不够准确；试验法能准确测量出液力变矩器的各项特性，但耗费的成本高、时间长；CFD 法结合近代流体力学、数值数学和计算机科学，对流体力学的问题进行数值试验、计算机模拟和分析，与试验法相比具有更高的效率，比理论解析法计算更加准确，但是 CFD 法需要三维建模和网格划分等复杂的前处理工作，本文采取理论解析法与 CFD 法结合的方式。

通过 Minitab 软件获取 Parato 图和主效应图。Parato 图又称排列图，是一种柱状图，按事件发生的频率排序而成，它显示由于各种原因引起的缺陷数量或不一致的排列顺序，是找出影响项目产品或服务质量的主要因素的方法。主效应图：在多因素试验研究中，主效应就是在考察一个变量是否会对因变量的变化发生影响的时候，不考虑其他研究变量的变化，或者说将其他变量的变化效应平均掉，也就是其他研究变量都不变化的情况下，单独考察一个自变量对因变量的变化效应。

3. 主要设计过程或试验过程

（1）本文采取理论解析法与 CFD 法相结合的方式，以液力变矩器的叶栅系统为主要研究对象，首先采用一维束流理论计算模型通过 Matlab 软件编制液力变矩器特性的自动计算程序，实现对选取的液力变矩器的结构参数进行组合并计算出特性数值。

（2）将计算得到的大量样本点数据导入 Minitab 软件中进行统计分析，得到所选取参数对效率、变矩比、泵轮转矩影响的 Parato 图和主效应图。完成对液力变矩器叶片参数敏感性分析后，运用模拟退火算法对液力变矩器工作轮叶片的出、入口角等参数进行优化。

（3）将优化的参数代入特性计算程序计算优化后的液力变矩器各项特性数值并分析，

对比得出液力变矩器的效率、变矩比等特性值改善程度。然后对变矩器及其流体域进行三维建模、网格划分并借助 CFD 软件 Pumplinx 对优化前后液力变矩器的内部流场进行分析，计算出液力变矩器工作特性并进行分析，以验证优化结果。

（4）完成了 5 吨叉车液力变速箱机械系统设计，包括湿式离合器的参数计算、齿轮泵的选型、变速箱结构设计以及液压控制系统的计算。完成包括液力变矩器和湿式离合器等部件的三维建模并绘制二位总装图以及变速箱壳体图。

4. 结论

设计 5 吨叉车液力传动系统，重点对液力变矩器进行优化研究。通过 Matlab 编制液力变矩器特性自动计算程序结合 Minitab 软件进行基于 DOE(Design of Experimertal) 的数据敏感分析，完成液力变矩器的参数优化。再结合 CFD 法完成液力变矩器的内部流场数值计算分析与仿真并获得外部特性数值，与基于一维束流理论的计算程序进行对比改善设计计算的精度并减少计算分析的时间。同时，基于 CFD 法分析出变矩器内部流场，为变矩器的结构优化设计提供方向和理论依据，为减少液力变矩器工作过程中内部流场的湍流分布，以及工作轮各部位的载荷不均匀分布提供分析方法。同时通过一维束流理论编制液力变矩器特性计算程序和计算流体力学方法结合的方式，通过理论解析法降低液力变矩器的结构参数优化；通过 CFD 法获得液力变矩器内部流场的压力分布、湍流情况、液流各向速度的直观结果。

5. 创新点

（1）通过 Matlab 设计液力变矩器特性的自动计算程序，按照 DOE 设计方法，一次完成变矩器特性 262144 组数据计算，将计算数据批量导入 Minitab 中对其中约 20 万组有效数据进行统计分析，得出综合性能优异的结构参数，在此基础上进行单项性能影响参数分析并得出 Parato 图和主效应图。

（2）完成 DOE 后，对关键参数进行优化，结合优化后的参数并综合考虑液力变矩器的实际结构建立三维模型和流体域模型，通过专业 CFD 软件，分析液力变矩器的内部流场情况和外部特性值，弥补理论解析法的不足。结果显示 CFD 计算结果与理论计算结果基本吻合。

6. 设计图或作品实物图

图 1 所示为液力变矩器三维模型。

图 1　液力变矩器三维模型

图 2 所示为液力变矩器 3D 打印的实体模型。

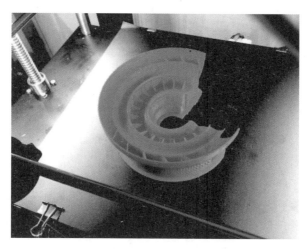

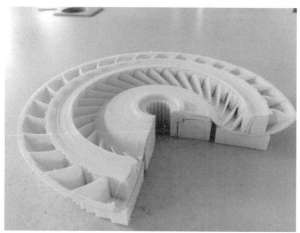

图 2　液力变矩器 3D 打印的实体模型

兆瓦级风电增速器高功率密度设计与优化

韩晨阳

重庆大学 机械设计制造及其自动化

1. 设计目的

兆瓦级风电增速器作为风力发电系统的重要组成部分之一，因其工作环境恶劣、失效概率大、体积庞大、制造安装成本高而备受关注。本文以太原重工提供的 NW 型 5MW 风电增速器为研究对象，通过传动系统参数集成优化设计、各级齿轮微观修形设计和箱体结构优化设计，减轻了系统重量、提高了承载能力，达到增加风电增速器功率密度、降低成本的目的。

2. 基本原理及方法

1) 高功率密度设计

高功率密度的齿轮箱具有体积小、质量轻、效率高的优点，因此在航空航天、风电、高铁等场合具有广泛的应用。要提高齿轮箱的功率密度，一是通过设计制造手段充分提高齿轮传动的承载能力；二是在满足各种性能指标的前提下，最大限度地减轻零部件的重量和缩小尺寸。提高齿轮箱功率密度的途径主要有减小齿轮传动载荷、提高齿轮极限应力及轻量化零部件等、齿轮全齿面拓扑修形技术、行星齿轮传动结构拓扑及形状优化技术、以减振减重为目标的系统集成优化技术、新材料及其应用等。

2) 传动系统参数集成优化设计

随着齿轮传动系统的不断发展，传动系统集成参数优化设计得到了广泛的应用，其目的是在一定的约束条件下，获得达到目标函数最优的齿轮参数，从而提高系统的性能。

3) 齿轮微观修形设计

齿轮修形常分为齿向修形和齿廓修形两种。齿向修形是通过去除齿轮啮合线上的一些材料，达到减小齿向载荷分布不均的目的。齿廓修形又称渐开线修形或齿形修形，是指通过去除齿顶或齿根的少部分材料的方法，减小由于弹性变形导致的轮齿在啮入啮出时出现的干涉，进而减小啮入啮出冲击。

4) 结构优化设计

结构优化作为风电增速器高功率密度设计的又一重要手段，是指在满足传动系统传递功率不变、强度和刚度等满足要求的情况下，通过减轻传动系统重量，增大风电增速器的功率密度。常见的结构优化手段有结构拓扑优化和形貌优化。

3. 主要设计过程或试验过程

（1）基于达朗贝尔原理，在考虑外界激励、啮合刚度激励、误差激励以及轴扭转刚度的影响后，通过集中参数法建立传动系统动力学模型，进行传动系统参数集成优化设计，选取齿数、模数、螺旋角、齿宽等基本参数为设计变量，以传动系统体积最小为目标函数，在变量范围、正确啮合和强度的约束下，分别对行星级和高速级进行优化求解。结果满足传动系统减重、减振、增大功率密度的要求。

（2）通过齿轮修形理论，初步计算了风电增速器各级齿轮齿廓与齿向的修形参数，在此基础上利用 Romax 软件在额定载荷下对系统进行模拟，对修形参数进一步分析与修正，确定了最优修形方案。最后分析了微观修形设计前后轮齿载荷分布的变化规律，并对修形后传动系统的承载能力与功率密度加以计算。

（3）建立传动系统静力学模型，计算了风电增速器箱体各轴承孔的受力情况。进行箱体的结构优化，建立了箱体结构的有限元模型，确定力和位移边界条件。针对静力学求解中箱体应力与应变的分布特点，利用 Hypermesh 软件，对箱体进行结构拓扑优化，对箱盖加强筋进行形貌优化。对比结构优化前后箱体的减重情况，并对减重后的功率密度进行计算分析。

4. 结论

（1）系统集成参数优化后大多数构件的振动减小 20%~30%，少数高速级构件的振动有少量增加；各级重合度得到提高；输入级、中间级和高速级传动系统体积分别减小 14%、4% 和 11%，主要表现在径向尺寸的减小、轴向尺寸变化不大；功率密度增加到 0.105kW/kg，相比优化前提升了 6.6%。

（2）各级齿轮微观修形设计后，齿轮偏载情况基本消失，最大接触应力下降，最大承载能力提升 8%，功率密度达到 0.113 kW/kg，相比修形前提升了 8%。

（3）箱体组件结构优化后，共减重 240 kg，同时最大变形降低 0.05mm，功率密度达到 0.114 kW/kg，相比结构优化前提升了 0.58%。

（4）优化设计后，风电增速器振动方面有所改善，在功率密度方面有明显提高，达到 0.114 kW/kg，相比之前 0.098 kW/kg，增加了 15.6%。本文使用的三种方法从增加功率密度的效果上来看，齿轮修形效果最为显著，传动系统参数集成优化次之，箱体结构优化最弱。此结论亦可为传动系统的高功率密度设计提供参考。

5. 创新点

（1）对 NW 型兆瓦级风电增速器的行星级和高速级分别进行优化设计，减小了设计变量的数量，缩短了计算时间，同时还能兼顾到双联行星轮的同心条件。

（2）各级齿轮微观修形设计的修形方案采用齿轮修形理论与 Romax 软件试算相结合的方式确定，方法更为合理。

（3）根据箱体与箱盖的结构合理分析，确定了结构优化的方法和设计区域，取得了较好的效果。

6. 设计图或作品实物图

图 1 为 NW 型 5MW 风电增速器的装配图。

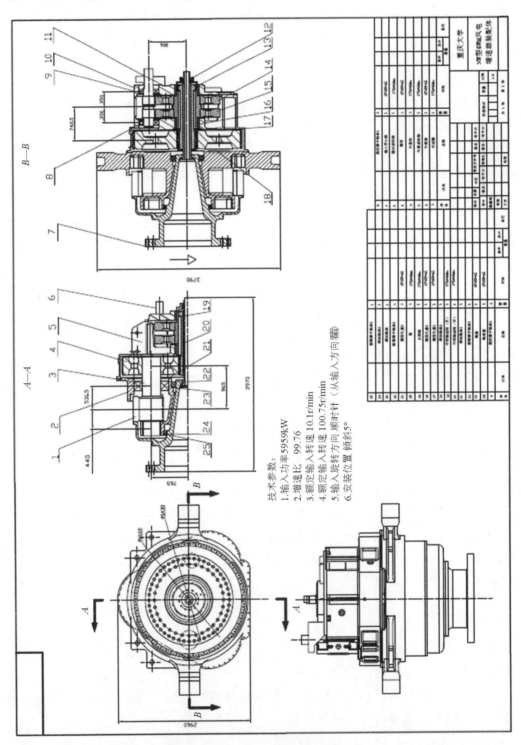

技术参数:
1.输入功率5959kW
2.增速比　99.76
3.额定输入转速 10.1r/min
4.额定输出转速 100.75r/min
5.输入旋转方向 顺时针（从输入方向看）
6.安装位置倾斜5°

图 1　NW 型 5MW 风电增速器装配图

管道超声内扫查检测机器车的开发

许 多
浙江大学 机械工程

1. 设计目的

管道运输是油气输送的重要方式，对国民经济和人民生活产生巨大的影响。由于这些管道具有多样化长距离、铺设环境和工作条件复杂恶劣以及人工操作难以胜任等特点，并且其中局部的损伤会带来全局的瘫痪，甚至造成灾难性的恶果，因此对在役油气输运管道的质量监控尤为重要，而且融合机电一体化与超声无损检测技术，在油气环境中，通过管道机器人携带超声换能器实施潜入式自动化超声无损检测技术，是满足在役油气长输管道质量监控应用的最有效途径。

2. 基本原理及方法

要使管道机器车能在复杂恶劣的管内环境下正常工作，必须具备足够的牵引力、越障能力、较高的运动效率以及在异径管道、L 形与 T 形管接头中的适应与通过能力，而影响这些性能与指标最关键的部分是机器车在管内的运动方式和机械结构。

根据对多种管道机器人运动方式的对比分析，结合管道复杂环境的特点以及系统的主要技术要求，决定采用车型轮式作为管道机器车的运动方式，并采用两个直流电机分别作用于对角线的两个驱动轮上，另外两个车轮作为从动轮的驱动方式。这种布置不仅可以通过差速控制实现主动转向，并减少对多电机的控制负担，还能实现无半径转弯。当然，由于并非所有支撑轮都参与驱动，机器车的驱动力可能不足，同时在驱动轮与管壁接触不好时容易出现打滑甚至发生驱动轮凌空的情况。针对这些问题，采取的解决办法：一是选择适合在管道内行走的车轮；二是通过压紧结构以保证驱动轮能压在管道内壁上，产生足够的封闭力。

同时，若要使管道机器车能够顺利通过弯道，则其几何尺寸必须满足一定的约束，即满足结合约束方程；而机器车在通过弯管时，如果不是绕着弯道曲率中心转动，则此时机器车动力容易产生"内耗"，为了避免这种情况发生，使得机器车能平稳通过弯管，各个车轮与弯管接触面的速度 v_i 必须与弯管接触点处的曲率半径 R_i 成正比，即满足运动约束方程。

3. 主要设计过程或试验过程

（1）对比分析了管道机器车主动运动方式的原理与特点，根据管道特点与系统技术要求采用了轮式管道机器车方案。建立了管道机器车的运动模型，分析机器车在圆管内的位姿参数以及在弯管的几何与运动约束方程，为进一步的机械本体与运动测控模块的设计与开发提供理论基础。

（2）完成了管道机器车机械本体的设计，主要包括其驱动机构、压紧机构、密封防水、连接结构等。其中驱动机构采用两个直流电机分别独立作用于对角线的两个驱动轮上，另外两个车轮作为从动轮的方案，采用了斜向外形的实心橡胶车轮以增加车轮与管道内壁接触面积。压紧机构为提高机器车在管道内的驱动力，通过皮囊气缸顶住转动臂，使得两个压紧轮能够顶在管道内壁顶端，并赋予机器车不同管径管道中的运行适应能力。同时采用静密封与动密封相结合的方式保证管道车的密封防水性，以及采用弹簧与波纹管的柔性机构实现管道机器车与其他模块的连接，保证弯管内的通过性，并减少振动或姿态变化对超声检测的影响。

（3）完成了管道机器车运动测控模块的开发。以 ARM 为中心测控单元完成了硬件模块的具体开发，采用 TCP/IP 协议实现了机器车与上位机的网络通信，利用最大加速度限制的增量式 PID 算法实现了驱动电机的调速控制，并通过实测编码器和陀螺仪的信号实时感知机器车运动速度与姿态，实现了基于速度协调和姿态调整的管道机器车运动控制。

（4）将机器车进行系统集成，并开展了大量试验研究。其中直行无干扰运动试验在不同速度条件下，测量机器车实际行走距离与所用时间；有干扰试验模拟机器车受外力或车轮打滑等导致航向角突变的情况，并测量其速度和航向角变化；转弯运动能力试验考察机器车在不同运动速度、转弯半径、转弯方向下其转弯半径与转弯角度等参数的偏差；无半径旋转运动试验考察电机速度大小相同、方向相反时机器车的实际运行情况；爬坡试验将机器车放在木板搭成的斜坡上，调整木板的倾角，观察机器车在斜坡上的运行情况；越障试验观察机器车在对不同高度障碍物的通过能力以及运动过程中的速度变化；管内运动与姿态调整能力分别将机器车水平放入与倾斜放入直管中，观察其运动情况与速度和姿态角变化曲线。试验结果表明：本文开发的管道机器车具有良好的性能，达到了系统设计目标。

4. 结论

本文提出了管道超声内扫查检测机器车的研发，在确定管道机器车系统方案的基础上，重点完成了其机械部分的设计以及测控模块的开发并将其集成，开展了大量试验研究。其中直行运动试验表明：机器车在不同速度条件下都能保证准确的运动距离控制与速度控制，同时具有良好的航向角控制能力；转弯运动试验表明：通过对航向角的监控可以满足转弯角度的控制要求，同时由于地面瓷砖摩擦因素较小，运动过程伴随着打滑现象，且转弯时也没有任何运动约束，因而转弯半径尚且存在偏差；爬坡与越障能力试验表明：机器车能顺利爬上坡度为 20° 以上的斜坡，并能顺利越过高度为 20mm 的障碍物；管内运动与姿态调整试验表明：基于运动协调与姿态调整的运动算法可以使得机器车在管道内逐渐调节到车底相对于地面水平的行走路线上，即保持横滚角在 0° 附近。这些试验结果验证了本文所建方案与具体实现的可行性与有效性。

5. 创新点

（1）采用了两个电机独立作用于对角线两个驱动轮，另两个车轮作为从动轮的驱动方案，在保证管道车正常运动能力的情况下，简化机械结构，减少多电机的控制负担，同时能实现无半径转弯。

（2）采用基于皮囊气缸的压紧机构，保证了机器车管内驱动力，同时柔性的调节方式具有对不同管径的适应能力，且不会在转弯时出现卡死的情况。

（3）基于STM32F4平台开发了一套管道机器车运动控制与网络通信的下位机程序。

（4）为避免电机产生巨大加速度，采取在加减速过程中先以最大加速度启动，当将要达到设定速度时切换为增量式PID调节的电机控制策略。

（5）简化了控制模型，实现了基于速度协调和姿态调整的管道机器车运动控制算法。

6. 设计图或作品实物图

图1所示为管道机器车模型。图2所示为管道机器车试验系统。

图1　管道机器车模型

图2　管道机器车试验系统

LP-P 320D-256-100 API 抽油机总体设计

孙柏山

兰州理工大学　机械设计制造及自动化

1. 设计目的

兰州理工大学与兰州兰石重型装备股份有限公司（简称"兰石"）产学研紧密结合已有 18 年之久，兰石装备公司自 2000 年以来抽油机出口达近 5 万台，市场前景广阔。LP-P 320D-256-100 型无游梁抽油机是兰州理工大学为兰石做的技术储备。设计宗旨意在借鉴兰石 C 型（常规型）抽油机的成熟结构，如中心支撑、横梁装置、悬绳器、制动装置等，参照美国 "Lufkin" 的杆系尺寸，尝试设计出具有兰石特色的 LP-P 型抽油机。通过本次毕业设计激发我的想象力和创造力，大胆尝试改进设计及优化设计，将所学的基础理论和专业知识综合应用，提高分析问题和解决工程实际问题的能力，成为掌握开发、设计新产品的创新人才。

2. 基本原理及方法

（1）基本原理。LP-P API 型无游梁抽油机采用四杆机构，将电机的高速旋转运动通过曲柄连杆运动转换成驴头的摆动继而实现往复式直线运动，准确地将地面以下的原油提升到地面上，实现抽油机快速提升原油的功能。

（2）节能原理。该抽油机的平衡块安装在异相曲柄上，由曲柄上的卡齿啮合来实现其位置约束。抽油机工作时，曲柄做圆周运动，重力对曲柄所做的功是变化的，当驴头向上运动时（即上冲程运动时）重力对曲柄做正功，当驴头向下运动时，重力对曲柄做负功。异相曲柄的优点在于能够及时实现能量的转换与互补，从而改善抽油机上下冲程所需能量变化过大的缺陷，进而提高平衡效益。

（3）理论方法。采用类比法结合兰石 C 型（常规型）抽油机对总体结构方案进行拟定，同时参考美国 "Lufkin" 的杆系尺寸系列确定杆系尺寸并进行类比计算，校核冲程参数，使其相对误差小于或等于 2%。

3. 主要设计过程或试验过程

1）试验过程

应用 SolidWorks 对三维模型进行虚拟仿真技术装配，应用 ANSYS 对关键零部件进行有限元分析与计算，找出受极限危险截面。

2）设计过程

本次设计共分为总体方案设计、传动部分设计、制动装置设计、横梁总成设计、曲柄设计五大部分。

（1）总体方案设计：无游梁式抽油机是采用连杆机构，将电机的高速旋转运动通过曲柄连杆运动转换成往复直线运动，准确地将地面以下的原油提升到地面上来。

通过查阅各种文献和对抽油机的结构分析，最终选择采用四杆机构来实现抽油机的主要功能，即通过四杆结构，将减速器输出轴的旋转运动转换为驴头的往复摆动，从而实现将地面以下的原油提升到地面上来。

（2）传动部分设计：以功率计算为突破口，依次进行电动机选型、带传动、减速器、杆系的设计计算，该设计过程主要以类比法设计，重点以校核为主。

（3）制动装置设计：制动装置主要以对比法进行设计，经比较各类制动装置后，择优选出适合抽油机的制动类型进而类比设计，最终校核其强度保证制动系统的正常工作。

（4）横梁总成设计：横梁总成的设计以类比法设计为主，关键在于校核横梁总成中心轴的剪应力、轴承的寿命、横梁承的载力。

（5）曲柄设计：采用类比法完成曲柄的结构尺寸设计，并根据抽油机平衡的原理，以及对抽油机平衡机构受力状况的分析，利用无游梁式抽油机平衡重计算公式算出平衡重。

4. 结论

（1）为兰石 LP-P-320D-256-100API 抽油机的开发打下了基础。

（2）抽油机可顺时针或逆时针转动并且具有节能性能。

（3）可实现皮带轮快速拆卸。

（4）用特殊驴头替代了常规型抽油机的游梁装置。

（5）主要结构件连接处及危险截面考虑合理结构提高强度，谨防生锈，而且维修时便于快速拆卸，优化选材，如机架与底座连接处、曲柄与连杆连接处、连杆与横梁支撑连接处、减速器与底座连接处等。

（6）连杆下接头锥度 1：10，合理选用适当的公差配合，确保曲柄销总成装配。

（7）减速器采用分流式结构，齿轮相对于轴承对称布置，与展开式相比载荷沿齿宽分布均匀，轴承受载荷均匀，中间轴危险截面上的转矩只相当于轴所传递转矩的一半，适用于变载荷的场合。

（8）采用刚性的制动装置，确保制动灵活、迅速。

5. 创新点

（1）具有兰石特色的 LP-P-320D-256-100API 抽油机方案设计。

（2）应用 SolidWorks 软件实现了 LP-P-320D-256-100API 抽油机虚拟仿真技术装配。

（3）应用 ANSYS 软件对主要部件进行有限元分析，找出了主要受力部件的危险截面。

（4）完成了 LP-P-320D-256-100API 抽油机整机金属结构件的配套设计。

6. 设计图或作品实物图

图 1 所示为设计作品的整体结构。图 2 所示为设计作品的三维模型。

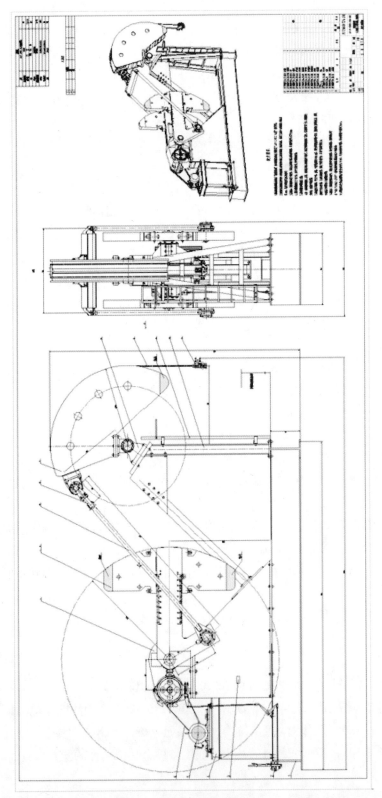

图 1　设计作品的整体结构

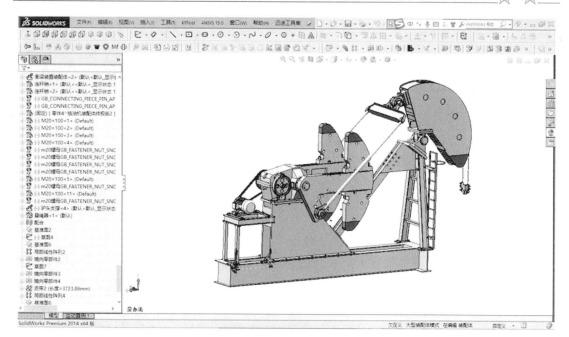

图 2　设计作品的三维模型

关节间隙误差对机器人执行臂末端运动的影响

许昌瑀

大连理工大学 机械设计制造及其自动化

1. 设计目的

自 20 世纪 60 年代以来,工业机器人逐渐出现在高速发展的现代工业中。一方面,随着人力资源成本的增加,工业机器人的投入使用能提高企业的经济效益,并且相比人力其出错率更少,因而能减少废品率、提高资源使用率;另一方面,用机器人替代人类去从事高疲劳强度、高危险以及对人体造成身心危害的工作对人类而言更加绿色健康。在工业机器人中,一个重要的研究课题就是定位精度,本研究针对 SCARA 机器人,以大连运明自动化技术有限公司的自动装配生产线为实际工程背景,主要研究关节间隙这一随机性误差以及臂杆变形这一固定性误差对末端定位误差的影响。

2. 基本原理及方法

(1)分析 SCARA 机器人末端运动定位时运用了机械原理有关知识建立了机构简图与运动定位模型,并运用 Matlab 和 ADAMAS 软件对机器人进行了运动仿真。

(2)研究关节间隙这一随机性误差时提出了一种综合思路来研究关节间隙矢量方向角分布,思路中采用了力学分析的方法通过臂杆受力平衡提出了一个解释性的外作用分析模型,并运用所学随机统计的数学知识,建立一个扰动分布来综合确定性影响因素和随机性影响因素。在通过间隙方向角分布求末端定位误差分布时,通过阅读大量文献采用了蒙特卡罗模拟的数值方法解决了这一课题难点。蒙特卡罗模拟是建立在大数定律和中心极限定理数学基石上的一种概率意义上的随机抽样方法。当样本量足够大时,通过模拟抽样得到的数值信息就能非常精确地代表真实变量的数值特征及分布。在现代计算学的飞速发展背景下,蒙特卡罗模拟方法非常实用。

(3)研究臂杆变形时,考虑到 SCARA 机器人特殊的悬臂结构,提出了一种悬臂梁结构模型来研究臂杆重力变形影响,研究中抓住主要因素,对模型进行简化,并通过几何关系,建立了臂杆变形角与末端杆偏转角的联系,这样便可通过测量末端杆的偏转角大小来反映臂杆变形。

(4)试验工装设计时严格参照了机械制造行业标准,选择标准连接件搭建试验工装,规范工程图纸,并在设计时考虑了工装刚度问题。

(5)试验中,依据球杆仪与激光干涉仪本身测量原理并结合研究需求,设计了球杆仪测量间隙误差特性与激光干涉仪测量末端偏转角的方案和原理。

3. 主要设计过程或试验过程

首先建立了 SCARA 机器人的结构模型和机构简图，得出末端运动定位模型。然后对关节间隙这一随机性误差做了理论分析，提出理论模型与研究方法，并解决研究中遇到的难题，阐述了一个系统的思路与方法来研究刻画关节间隙产生的末端定位误差模型。之后建立了臂杆重力变形模型，用臂杆变形角来刻画形变量。建立臂杆变形角与末端偏转角的联系，最后运用了球杆仪和激光干涉仪试验测量验证研究中提出的模型结论，主要试验过程如下。

球杆仪测量关节间隙误差特性试验如下：测量转动关节 1 时试验机构简图如图 1 所示，图 2 为测量关节 R_{01} 时的转动轨迹路径与球杆仪记录数值时的测量点。试验时测量图 2 所示的 7 个点，P_0：$-90°$，P_1：$-72°$，P_2：$-54°$，P_3：$-40°$，P_4：$-24°$，P_5：$8°$，P_6：$36°$。首先规律规划往返流程 $P_0 \rightarrow P_1 \rightarrow P_2 \rightarrow P_3 \rightarrow P_4 \rightarrow P_5 \rightarrow P_6 \rightarrow P_5 \rightarrow P_4 \rightarrow \cdots$ 往返测量 30 次，然后测量随机从一点到另一点时的球杆仪示数值来验证规律。用球杆仪测量关节 R_{12} 的关节间隙特性时，由于需要研究间隙误差随机分布类型规律，对同一测量点需要大量重复测量，因此测量关节 R_{12} 时只测量了 5 个点，如图 3 所示，试验机构简图如图 4 所示。试验流程为关节 R_{12} 规律往返运动 $P_0 \rightarrow P_1 \rightarrow P_2 \rightarrow P_3 \rightarrow P_4 \rightarrow P_3 \rightarrow P_2 \rightarrow P_1 \rightarrow P_0 \rightarrow \cdots$ 对于每一点同一个转动方向重复测量 83 次，即顺、逆时针到达同一位点各 83 次。每点总共测量数据 166 次。

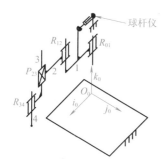

图 1　关节 1 试验机构简图

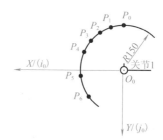

图 2　关节 1 测量路径图

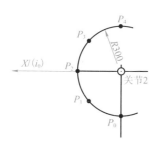

图 3　关节 2 测量路径图

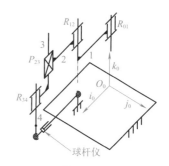

图 4　关节 2 试验机构简图

单关节测量关节间隙误差特性后，开展一个两关节联动试验来验证研究结论，首先由标准球将球杆仪固定端与吸附在 SCARA 机械臂末端的球杆仪移动端对心，再控制 SCARA 机械臂以对心点 O_m 为圆心，半径 $r = 150\text{mm}$，作圆轨迹。在圆上 4 点 A、B、C、D 停顿，并记录球杆仪示数。通过试验测得 A、B、C、D 四点测量值，通过对比理论值、实际验证值与模

型计算值，来验证研究模型合理性。（详细请参照论文）

激光干涉仪测量末端杆偏转角试验图如图 5 所示，原理图如图 6 所示，测量时首先标定一个 Z 轴零位，约束第三轴运动范围为 –10 ~ 110mm 位置，运动副移动间隔为 10mm，控制机器人上下运动，为消除回程误差只记录 0mm,10mm,20mm,…,90mm,100mm 共 11 个点数据，往返测量 5 次，最后取 5 次向上移动时的 X 方向偏移量的平均值来求出末端杆偏转角大小。

图 5　激光干涉仪测偏转角试验图

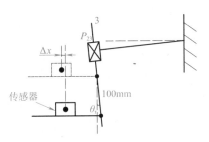

图 6　激光干涉仪测偏转角原理图

4. 结论

本文提出了一种综合性思路来研究关节间隙误差，将确定性影响因素与随机性影响因素分开考虑，然后巧妙运用一个扰动分布来综合确定性影响因素和随机性因素。并运用蒙特卡罗模拟的数学方法来求得 SCARA 机器人末端的定位误差分布。在研究臂杆变形这一固定性误差对末端定位误差的影响时，建立了一个悬臂梁结构模型，理论与仿真分析了臂杆重力变形对末端定位精度的影响。提出了用激光干涉仪测量末端杆偏转角 θ_r 的方法。最后运用球杆仪和激光干涉仪开展了试验，依据数据得出如下结论。

（1）关节间隙误差的确存在，且间隙误差不是完全随机而是受某些力学或运动状态约束影响。证明了对关节间隙这一随机量进行补偿是可行的。

（2）虽然关节间隙误差受某些确定性因素约束，但随机性扰动确实存在，并且试验发现随机因素影响的扰动分布类型具有相似性，近似于一个正态分布。由结论（1）和（2）验证了本研究提出的综合性思路的可行性。

（3）对于 SCARA 机器人，臂杆重力变形引起的定位误差存在，末端杆的偏转角在重力变形影响下能达到 0.083°，因此对这一固定性误差进行补偿很有必要。

5. 创新点

（1）考虑关节间隙误差时，提出了一种综合性思路，将确定性误差与随机性误差分开考虑，最后用一个扰动分布综合主要的确定性影响因素和随机性因素。

（2）依据定位误差模型，在通过间隙方向角分布求出末端定位误差分布时，引入了蒙特卡罗模拟的数学方法，不仅能得到末端定位误差极值，还能更全面地得到末端定位误差的分布与数值特征。

（3）提出了悬臂梁简化模型来研究臂杆重力变形，通过简化模型，建立了臂 1、2 的变形角度 θ_{t1}、θ_{t2} 与 SCARA 机器人末端杆偏转角度 θ_r 的关系。并建立了末端定位误差与 θ_{t1}、θ_{t2} 的关系。对于给定的 SCARA 机器人，θ_{t1} 与 θ_{t2} 近似为定值。因此，可依据关系模型对臂杆变形造成的固定误差进行补偿。并提出了用激光干涉仪来测量末端杆的偏转角度 θ_r 原理和方案。

（4）试验中创新地提出了使用球杆仪来测量关节间隙误差的原理，并验证了可行性。

6. 设计图或作品实物图

图 7 为球杆仪测量试验图。图 8 为激光干涉仪测量试验图。

图 7　球杆仪测量试验图

图 8　激光干涉仪测量试验图

立体车库 AGV 车辆搬运器设计与仿真

姜靖翔

山东大学　机械设计制造及其自动化

1. 设计目的

研发能在平面内自由行走的 AGV 类车辆搬运器，实现立体车库中车辆从提升机到指定停车位间的自动搬运与交接过程。该设备为大型仓储式或巷道堆垛式立体车库中的关键设备。要求 AGV 车辆搬运器能在立体车库内全自由度行驶，且转弯半径小，无须铺设轨道，存取车过程安全高效，能实现检测对中功能。确定 AGV 路径识别和导向采用的控制原理，当车库中存在多个搬运器时，对错车、会车等情况做出预先规划。并对立体车库的整体布局有初步实现方案。

2. 基本原理及方法

（1）搬运器和停车位上的汽车采用梳齿式交接原理进行存取交接，无须载车板等辅助设备。搬运器前端的一个定位梳齿单元对汽车的前轮进行定位，后端的三个匹配梳齿单元对不同车长的后轮进行匹配，通过托举前后车轮使汽车实现升降交接。

（2）搬运器的 AGV 行驶机构由上位机与 AGV 的通信模块、路径规划和识别模块、车体驱动模块、运动方向检测和调整模块、安全及辅助模块、电池模块组成。本设计主要的工作是硬件部分的设计，主要由两对在车体上对角安装的驱动轮和万向轮组成，其中驱动轮是关键的运动部件，由牵引直行和旋转变向两个部分组成。控制器通过编码器传回实时运动角度和速度，通过 PID 闭环反馈控制牵引直流伺服电机和旋转直流伺服电机的转速，实现 AGV 平台的全方位准确运动。

（3）搬运器的前端定位梳齿和后端匹配梳齿同步伸出功能通过中部双轴伸电机—前后空心传动轴—丝杠螺母—两侧连杆推出这样的传动路径实现，连杆、梳齿单元上的梳齿连接滑块和导向轴之间的转动副和移动副连接实现了将螺母的直行运动转换为梳齿向两侧的伸缩运动。

（4）两侧压力检测板随梳齿同步伸出，通过比较触及汽车轮胎内侧的先后来实时进行搬运器车体前后部的横移，当两侧检测板同时触及轮胎内侧时即实现对中。

（5）中部四点同步螺旋升降台和较外部的四点导向机构保证了下车体对上车体升降功能的稳定实现。

3. 主要设计过程或试验过程

（1）本设计首先通过调查研究和查阅文献，从事实和数据得出了目前我国停车位远远不能满足汽车保有量的结论，兴建立体车库是政府和市场的共同选择，然后对立体车库的车辆搬运器发展做了概括，得出了设计新型的 AGV 立体车库搬运器是大势所趋，有极大市场需求的结论。最后对目前的 AGV 导引技术进行详细阐述，并且确定了本设计所采取的 AGV 平台的驱动和轮系布置形式。

（2）总结得出 AGV 车辆搬运器的工作流程，得出了工作要求。分析确定了梳齿式交接技术方案在立体车库搬运器中的设计优势。并根据搬运的目标汽车参数范围得出了搬运器的形状、性能等相关参数，之后再根据工作过程，用黑箱法明确功能元，得出形态学矩阵，列出每个功能元对应的各个实现方案。对每个功能元对应的方案进行分析、评价，确定每个功能元解，并列出了总体方案的功能树图。

（3）在设计实现下车体对上车体的升降运动方案中，从两方面对螺旋升降结构进行了结构设计和计算，一是单个螺旋升降单元及其内部的零部件设计和结构计算；二是对整个升降机构的布置，包括导向方式的实现进行设计及计算，其中，重点对齿轮、轴、轴承等部件做了计算校核，并得出了各个关键零部件的尺寸和性能参数。

（4）梳齿伸缩和对中功能的方案设计中，对梳齿伸缩过程涉及的梳齿单元内部结构设计、传动系设计都进行了计算和分析，并对梳齿强度进行了校核。另外，运用 ADAMS 仿真了前后梳齿伸出的过程，并得出各个部件的运动学曲线。在对停车位和 AGV 车辆搬运器运动控制方式做出部分修改后，设计了能校正大部分汽车偏移情况的检测对中方案。

（5）AGV 行走平台的驱动轮和万向轮是实现全方位移动的硬件基础，本设计对驱动轮的各项参数做了计算，并确定了驱动电机和减速器的型号参数。

（6）搬运器本身的机械结构设计完成后，对 AGV 车辆搬运器的控制系统进行了简要分析，对通信模块、路径规划和识别模块、车体驱动模块、运动方向检测和调整模块、安全及辅助模块、电池模块等部分做了深入了解。并对立体车库的整体布局提出了规划方案，包括引导方式、搬运器的路径规划、空间各个区域的划分、标记点的放置等。

（7）最后对关键部件进行了有限元分析，用应变和位移云图直观地表现出受力与变形，为后续的完善工作提供了数据参考。在设计中，应用分析软件协助工作代替传统的经验计算，不仅能显著降低工作量，还提高了结果的精确性。

4. 结论

本设计主要完成对应用在立体车库的一种新型 AGV 车辆搬运器的设计和仿真。具体从四个方面入手：螺旋升降机构的设计和计算；梳齿伸缩及对中机构的设计计算；AGV 行走机构的设计和计算；底架、边梁等结构件和一些辅助件的分析计算。另外，对于搬运器所应用的大环境立体车库也做了区域规划和路径控制的方案设计，包括车库各个功能区的布置、行车轨迹的划分、AGV 平台的路线控制等。在设计的整个过程中学习并使用了很多应用软件，如有限元分析、ADAMS 和 SolideWorks 动画仿真等，这些分析软件显著减小了设计的计算难度，增强了设计的可视性和直观性，提高了工作效率。

从设计计算和各类软件的仿真分析结果来看，本设计选用的各个零部件的强度和刚度都是可靠的。通过对各个功能实现方案的比较后，得出的本设计各个实施方案都在传动系简短、效率高、可行性高、安全等方面有很大优势。总体来说，本设计较好地完成了设计目的中的各项要求。

5. 创新点

（1）AGV 移动平台能实现小半径转弯、原地自旋、原地正逆行驶等全方位移动，减小了行驶空间，显著提高了立体车库的空间利用率和存取车运动的灵活性。

（2）可伸缩式梳齿使升降汽车的高度降低，并且在非工作状态下减小了搬运器的宽度，节约了空间，同时把梳齿推出运动和后续的检测对中功能相结合，一举多得。

（3）当司机停车时和停车位没有对中或是存在偏斜时，检测对中功能可以在一定范围内对汽车平移和偏斜量做出校正。

（4）外部四点导向和内部四点升降方式的结合，缩短了传动链，提高了运动稳定性。

（5）立体车库的模块化布局可以根据车流量进行动态调整，可行性很高。

（6）车库中磁道钉、磁力线、红外传感等多种标志物的应用，降低了控制难度。

6. 设计图或作品实物图

设计作品的三维模型如图 1 所示。

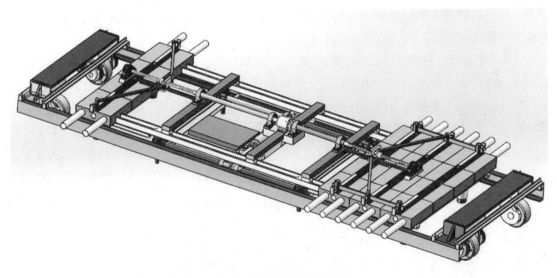

图 1　设计作品的三维模型

超车辅助警告灯脉冲热压铆接设备的结构设计

王静怡

河海大学　机械工程

1. 设计目的

现代车灯外观不规则，且结构复杂，由多个零件装配组成。为了降低车灯结构的复杂性，并且满足热塑性材料与金属或其他材料的有效装配，常常会使用塑料热铆接技术。目前企业采用了较为先进的脉冲加热管铆接法，但存在铆点强度低、易烫伤、外观不理想等缺陷。为解决这些问题，需要对铆接的方法改进。本文旨在采用脉冲热压铆接法，设计一款高效、美观、安全、能耗低的新设备。

2. 基本原理及方法

（1）脉冲热压铆接法的加热原理：脉冲电流流过钼、钛等高阻材料时产生焦耳热，焦耳定律公式为 $Q = I^2 \cdot R \cdot t$。

（2）为铆头供电的加热电路原理：电路由整流电路和逆变电路构成，整流桥将市电从交流电转为直流电，逆变电路则将直流电转变为交流电，输出电流为矩形波。逆变电路由两组基极信号互补的三极管和变压器构成，运用三极管放大电流原理或移相法调节占空比，可以调节输出电流的大小。调节后的输出电流经过降压变压器，由于变压器传输损耗很小，电功率 $P = U \cdot I$ 几乎不变，铆头两端电压降低，则脉冲电流升高，从而调节铆头温度。

（3）超车辅助警告工装的六点定位原理：任何一个未受约束的物体都具有六个自由度，即沿三个互相垂直的坐标轴 X、Y、Z 的移动和绕这三个坐标轴的转动，所以要使物体在空间具有确定的位置（即定位），就必须对这六个自由度加以约束，本文采用胎具、旋转柱塞、插销、导槽、支撑块、止转轴、固定座等定位元件，限制灯具、铆头、模板等零件的自由度，实现定位。

（4）确定铆接时间的方法：利用 ANSYS Workbench 的瞬态热分析法，对铆头与铆钉进行热分析。铆头与铆钉顶部接触，发生热传递，其他非直接接触面与空气发生热对流，通过设定热载荷，并选取铆钉上的三个参考点，分析参考点的温度随时间变化的情况，得出达到符合铆接温度的时间。

3. 主要设计过程或试验过程

设计前，去车间内参观，了解车灯的种类，观看车灯的生产流程，对车灯的制造有一个概念，重点关注热铆加工的不同方法、原理和工艺流程。了解设备的结构设计一般包含的内容，向企业工程师询问了设计时的基本思路与方法，设计需要注意的地方以及需要参照的标准，得知了很多设计方面的经验和有用的资料。

设计时，首先明确任务要求和应用场合，选择合适的铆接方法。根据铆接的原理和步骤，提出设计大致包含的功能和模块，再逐步细分。

本文设计的对象是超车辅助警告灯，根据它的结构，其中两个铆点距离太近，需要用一个铆头同时铆接。

设计的内容包含工装部分与机器部分。

（1）工装部分，上模的功能包括铆头的固定、微调和灯具的压紧结构，下模用来固定灯具。在上、下合模时，应当有用于限位的零件，同时还应有电、气线路的插座，电路用于铆头的加热供电，气路用于连接铆头的吹气管冷却铆点。

（2）机器部分，其结构大致分为壳体、框架、工作区和电气柜等。首先工作区域，需要有固定上、下模的结构，同时应考虑到防坠的功能，此外上模运动需要有驱动件，如气缸等。在运动过程中，还应考虑防止运动方向发生偏移的方法。其次是电气柜，需要考虑电气柜元器件的摆布、线路的排布与保护等措施，还有大功率元件的散热等问题。最后应考虑人机配合的问题，如启动与急停按钮、操作面板、光栅防护、工作区可视化等。

确定设计内容后，进行方案设计与零件选型及设计。根据企业的生产标准，尽量采用企业及零件供货商的标准件。对于非标准件的尺寸和材料，根据安装配合的情况、经验值，在满足使用条件和国家生产标准的情况下，尽量降低生产成本、便于工人加工的原则下确定。上下模板、机器框架、工作高度等尺寸企业均有明确的要求，所有均在此前提下进行设计。设计顺序从工装的下模开始，确定灯具位置并用胎具定位后，确定铆头的安装位置，设计铆头调节和固定及灯具预压紧的方案，选择需要的零件。随后过渡到机器的工作区域，确定定位和防坠方案等，再到电气柜的设计等。

对于铆接的温度，通过查阅材料的基本属性得出。铆接的时间则利用 ANSYS Workbench 的瞬态热分析法，对铆头与铆钉进行热分析。

4. 结论

（1）本文完成了工装部分和机器结构的设计，满足了脉冲热压铆接基本的使用要求，能够快速地铆接，机器运行的整个过程控制在 25s 以内。

（2）为了探究铆头合适的加热时间，达到铆接要求、提升铆接质量，本文用 ANSYS 进行瞬态热分析，结果显示加热时间在 0.3s 内，铆点温度迅速升高，当加热时间达到 2.5s 左右时，铆点温度相对稳定。

（3）外部机器具有一定的通用性，同时铆接的点数可多达 18 个，具有快速、高效、通用的特点，并且通过上模防坠结构、光栅防护、双按钮启动等措施保证工人的操作安全。为了方便工人检测、装卸、调试和维护，设备每个模块都可以拆分，且工作区域可视化；当工装变换时，机器具有良好的互换性，符合企业的生产需要。

（4）此外利用 AutoCAD，按照国家和企业标准，绘制工装部分非标准零件的二维图。

5. 创新点

（1）针对企业车灯装配需求，提出使用脉冲热压铆接法装配灯具，替代加热管铆接法，能对温度进行有效控制，提升铆点强度和质量，缩短预热时间和冷却时间，具有高效、美观、安全、能耗低等优点。

（2）设备有铆头微调、上模防坠、快速换模等结构，还具有多种人性化及保护设施，便于工人检测、装卸、调试和维护，具有通用、高效、安全、节能等特点。

（3）运用 ANSYS Workbench 的瞬态热分析法，分析铆点温度随时间变化的关系，寻找合适的铆接时间，提升铆接效率和质量。

6. 设计图或作品实物图

图 1 为脉冲热压铆接工装图。图 2 为脉冲热压铆接设备整体图。

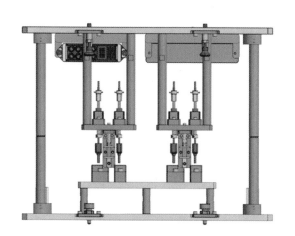

图 1　脉冲热压铆接工装图

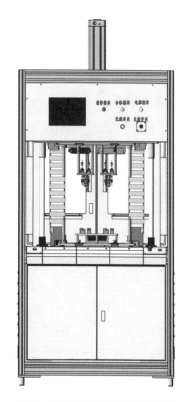

图 2　脉冲热压铆接设备整体图

GMB140-4型隔膜泵总体及隔膜腔总成设计

田锡威

兰州理工大学 机械设计制造及其自动化

1. 设计目的

我国从20世纪80年代开始引进隔膜泵，随着各个行业（如石油、煤炭、冶金等）的蓬勃发展，国内对隔膜泵的需求越来越大，目前虽然在一定程度上我国对隔膜泵基本上实现了国产化，但是一些行业在关键工艺流程上还依赖进口隔膜泵。因此，优质隔膜泵的国产化对于各行业需求十分必要。同时，由于国产的隔膜泵市场占有率低，为了使国产隔膜泵能在激烈的市场环境中立足，对新型隔膜泵进行研制十分必要。

2. 基本原理及方法

拖动部分采用的是电机拖动；动力端传动部分采用窄V带传动与人字齿轮变速箱传动；液力端传动部分采用的是液压传动；控制部分是通过PLC控制；检测部分是通过位置传感器、压力传感器等传感器检测。采用的基本机构是曲柄滑块机构。

本次设计核心为隔膜腔总成，泵体在运行中隔膜将浆料与活塞、缸套等易损部件分割开来，这样活塞等易损部件就可以在介质相对清洁的环境中工作，提高了易损件的寿命。

本次设计为采用双缸双作用动力端，在液力端的设计过程中，每个活塞缸对应两个隔膜腔，这样可增大隔膜泵的排量，同时可以增加隔膜的寿命。

在隔膜腔的总成设计中，主要有以下四个必要系统。

（1）推进液系统。由于隔膜泵运行过程中，活塞可能会发生磨损和密封件泄露，这会导致隔膜腔多油或少油，进而隔膜变形过大，如果不及时解决，将会使得隔膜寿命缩短或破损，因此必须设置补油排油系统来控制液压油量的稳定。主要用的检测原理是位置传感器。

（2）排气系统。隔膜泵开始运行，加入推进液时，隔膜腔内会有压缩气体产生，若不及时排出，就会影响隔膜的变形程度，导致隔膜泵容积效率降低。因此，采用排气系统排除隔膜腔内压缩气体，保证泵的正常运行。

（3）隔膜破损检测系统。隔膜泵在运行中，一旦有隔膜破损现象发生，该系统可及时检测到隔膜破损并及时报警。主要运用的原理为电解质可导电。

（4）超压保护系统。一旦在隔膜泵使用工艺流程中超压，为保护隔膜泵，应及时将推进液排出。

3. 主要设计过程或试验过程

本文主要进行了隔膜泵总体和隔膜腔总成设计。隔膜泵采用的驱动方式是电动机拖动，利用曲柄滑块机构带动活塞在活塞缸工作腔内往复运动，从而借助液压油介质使隔膜凹凸运动，通过容积的周期性变化完成对浆料的输送。本隔膜泵采用隔膜技术，将料浆与油介质分隔开，保证了运动部件的使用寿命，保持了隔膜泵较高的连续运转率。其中膈膜室是隔膜泵的核心，隔膜室由隔膜腔、压盖和隔膜总成组成。本设计中主要进行了泵的总体方案设计、隔膜腔的总成设计、推进液系统设计。通过翻阅大量的国内外文献资料，首先了解了隔膜泵总体结构，先后确定了两个总体方案，分别是三缸单作用隔膜泵与双缸双作用隔膜泵。经过一系列的分析对比，最终选择了结构简单、排量相比三缸较大的双缸双作用隔膜泵。通过设计任务书的要求，对本次隔膜泵设计的总参数进行了各自的确定，如泵的冲程、冲次、活塞直径等。在总体参数确定的过程中，考虑到隔膜泵核心部件即隔膜的寿命问题，选择活塞直径、冲程、冲次等最优一组作为本次设计的最终参数。然后通过所确定总参数，参考相关文献，计算隔膜泵在本次设计当中所需要的额定功率与转速，再由对应电机生产厂商给予的电机类型，选择了电机型号。进一步确定总传动比以及各级的传动比。在此基础上，对两级传动上各个构件分别进行分析设计，如齿轮传动、带轮传动。由电机功率、转速以及结构要素分别设计两个传动轴，并对其进行分析、校核及 ANSYS 分析。之后，对曲柄连杆传动、活塞缸总成、隔膜腔总成、阀箱总成以及壳体结构进行了细致的设计。在此基础上，还对该隔膜泵装置控制系统进行了设计，如推进液控制系统、超压保护系统、排气系统、冲洗液系统、隔膜破损检测系统。

在本次的设计当中，对隔膜破损检测系统进行了简单的试验。首先所选取的原材料分别为工厂内液压油、碱水、两节 5 号电池、若干电线、两个小功率灯泡。分成两组，一组是将工厂内液压油、若干导线、一节 5 号电池、灯泡形成一个封闭电路；二组是将碱水、若干导线、一节 5 号电池、灯泡形成另一个封闭电路。通过试验现象的对比，可以发现一组的小灯泡没有发亮，二组的小灯泡发亮。这个试验充分说明本文设计的隔膜检测装置是可行的。

4. 结论

本文设计的隔膜泵是一个机电液一体化的绿色产品，结构相对比较复杂，设计任务相对繁重，但是通过团队以及本人的不懈努力，完成了本次的设计任务。隔膜泵是一个环保、高效、节能的产品，在本校张洪生老师与工厂常平老师的指导下，我们团队对隔膜泵有了更加清晰的认识与把握。总结出国内隔膜泵的发展还需很长一段路要走，作为后来人我们应该继承前辈勇于探索、不断开拓的精神品质，让国产的隔膜泵走向世界，走向未来。

5. 创新点

（1）结构创新。在参观实习的过程中，工厂常平老师说过隔膜的出料部位是主要的受力部位。经过和常平老师的交流与思考，发现长孔的结构通常在浆料排出之后，对隔膜的冲击点相对比较集中，如果长时间的隔膜运行，将会导致相对集中点发生破损，显著缩短了隔膜的寿命。因此，为了减小冲击过度集中，需要对排出的料浆进行分流，因此将 1 个长孔改用 5 个直径为 60mm 的孔。这样冲击点会分散，从而显著提高隔膜的寿命。

（2）隔膜腔自动排气系统创新。现阶段，隔膜泵的排气系统还处于手动阀排气。本人认为不方便，不先进，故想设计一个自动排气系统。但由于时间与能力有限，排气装置的自动控制还未完成，未来将会完善这一创新。

6. 设计图或作品实物图

图 1 为设计作品的总装配图。图 2 为隔膜腔总成。

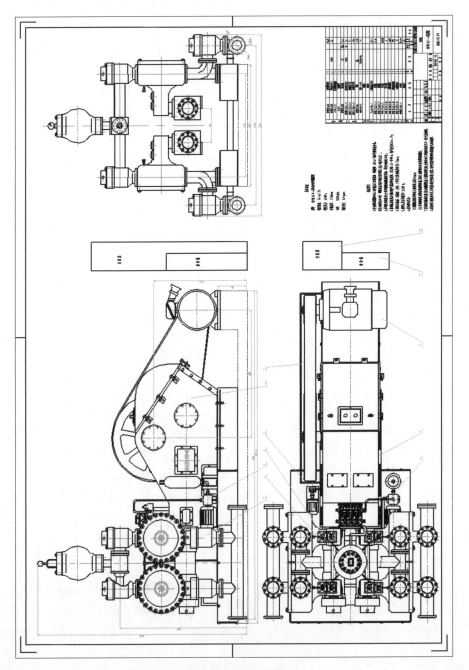

图 1　总装配图

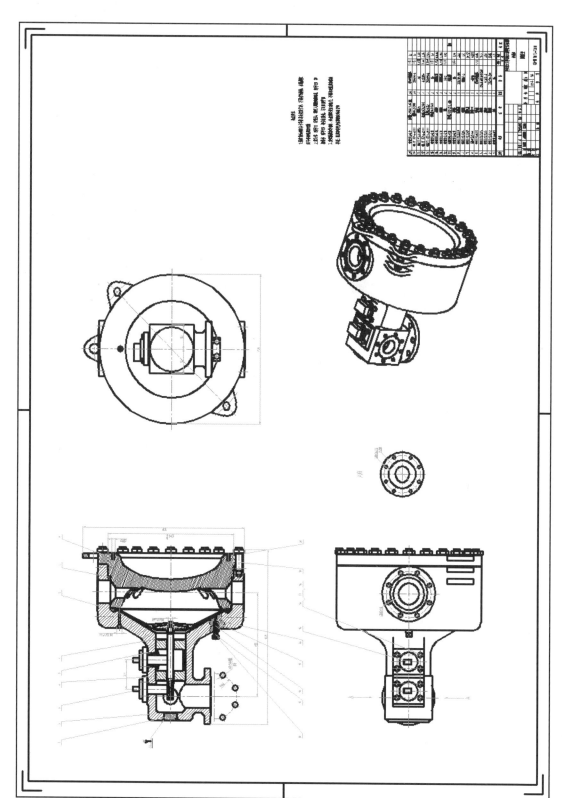

图 2 隔膜腔总成

佳作奖

光幕式轴类零件尺寸参数检测仪设计

田有毅

重庆科技学院　机械电子工程

1. 设计目的

在机械工业中，轴类零件主要用来传递转矩、承受载荷和支撑传动零部件，轴类零件的关键尺寸对于整个机器工作性能的好坏起着直接的作用。因此，轴类零件的关键尺寸加工精度以及检测对于保证机器安全可靠工作显得十分关键。基于影像法，针对现有单光学传感器或者单光源的测量方案的测量范围的有限，提出双光路双 CCD 设计方案，既能测量大直径尺寸零件轴，又能提高测量精度。

2. 基本原理及测量方法

（1）原理：本文设计双光路双 CCD 测量方案是基于影像法，利用零件轴的影像代替轴本身进行测量。由上下两个相对距离可调、亮度可调的 LED 光源分别照射出平行光束，光束经过光学镜片放大处理，照射到待测零件轴上，形成上下阴影光路，光路再经过光学镜片放大处理，由两个相对距离可调的线阵 CCD 分别获取上下两个阴影信号，经过计算机数据处理，得出待测零件轴的轴径。

（2）测量方法：使用单个线阵 CCD 测量，待测轴的直径为 $L=Kn$，其中 $K=D/\beta$，D 为线阵 CCD 光敏像元间距，β 为光学镜片放大系数，n 为待测轴所遮挡的光敏像元个数。找出所遮挡的光敏像元个数就能求出轴径的大小。在本文中，使用两个线阵 CCD，相对位置不能确定，需要进行标定处理。先用 X_{mm} 标准件进行测量，记录相应的两个像元点进行标定，设为零点 a、b。当使用 X_{mm} 非标件检测时，阴影部分会产生变化，像元点位置也相应发生变化，记录变化后的两像元点 X_1、X_2，所测直径为

$$L=X+[|a-X_1|+|b-X_2|]\times K$$

3. 主要设计过程或试验过程

（1）线阵 CCD 试验：在本文研究中，采用了东芝公司的 TCD1501 芯片图像传感器，这款芯片图像传感器光强饱和度较低，在自然光的照射下就能超过饱和峰值。因此，需要对线阵 CCD 进行所接受光强减弱处理。选择耐磨亚克力（PMMA）塑料材质 IR700 系列的滤光膜，400~680nm 波长光低通过率（3%~5% 透过），能够减少光的强度。然后再加上一块镜面玻璃材质、中心波长为（525±10）nm、半带宽为 30nm、峰值透射率大于 86%、截止深度小于 1% 的滤光片，对光进行波段选择。经过加滤光膜、滤光片和密封处理，使其能够

在自然光状态下进行有效曝光。

（2）光学系统试验：本文任务要求测量精度为 3μm，线阵 CCD 单位像元尺寸为 7μm，为了提高系统的测量精度，需要对光路进行放大处理。本文采用两片平凸柱面透镜组合作为放大器件。焦距分别为 50mm 和 19.4mm，理论放大倍数为 2.58 倍，但是在试验验证过程中，所测量放大倍数与原值存在误差。因此，在进行放大系统检验试验时发现，在加工夹具、安装过程中，都会造成误差。所以，需要对装夹后的放大系统进行放大倍数的重新测量。

（3）机构设计：本文任务要求测量轴径为 50~100mm。设计机械结构时，为了能够固定零件轴进行测量，同时要保证轴径测量量程达到任务要求；在设计中，测径仪分为两部分：移动台和底座。底座用来夹持固定待测零件轴。为了可以放置不同长度的零件轴，固定零件轴使用的两顶针相对位置能够进行调节。移动台用来测量待测轴直径，通过放置多个移动台就能测量多个工位。移动台设计厚度为 16mm，相对于面阵相机，在移动台上相同的位置却能放置更多个，测量更多的工位。通过旋转双向丝杆，能够使两个线阵 CCD 或者两个光源相对位置趋近或相离，从而测量不同轴径的零件轴。

（4）数据处理和软件设计：进行轴径检测，CCD 采集信号需要进行处理，才能得出轴径。对信号数据进行中值滤波处理，得出较为平滑的数据。通过区域限定，先找出有效最大值和有效最小值，求出平均值 avg，提出 0.9~1.1avg 的数据。最后通过对区域限定的数据进行微分处理，求出边界点，计算出轴径尺寸。通过使用上述所用数据处理方法，利用 LabVIEW 图像处理软件编写程序。

4. 结论

本文针对传统的接触式测量易划伤工件、影响表面质量、测量精度低以及一般单相机单光源和单光源双相机测量系统不能测量大轴径的问题，提出双光路双 CCD 测量方案。主要完成：对图像传感器进行选择，减光处理；对光学系统进行设计并且使用平凸柱面透镜进行试验；测径仪机构设计等工作。本文设计的测径仪能够测量轴径为 42~105mm，同时测量五个及以上工位。

5. 创新点

（1）提出了双光路双 CCD 的光幕式轴径测量方案，既能解决因轴径大于单相机或者单光源直径而无法测量轴径的问题，又能提高测量精度。

（2）设计了方便反向对称运动的光源和 CCD 调整机构，通过旋转双向丝杆，光源或者 CCD 相对趋近或相离，调整方便且能够减少调整时间。

（3）开发了简便可行的图像边界点识别算法及轴径检测软件，使用中指滤波将信号数据平滑处理，对限定区域数据进行微分处理求出大致边缘位置，采用曲线拟合找出准确边界点，求出轴径。

6. 设计图或作品实物图

图 1 为双光路双 CCD 原理图。图 2 为测径仪三维模型。

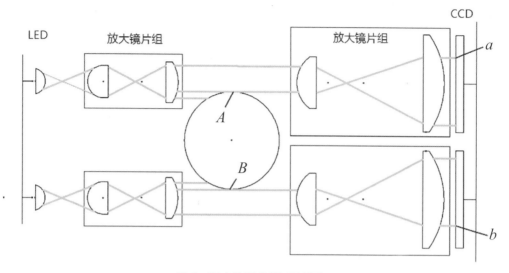

图 1　双光路双 CCD 原理图

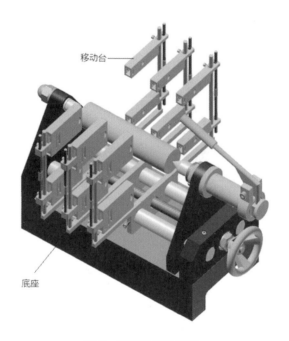

图 2　测径仪三维模型

单张纸胶印机加装冷烫单元设计

王宏顺

北京印刷学院　机械工程

1. 设计目的

在国内印刷行业，为胶印机加装冷烫单元才刚刚起步。而国外经过 10 多年的发展，冷烫装置发展已经比较完善，在冷烫的印刷速度、冷烫膜的省膜率方面都能满足印刷需求。与国外相比，国内的冷烫装置在印刷速度、省膜率方面都有待提高。因此，深入研究冷烫装置的原理与结构，以及促进国内冷烫技术的发展是很重要的。

2. 基本原理及方法

本文采用 TRIZ 理论进行设计。现代 TRIZ 理论体系主要包括以下几个方面的内容。

（1）创新思维方法与问题分析方法。TRIZ 理论中提供了如何系统分析问题的科学方法，如多屏幕法等；而对于复杂问题的分析，则包含了科学的问题分析建模方法——物-场分析法，它可以快速确认核心问题，发现根本矛盾。

（2）技术系统进化法则。针对技术系统进化演变规律，在大量专利分析的基础上，TRIZ 理论总结提炼出八个基本进化法则。利用这些进化法则，可以分析确认当前产品的技术状态，并预测未来发展趋势，开发富有竞争力的新产品。

（3）技术矛盾解决原理。不同的发明创造往往遵循共同的规律，TRIZ 理论将这些共同的规律归纳成 40 个创新原理，针对具体的技术矛盾，可以基于这些创新原理、结合工程实际寻求具体的解决方案。

（4）创新问题标准解法。针对具体问题的物-场模型的不同特征，分别对应有标准的模型处理方法，包括模型的修整、转换、物质与场的添加等。

（5）发明问题解决算法 TRIZ。主要针对问题情境复杂、矛盾及其相关部件不明确的技术系统。它是一个对初始问题进行一系列变形及再定义等非计算性的逻辑过程，实现对问题的逐步深入分析，问题转化，直至问题的解决。

（6）基于物理、化学、几何学等工程学原理而构建的知识库。基于物理、化学、几何学等领域的数百万项发明专利的分析结果而构建的知识库可以为技术创新提供丰富的方案来源。

在利用 TRIZ 解决问题的过程中，设计者首先将待设计的产品表达成为 TRIZ 问题，然后利用 TRIZ 中的工具，如发明原理、标准解等，求出该 TRIZ 问题的普适解或称模拟解（Analogous solution）；最后设计者再把该解转化为领域的解或特解。

3. 主要设计过程或试验过程

通过对冷烫装置利用 TRIZ 理论进行分析。首先提出需要解决的问题，再通过 TRIZ 理论进行分析，对冷烫装置中存在问题的跳步机构和储膜机构进行系统分析，找出机构中存在的问题，再将需要解决的问题提炼为 TRIZ 理论中的通用问题，提出需要解决的根源问题，再对根源问题进行分析。对根源问题进行分析时，按照 TRIZ 理论的分析步骤，对问题部分的机构或系统进行分析，通过多种工具或方法，如流工具、物场模型分析、技术矛盾分析等。通过这些工具，找到需要解决问题的通用技术解和特解，再将这些技术解决方案化为实际的解决方案，最终找到符合要求的解决方案。

4. 结论

通过对装置应用 TRIZ 理论进行分析，针对跳步机构和储膜机构提出解决方案，分别是组合跳步机构的电机，使得该机构使用一个电机传动，并通过组合驱动辊，来减少驱动辊带给冷烫膜造成的不利影响。针对储膜机构，提出增加弹簧装置来吸收冷烫膜和摆动摆杆之间的张力波动，以此来减少这部分机构对冷烫膜的张力影响。这两个解决方案都比较好地解决了冷烫膜在印刷时出现的各种问题。

5. 创新点

（1）针对冷烫膜的跳步装置提出解决方案，很好地提供了跳步机构的解决方案。

（2）针对冷烫膜的储膜机构进行分析，对于原有机构存在的问题，提出了解决方案。

6. 设计图或作品实物图

设计作品实物图如图 1 所示。

图 1　设计作品实物图

CKG61100 数控车床分离式主传动行星减速器设计

薛佳奇

兰州理工大学　机械设计制造及其自动化

1. 设计目的

传统的集中式主传动系统中高速运转的传动件产生的振动会直接影响主轴运转的平稳性，并且传动件产生热量会使主轴发生热变形，导致主轴回转精度降低。有级变速的传动可获得的转速是有限的，难以满足生产中主轴转速的需要。当采用电机实现无级变速传动时，电机的恒功率输出范围难以满足车床恒功率输出的需求。因此，为提高数控车床的经济性和加工质量，简化主轴结构，充分利用无级变速和有级变速的长处，CKG61100 主传动采用了调速电机接机械有级变速的分离式传动，本设计为 CKG61100 数控卧式车床行星齿轮减速器。

2. 基本原理及方法

分离式主传动由于传动部件与主轴分离，传动件产生的振动和发出的热量不会直接影响主轴的回转，因而可显著提高加工质量。利用机械变速加调频电机调速可充分利用两者的优势，获得连续转速的同时可提高低速性能。

在具有三个基本构件的行星齿轮传动机构中，可根据传动要求，任选行星轮之外的两构件，一者作为输入件，另一者作为输出件。通过制动使三个构件中任一个构件固定，或使其转速为某定值时，即可确定整个行星齿轮机构的运动，此时其他两个构件就分别成为输入件和输出件。

若将单元行星机构中的任意两个构件连接成一体转动，则第三个构件的角速度必然与前两个构件的角速度相同，则该行星机构成为一整体旋转。此时，行星机构中所有构件之间都没有相对运动，可以形成直接挡传动，传动比等于 1。若单元行星机构中的所有构件均不制动或者也不与另一单元行星机构的构件相连接，则此时单元行星机构将完全失去传动作用，机构中各构件之间没有确定的相对运动。

在行星减速机构中利用一个滑移齿轮即可实现离合器和制动器的功能。当离合器将输入轴和内齿圈相连时，行星传动机构中的太阳轮、行星轮和行星轮支架的转动速度相同，此时减速器由行星轮支架输出的转速与输入轴输入的转速相同。当滑移齿轮将输入轴与内齿圈脱开并将内齿圈固定时，减速器按既定的传动比传递运动。

3. 主要设计过程或试验过程

1）行星传动运动学计算

（1）多级行星变速机构的自由度。

$$W = 3n - 2p_L - p_H$$

式中，n 为运动构件数；p_L 为运动低副数；p_H 为运动高副数。

在行星齿轮传动中，可取 $p_L = n$，得

$$W = n - p_H$$

在多级行星齿轮变速机构中，有 $n = n_0 + k$ 成立，其中 n 为机构中的运动构件数，n_0 为基本构件数，k 为行星排数。在 2K-H（A）型的每个行星排中都具有两个高副，即 $p_H = 2k$。

将上述 n 和 p_H 的关系式代入，可得出多级行星齿轮变速机构的自由度计算公式，2K-H 型行星传动的自由度为

$$W = n_0 - k = 3 - 1 = 2$$

式中，n_0 为运动的基本构件总数；k 为行星排的总数。

（2）控制元件数和变速级数的确定。

在行星传动中，必须消除 $W-1$ 个自由度才能使机构的传动仅有一个自由度。因而，在行星齿轮变速机构中，一般都需要若干个控制元件（制动器和离合器），其总的控制元件数为

$$m = Z + L$$

式中，Z 为制动器数；L 为离合器数。

在行星齿轮变速机构中接入一个控制元件后，可以将机构中的两构件刚性连接，从而使它的运动基本构件数 n_0 减少 1。行星变速机构的自由度数 W 也会相应地减少 1。在接入控制元件前自由度为 W 的行星变速机构，当同时接入 $W-1$ 个控制元件时，机构仅余一个自由度。

$$n_d = C_m^{W-1} = C_m^1 = m$$

2K-H 行星变速机构的控制元件数 $m = W = 2$。

在一个行星齿轮变速机构中，离合器的数目最多不能超过控制元件数，即 $L < m$，再由上面分析，可得

$$L \leqslant W - 1$$

离合器数取 $L = W - 1$ 时，行星变速机构进入直接挡传动，其传动比 $i = 1$，这样做的合理性在于增大 L 的数目可以简化传动结构。行星齿轮变速机构需要的制动器数目满足关系：

$$Z \leqslant m - L$$

从而可确定机构离合器数 $L = 1$，制动器数 $Z = 1$。

（3）确定行星排数 k。

$$k = 0.5W$$

式中，$W = 2$，4，6，8，…。取 $W = 2$，得

$$k = 0.5 \times 2 = 1$$

取机构行星排数为 1。

2）传动齿轮计算

（1）试算齿轮模数，即

$$m_{nt} \geqslant \sqrt[3]{\frac{2K_{Ft}T_1 Y_\varepsilon Y_\beta (\cos\beta)^2}{\varnothing_d Z_1{}^2}\left(\frac{Y_{Fa}Y_{sa}}{[\sigma_F]}\right)^2}$$

试选载荷系数 $K_{Ft} = 1.3$。

计算弯曲疲劳强度的重合度系数 Y_ε，即

$$\beta_b = \arctan \ (\tan\beta \cos\alpha_t)$$
$$\varepsilon_{\alpha v} = \varepsilon_\alpha (\cos\beta_b)^2$$
$$Y_\varepsilon = 0.25 + 0.75/\varepsilon_{\alpha v}$$

计算弯曲疲劳强度的螺旋角系数 Y_β:

$$Y_\beta = 1 - \varepsilon_\beta \frac{\beta}{120°}$$

根据当量齿数 $Z_{v1} = Z_1/(\cos\beta)^3$，$Z_{v2} = Z_2/(\cos\beta)^3$，查手册得齿形系数 Y_{Fa1} 和 Y_{Fa2}。

由手册查得应力修正系数 Y_{sa1} 和 Y_{sa2}。

由手册查得太阳轮和行星轮的齿根弯曲疲劳极限分别为 $\sigma_{H\lim1} = 550\text{MPa}$、$\sigma_{H\lim2} = 550\text{MPa}$。

由手册查得弯曲疲劳寿命系数 K_{FN1} 和 K_{FN2}。

取弯曲疲劳安全系数 $S = 1.4$，得

$$[\sigma_F]_1 = \frac{K_{FN1}\sigma_{F\lim1}}{S}$$

$$[\sigma_F]_2 = \frac{K_{FN2}\sigma_{F\lim2}}{S}$$

进而可求得 $\frac{Y_{Fa1}Y_{sa1}}{[\sigma_F]_1}$ 和 $\frac{Y_{Fa1}Y_{sa1}}{[\sigma_F]_1}$，取两者中的较大者 $\frac{Y_{Fa1}Y_{sa1}}{[\sigma_F]_1}$。

（2）试算齿轮模数。

$$m_{nt} \geqslant \sqrt[3]{\frac{2K_{Ft}T_1 Y_\varepsilon Y_\beta (\cos\beta)^2}{\varnothing_d Z_1{}^2}\left(\frac{Y_{Fa}Y_{sa}}{[\sigma_F]}\right)^2} = 1.12$$

3）调整齿轮模数

(1) 计算实际载荷系数前的数据准备。

圆周速度 v 为

$$d_1 = m_{nt}Z_1 / \cos\beta$$

$$v = \frac{\pi d_1 n_1}{60 \times 1000}$$

齿轮 b 为

$$b = \emptyset_d d_1$$

齿高 h 及宽高比 b/h 为

$$h = (2h_{an}^* + c_n^*)m_{nt}$$

（2）计算实际载荷系数 K_F。

根据圆周速度，6 级精度，由手册查得动载系数 K_V。

齿轮的圆周力 $F_{t1} = 2T_1/d_1$，根据 $K_A F_{t1}/b$ 查手册得齿间载荷分配系数 $K_{F\alpha}$。

由手册用插值法查得 $K_{H\beta}$ 的值，结合 b/h 查手册，得 $K_{F\beta}$ 的值，则载荷系数为

$$K_F = K_A K_V K_{F\alpha} K_{F\beta}$$

（3）按实际载荷系数算得的齿轮模数。

$$m_n = m_{nt} \sqrt[3]{\frac{K_F}{K_{Ft}}}$$

对比计算结果，齿面接触疲劳强度计算的法面模数 m_n 大于由齿根弯曲疲劳强度计算的法面模数。从满足弯曲疲劳强度出发，从标准中就近取 $m_n=1.25\text{mm}$；为了同时满足接触疲劳强度，需按接触疲劳强度算得的分度圆直径 $d_1=42.513\text{mm}$ 来计算太阳轮的齿数，即 $z_1=d_1\cos\beta/m_n$。因此，当取太阳轮齿数为 33 时，太阳轮的模数为 $m_n=1.25\text{mm}$，进而确定行星轮模数为 $m_n=1.25\text{mm}$。

4. 结论

（1）根据多速行星齿轮传动设计原理，取行星轮数目为 4，行星排数为 1，确定多速行星传动的传动方案为 2K-H 型。

（2）设计任务中给定的行星传动比为 4∶1，取配齿方案为太阳轮 33 齿、行星轮 32 齿和内齿圈 97 齿。

（3）任务书给出行星减速器减速比为 1∶4，输入转矩为 117.1N·m，考虑行星轮的均载和控制元件的结构，设计了行星传动机构的构件，按齿面接触疲劳强度设计了行星减速器的齿轮部件。

（4）根据国家标准的规定和传动要求计算了减速器中的太阳轮、行星轮和内齿圈的强制性检测公差值，提出了确定的加工要求。根据国家标准对与轴承相配合的轴颈和外壳孔的加工精度及公差等级进行了设计。

（5）在减速器整体结构和各零部件结构设计的基础上，根据设计计算数据对重要的功能

部件进行了设计和校核。另外，绘制了所有零件的工程图，并建立了减速器的三维模型（图 1）。

5. 创新点

（1）采用换挡机构实现两挡无级变速。本文所设计的行星减速机构中选用一个滑移齿轮实现离合器和制动器的功能，即实现传动部件的制动和联动。当离合器将输入轴和内齿圈相连时，行星传动机构中的太阳轮、行星轮和行星轮支架的转动速度相同，此时减速器由行星轮支架输出的转速与输入轴输入的转速相同。当滑移齿轮将输入轴与内齿圈脱开并将内齿圈固定时，减速器按 1 : 4 的减速比传递运动。

（2）采用太阳轮浮动均载机构均匀分配行星轮间载荷。采用中心太阳轮浮动、蝶簧复位的方式来实现均载。行星轮与行星架通过心轴连接，并且行星轮位置固定，采用淬火后硬度达 42HRC 的滚针支撑。

6. 设计图或作品实物图

图 1 为减速器的三维模型。

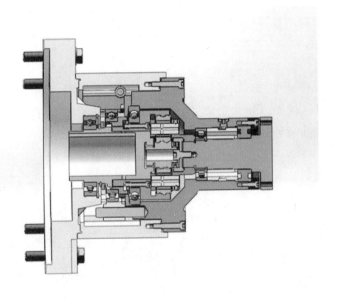

图 1 减速器三维模型

十柱塞对置式往复泵的结构设计及 ADAMS 仿真

随雨浓
中国海洋大学　机械设计制造及其自动化

1. 设计目的

目前，油田采油工艺中广泛采用柱塞泵作为流体输送动力设备。然而，现有柱塞泵为单置式，单机排压高但排量较低，为满足大排量需求只能采用多机并联从而增加占地面积和能耗。针对上述问题，本设计的目的是开发一种新型对置式柱塞泵，通过在曲轴两侧对称布置柱塞，有效利用空回程，从而在保证高排压前提下显著提高泵排量。该设计完成的对置式往复泵具有排量大、体积小、效率高、经济性好等特点，应用前景广阔。

2. 基本原理及方法

本设计以开发高排压、大排量流体输送泵为目标，基于往复泵的基本原理，以单置式柱塞泵作为原型进行开发。由于单置式泵的曲轴在旋转运动过程中具有空回程，不但浪费动力，且曲轴布局箱体对轴承会产生较大支反力，因此本设计提出对置式往复泵设计，既可充分利用空回程增加柱塞以提高排量，又可使得布局箱体对轴承的支反力在沿柱塞轴线方向上相互抵消，从而减少箱体内轴承的数量并且减小轴承尺寸，提高轴承的使用寿命，并进一步缩小泵体体积。

在设计过程中，将传统的基于选型设计手册的经验设计方法与基于数值模拟的全三维仿真分析方法相结合。在往复泵总体规划设计、零部件结构计算基础上，利用有限元分析软件 ANSYS 结合 ADAMS 软件对关键部件进行联合仿真，对危险工位及其应力分布、模态及振动特性进行分析和完善，确保本设计完成的技术方案具有现实可行性。

3. 主要设计过程或试验过程

设计分为三个阶段，即总体设计阶段、机械结构设计阶段和曲轴仿真分析阶段。

在总体设计阶段，主要经历了以下设计过程。

（1）性能参数确定：根据泵的使用条件和要求，选定了设计参数。

（2）泵型选择：通过充分调研和对比分析，充分考虑安装、占地面积、维护的便捷性和使用条件，选取卧式对置柱塞泵形式。

（3）液力端结构形式及泵阀选型：考虑到油田高排压需求，液力端结构选取直通式，泵阀采用直通式平板组合阀。

（4）传动端结构选型：传动端由机体、曲轴、连杆及其轴瓦、十字头及润滑、冷却等辅助设备组成。经过分析比较不同方案，缸数选为 10，曲轴支承方式选 5 拐 4 支承，曲轴箱采用上下对开、左右拆分结构，并在此基础上完成十字头安装衬套设计。

（5）原动机选型和计算：通过比较，选取电动机作为原动机，完成电动机功率计算并选择某型高压电机。

在机械结构设计阶段，主要经历以下设计过程。

（1）结构参数选择：完成了柱塞平均速度、柱塞直径、柱塞行程长度、转速、行程比、吸入和排出管直径等参数的设计计算。

（2）减速机构设计：通过比较，减速机构选取 ZDY 型硬齿面圆柱齿轮减速器，完成了参数选择和动力分析。

（3）动力端零部件设计：完成了机体、曲柄、连杆、轴瓦等主要零部件的结构设计计算，确定了各部件的尺寸。

在曲轴仿真分析阶段，主要经历以下设计过程。

（1）曲轴连杆虚拟样机建模：利用 UG8.0 软件建立了曲轴、连杆、十字头组的三维模型，完成数字装配。

（2）动力学仿真分析：利用 ADAMS 完成了曲轴系的动力学仿真，分析十个曲柄销受力曲线，确定出每个曲柄销的危险工位。

（3）应力分析：针对危险工位，利用 ANSYS 软件完成了应力分析。

（4）模态分析：利用 ANSYS 软件完成曲轴模态分析，对其动态特性进行了分析评价。

通过上述过程，完成了十柱塞对置式往复泵的总体设计选型、机械结构设计计算、零部件选型设计，结合仿真分析软件完成了机械结构、应力分布等的分析评价，从而最终形成了十柱塞对置式往复泵的完整技术方案。

4. 结论

本文对十柱塞对置式往复泵进行了结构设计和强度校核，通过 UG8.0 建立三维模型，使用 ANSYS 结合 ADAMS 软件对曲轴进行联合仿真，完成对危险工位的应力分析。对曲轴进行模态分析，探究其振动特性。取得的主要结论及成果如下。

（1）通过采用多支承、多拐动力端等技术，使柱塞水平对置分布，曲轴旋转一周对称分布在曲轴箱体两端的柱塞分别在对置的液力端往复，没有空回程，同时结构紧凑，在保证大排量的前提下减小了泵的体积。用以取代油田开采用离心泵，节能效果显著。

（2）使用 ANSYS 结合 ADAMS 软件对对置泵曲轴进行联合仿真，通过 ADAMS 软件建立曲轴系虚拟样机，进行动力学仿真从而得到曲轴危险工位，最后使用 ANSYS 软件对危险工位进行应力分析，其结果与传统方法相比更接近真实值。

（3）对曲轴进行模态分析，发现模态阶次提高，固有频率随之增大；固有频率与支承数目有关，支承数目增加，固有频率也随之增大。

5. 创新点

（1）面向工程领域对高排压、大容量泵的实际需求，提出了一种新颖的对置式往复泵设计方案，该设计具有排量大、体积小、易维护、效率高等特点，应用前景广阔。

（2）每组连杆对曲轴的径向受力平衡，并相互抵消，有利于减小曲轴箱对曲轴的支座反力，并减小振动。

（3）十字头 - 曲轴箱滑动部位采用十字头衬套结构，衬套镶嵌在曲轴箱中，方便在曲轴箱磨损严重后更换，降低成本。

（4）箱体采用上下对开、左右拆分的结构，便于机械加工，左右部分旋转对称，可以通用。

（5）将传统的机械结构经验设计方法与全三维数值仿真分析方法相结合，发展了柱塞泵机械结构分析评价方法，并应用于该设计。

6. 设计图或作品实物图

图 1 为设计作品实物图。

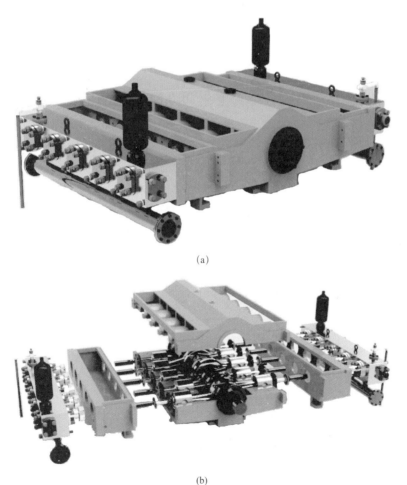

(a)

(b)

图 1　设计作品实物图

CHX61200 数控卧式车削中心大功率高速伸长铣头部件设计

高 涵

兰州理工大学　机械设计制造及其自动化

1. 设计目的

大功率高速伸长铣头部件为专用部件，专门为客户定制设计。客户由于资金不足，无法购置落地镗铣床，但又想实现零件的铣削加工，故在公司和校方的协助下，设计了此铣削部件。它使零件的加工变得更加方便、简单，提高了缸体类零件的加工效率，提高了数控卧式车铣中心的使用效率。在满足客户加工需求的同时，还节省了客户的资金难题，也减少了客户的后期投入，包括场地费用和维护费用，显著减小了客户的总体开支。

2. 基本原理及方法

公司已有产品是采用同步齿形带传递扭矩。电机输出的扭矩，通过连接在其传动轴上的同步带轮，经齿形带传给连接在主轴尾部的另一个同步带轮，带轮通过键带动实心主轴旋转。然后通过万向联轴器将动力传送给由螺栓固定在主轴上的垂直铣头，铣头对缸体类零件进行铣键槽加工。经分析后，该设计存在以下问题。

（1）由于采用同步齿形带，同步带轮装配时，对中心距要求很高。提高了装配要求的同时，也对带轮的制造工艺有较高要求。显著增加了成本，客户也需要承受更多的经济负担。

（2）部件长期工作会对联轴器造成损伤，受损的联轴器将无法稳定地把扭矩从主轴传递给垂直刀头。但为了减小磨损，需要经常对联轴器进行维护，需要频繁拆卸铣削头，这样不仅浪费时间，而且影响精度。

（3）刀头部位采用螺栓连接，直接固定在主轴上，更换刀头花费的时间太多，降低了此部件的加工适用范围。

（4）该部件在加工时，冷却液由外部冷却系统提供。但在深孔中进行铣削时，冷却液的喷嘴不容易放置到加工部位。

根据以上问题，可从以下几个方面进行改进。

（1）选用 V 形带传动替换同步带轮传动。

（2）设计一种新的传动方案，去除万向联轴器，尽可能让主轴直接带动刀具旋转。

（3）更换新的刀具固定方式，保证刀具能正常工作，同时能高效地更换刀具，提高产品的适用范围。

（4）采用其他冷却方式，最好是刀具在加工的同时能对工件进行冷却。

完成以上改进后的部件，便是本次设计的最终产品。

3. 主要设计过程或试验过程

1）主轴结构拟定

主轴的结构主要取决于主轴上所要安装的零部件，包括轴承、密封装置、刀具、传动件、夹具等部件的种类和安装方法。同时，如果机床主轴上零件较多，还要考虑主轴的工艺性，包括装配工艺性和加工工艺性。主轴设计成阶梯轴，既是为了满足刚度要求，又便于装配，还能形成止推面。为安装拉刀机构，主轴采用空心设计。

2）主轴选材和处理

钢有较大的弹性模量，约为 $2.1 \times 10^7 \text{N/cm}^2$。同时为节省成本、减小客户压力，主轴材料选用 45 钢。主轴轴颈进行高频淬火（HRC48 ～ 54），提高接触刚度，保护配合表面。

3）主轴结构分析计算

所求参数：前轴颈直径 D_1；平均直径 D；内孔直径 d；主轴前端部悬伸量 a；主轴支承跨距 L。

（1）选择直径。

主电机功率 P_E=22kW，机床类型为铣床，由《金属切削机床设计》第 157 页表 5-12，取 D_1=100mm。

根据经验公式：

$$D_2 = (0.7 \sim 0.85) D_1$$
$$D_2 = (0.7 \sim 0.85) D_1 = (0.7 \sim 0.85) \times 100 = 70 \sim 85 (\text{mm})$$

取 D_2=85mm。

（2）内孔直径。

参考材料力学，刚度 K 与截面惯性矩 I 呈正比例关系：

$$\frac{K_空}{K_实} = \frac{I_空}{I_实} = \frac{\pi(D^4 - d^4)/64}{\pi D^4/64} = 1 - \left(\frac{d}{D}\right)^4 = 1 - \varepsilon^4$$

由此可得空实心主轴的刚度差异：$\varepsilon < 0.3$，两者刚度接近；$\varepsilon = 0.5$，空心为实心的 90%；$\varepsilon > 0.7$，空心刚度急剧下降；因此，要求 $\varepsilon > 0.7$，则 $d < 0.7D$。所以有

$$d < 0.7D_2 = 0.7 \times 85 = 59.5 (\text{mm})$$

由于铣削主轴的铣刀拉杆的直径较小，ε 可以更小，取 $\varepsilon = 0.5$，故

$$d < 0.5D_2 = 0.5 \times 85 = 42.5 (\text{mm})$$

最终取 $d = \Phi 30$。

（3）主轴前端悬伸量。

为保证主轴组件刚度，悬伸量不能太大，参考相关文献，确定主轴轴径比 a/D_1 为 1.25 ～ 2.5，因此，有

$$a = (1.25 \sim 2.5)D_1 = (1.25 \sim 2.5) \times 100 = 125 \sim 250 \text{ (mm)}$$

最终取 $a = 230$mm。

（4）支承跨距确定。

主轴刚度、轴端位移、支承跨距三者息息相关。为达到最优配合，需对跨距进行计算。由参考值可得

$$\text{悬伸长度较小时，} L_{合理} = (3 \sim 5)a$$

$$\text{悬伸长度较大时，} L_{合理} = (1 \sim 2)a$$

作为伸长铣削头，主轴悬伸量较大，取 $L_{合理} \leqslant 5a$。因此，合理跨距 $L_{合理} \leqslant 5a = 5 \times 230 = 1150$(mm)。初取 $L = 1063$mm。

4）主轴校核

主轴的校核通过 SolidWorks 建模，进行有限元分析，结果如图 1 所示。

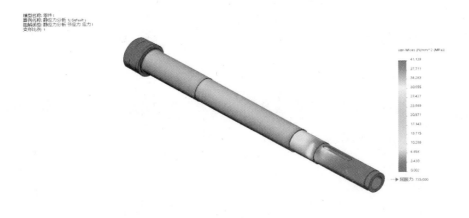

(a)

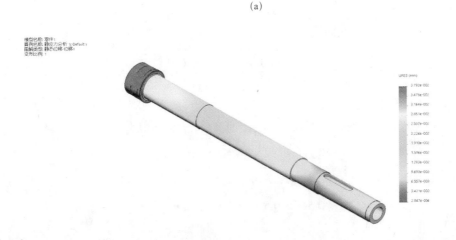

(b)

图 1　主轴的有限元分析

4. 结论

（1）电机选为 YJTG180M-2。

（2）选用 SPA 型窄 V 带 8 根，带基准长度 1205mm。带轮基准直径 d_1=150mm，d_2=150mm，中心距 a 控制在 360mm。单根带初拉力 F_0=274N。

（3）主轴设计成阶梯轴，既是为了满足刚度要求，又便于装配，还能形成止推面。为安装拉刀机构，主轴采用空心设计。使用的刀柄为 BT50。

（4）为节省成本，减小客户压力，主轴选用 45 钢。主轴轴颈进行高频淬火（HRC48~54），提高接触刚度，保护配合表面。

（5）主轴前支承轴承选取为两组串联配置的成对双联角接触球轴承以及一组单列角接触球轴承进行固定装配。其中，两组串联角接触球轴承相向装配，另一组单列角接触球轴承放置中间。型号为 2-7020A5 TR DT P4 和 2-7020A5 TR P4。主轴中支承轴承选取为一组游动装配的深沟球轴承，型号为 2-7018A5 TR P4。主轴后支承轴承选取为两组相向游动装配的单列角接触球轴承，型号为 6217。

5. 创新点

（1）选用窄 V 带，富有弹性，可以缓冲吸振，传动平稳，噪声小。可提高工作时的稳定性，并减少了噪声污染。同时，皮带轮在过载时，可以通过打滑进行自我保护，将损失降至最小。

（2）松刀拉刀机构可以实现快速换刀，不仅提高了人工换刀速度，而且可以升级为全自动换刀。同时，该结构省去了联轴器，减小了部件故障率，降低了维护难度。

（3）拉刀拉杆采用中空设计，并搭配内冷刀头和旋转接头，省去了外部冷却设备，使得部件在深孔中铣削加工时，刀具可以一边铣削，一边进行冷却。解决了外部喷头不便深入零件内部难以有效冷却的难题。

6. 设计图或作品实物图

图 2 为设计作品外形图。图 3 为设计作品剖视图。

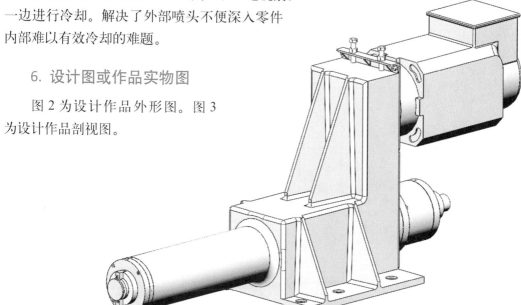

图 2　设计作品外形图

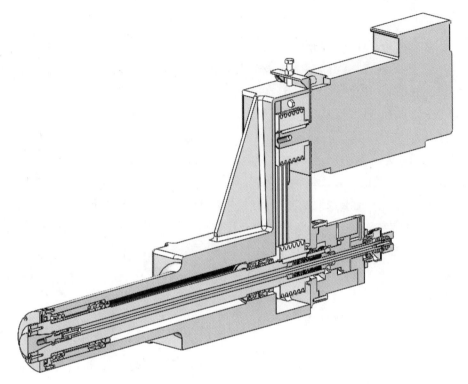

图 3　设计作品剖视图

票据印刷机自动下卷装置设计

陈远爱

北京印刷学院　机械工程及自动化

1. 设计目的

（1）减轻工人劳动强度；

（2）优化工作流程；

（3）保护票据卷的表面质量；

（4）提高生产自动化率。

2. 基本原理及方法

（1）滚珠丝杠运动副；

（2）气缸活塞的运动实现推进板绕固定轴的转动；

（3）离合装置 U 形锁块的移动实现小车与下卷机构的快速对接及分离。

3. 主要设计过程或试验过程

（1）确定机器总体框架；

（2）设计小车和丝杆固定端；

（3）设计 U 形离合装置及钢轨。

4. 结论

（1）丝杆螺纹公称直径为 20mm；

（2）丝杆导程为 5mm，极限工作行程（单程）为 2000mm；

（3）选用安川交流伺服电机，电机与丝杆间通过同步带实现传动对接。

5. 创新点

（1）双侧限位钢轨导轮代替丝杆螺母导杆；

（2）离合装置方便小车的固定和与下卷机构的分离；

（3）利用日本三菱 FX2N 系列的可编程控制器（PLC）实现了人机交互；

（4）丝杆螺母仅承受轴向力，支撑丝杆螺母组件的随行支承架大幅降低丝杆的挠曲变形；

（5）丝杆的支持端能弥补丝杆工作过程中热胀冷缩引起的线位移，有力保证丝杆刚度；

（6）红外距离传感器与 PLC 系统的有机结合为整个机器的正常工作保驾护航，特别是票据卷的保护。

6. 设计图或作品实物图

图 1 为设计作品的结构图与实物图。

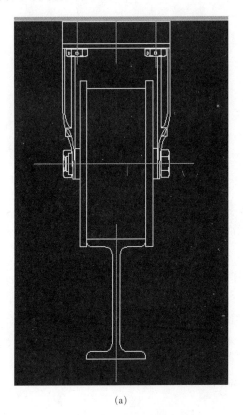

(a)

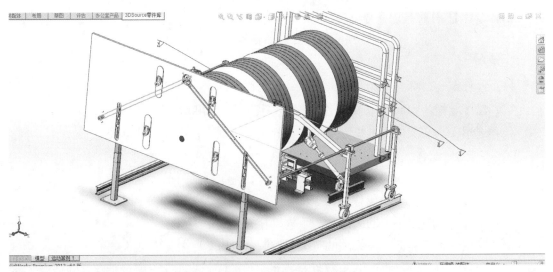

(b)

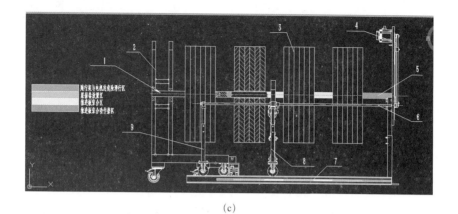

(c)

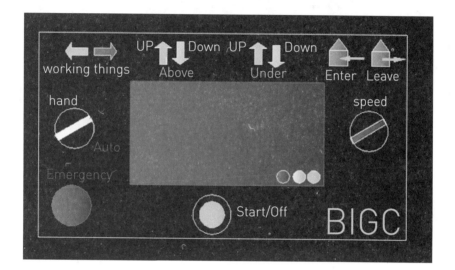

(d)

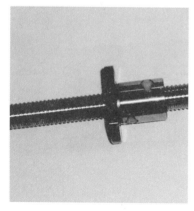

(e)

(f)

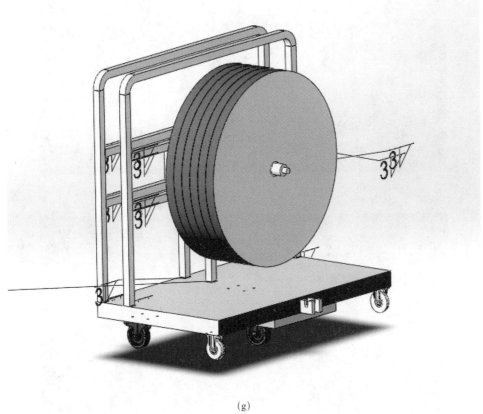

(g)

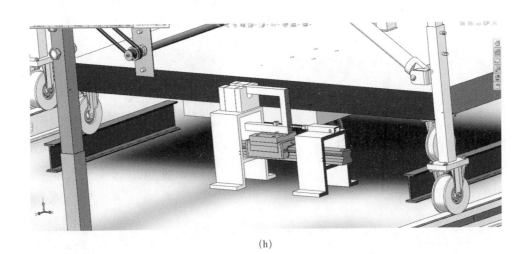

(h)

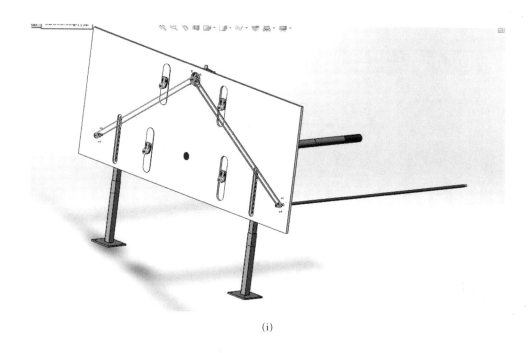

(i)

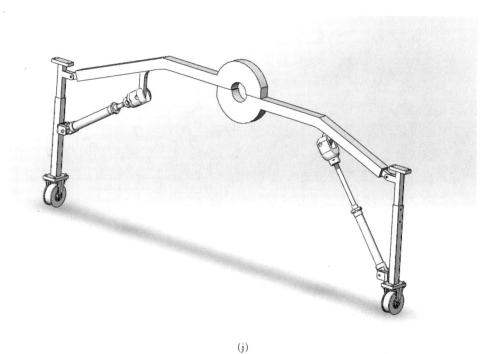

(j)

图 1　设计作品的结构图与实物图

FDM 3D 打印机多材料自动更换系统研制

王 上

大连理工大学　机械设计制造及其自动化

1. 设计目的

对熔融沉积成形设备结构进行了解与分析，掌握桌面级 3D 打印机工作原理及 FDM 成形工艺特点，明确材料送进方法及设计目标，选择切入点，分析设计过程中需要面对的问题，包括宏观上从什么层面进行材料更换，到细节上如何进行更换机构与喷头相互位置的找正，材料位置的交换方式，丝料末端与进料孔的对正方式，进行多方面考虑。然后运用专业知识解决问题，进行多套方案设计，分析选择出最优方案，根据方案设计多材料自动更换机构总体框架，内容细分为丝材剪断、位置交换、送丝入孔三个主要部分，分析每一部分的具体功能要求，进行各部分的具体设计。根据设计进行部件选型，最终形成一整套完整详细具有可行性的设计方案，并进行最终更换系统的搭建，实现两种材料的自动更换。

2. 基本原理及方法

（1）机械原理：在机械中，常见的运动形式包括直线运动和回转运动，通过设计机构可以实现两种运动方式的相互转化。将这两种运动进行不同的组合，可以实现复杂的运动。在多材料自动更换机构设计中，分解为若干子机构，每一子机构实现一个简单的运动。剪切机构中，刀片的伸缩为直线运动；支架的定角度旋转为回转运动；丝料限位机构的伸缩为直线运动；丝料送进为直线运动形式，通过两轮啮合转动的方式，将回转运动转化为所需的直线运动；送丝机构的换位的定角度旋转为回转运动；按压机构的伸缩为直线运动。

（2）在多材料自动更换机构的设计过程中，运用了创新方法解决遇到的问题。

分解组合：将一个整体系统分解为多个独立的部分，便于针对性的分析与设计，然后将结果进行重新组合，完成整体设计。在本论文中，将多材料自动更换机构的设计分解为丝材剪断、位置交换、送丝入孔三部分，每部分单独设计，然后进行组合设计，完成整体设计。

移植法：分为直接移植和间接移植。直接移植是将已有的方法或设计照搬到具有相同功能的地方，在本设计中，更换机构的丝料送进机构就是采用了与喷头内送丝机构相同的方案；间接移植是将成熟的方法原理运用到相似的地方，在本设计中，漏斗的作用就是参照并放大了孔的倒角在装配中的引导作用。

回避法：不以原问题为解决对象，改换问题内容，方便问题的解决。在对孔问题的解决中，使丝料末端直接对准喷头进料孔是一个难以解决的问题，方案比较复杂，漏斗的设计回避了原问题的难点，使问题得以轻松解决。

3. 主要设计过程或试验过程

（1）通过查阅相关资料，了解 3D 打印技术的发展历史与当今发展状况，以及 3D 打印技术的工作原理，掌握 FDM 成形原理与工艺特点。

（2）对 FDM 3D 打印机进行分析，了解 FDM 设备的组成部分、工作原理及各部分的工艺参数，确定喷头为研究重点，从细节上对多材料更换全过程进行分析：分析材料更换的层次，决定了丝料更换替代传统的喷头更换方案；分析不同的丝料移除方式，决定了采用剪断丝料方式，摈弃丝料抽出方式；剖析材料更换的整个动作流程，确定了其中剪断原丝、位置交换、送丝入孔三个关键性动作；分析多材料自动更换设计中的难点，在于定位和对孔；分析不同的定位方式，得到不同的机构安装位置；分析对孔中存在的实际问题，提出不同的解决办法。

（3）根据以上分析得到的结果，初步设计出不同的方案，分别是：更换机构搭配平面移动机构搭建在箱体上，人为控制更换机构移动到喷头上以及换丝中各个动作的执行；更换机构搭建并固定在箱体上，喷头停止工作移动到更换机构下方，然后开始自动材料更换流程；更换机构搭配平面移动机构搭建在箱体上，其移动的控制和材料更换动作控制均采用电子自动控制，并且与 FDM 打印机原有的控制系统进行耦合。然后，从结构复杂程度、可行性、自动化程度、成本等多个角度分析全部方案，选出更换机构不动、喷头移动的方案作为最终方案。

（4）根据最终方案进行各部分的分解，包括剪断机构、位置交换机构、送丝机构，其中位置交换机构又包括位置交换支架和丝料限位机构，送丝机构又包括丝料送进机构、位置变换机构和按压机构。同时明确各个机构的工作特点：剪断机构为伸缩运动，位置交换支架为定角度的旋转运动，丝料限位机构为伸缩运动，丝料送进机构为旋转运动，位置变换机构为定角度的旋转运动，按压机构为伸缩运动。根据机构的这些特点进行详细设计，并将各个部分进行组合设计。

（5）根据各个部分机构的详细设计方案，进行电机的选型：剪丝机构选择推拉式电磁铁；限位机构选择双向推拉自保持电磁铁；位置交换机构和送丝机构的换位机构使用同一型号的步进电机；送丝机构采用与喷头内送丝机构相同步进电机；按动杠杆采用推杆步进电机。

4. 结论

（1）对于桌面级 FDM 3D 打印机，设计的多材料自动更换机构应该搭建在箱体上；

（2）换丝应该采用剪断换丝的方法，容易通过自动机构实现；

（3）使用了漏斗结构，对丝料进行引导，避免了通过复杂的传感装置对孔，既简化了问题，又不影响换丝过程的自动化。

（4）设计的多材料自动更换机构，主要由剪断机构、双材料位置交换机构和送丝机构组成，分别实现丝材剪断、位置交换、送丝入孔这三个关键动作，这些机构有机组合成一个系统，实现双材料自动更换的目的。

（5）为实现各个机构的功能，同时满足不同的要求，选择不同的电机：单向推拉式电磁铁和双向推向自保持电磁铁用于剪丝机构和限位机构。使用同一型号的步进电机作为位置交换机构和送丝机构的换位机构，送丝机构与喷头内送丝机构用相同的电机推杆步进电机应用于按动杠杆。

（6）该方案具有扩展性，通过对换位支架进行改进，可以扩展出 2 工位以上，3 工位甚至 4 工位，具有实现两种以上材料自动更换的可行性。

5. 创新点

（1）提出了一种基于单喷头的多材料更换方法。目前多材料打印的主流方式为多喷头，结构复杂。在本设计中，仍然保持单喷头结构，采用旁侧丝料更换方式，保留了单喷头在 3D 打印中简洁、便于维护的优势，同时又实现了多材料的自动更换。

（2）提出了一种模块化多材料更换装置设计方法。目前多材料自动更换机构均设计在喷头上，属于组合设计，此方法大幅提高了产品复杂性和成本，本文创新性地将更换机构固定在箱体上，与喷头分离，按照模块化设计理念，解决了组合设计存在的结构复杂、成本高等问题。

（3）提出了一种基于漏斗结构的定位对中方法。创新性地采用漏斗结构，避免了材料更换过程复杂的对孔方式，简化了设计与实际应用的成本。

6. 设计图或作品实物图

图 1 为设计作品主视图。图 2 为设计作品俯视图。

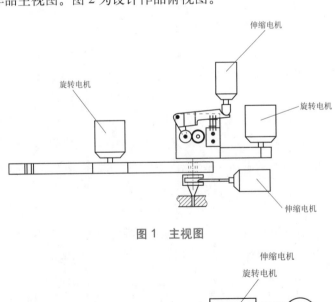

图 1　主视图

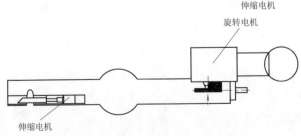

图 2　俯视图

高强钢薄板弯曲测试装置设计

李明刚
北方工业大学 机械设计制造及其自动化

1. 设计目的

高强钢薄板成形是现代工业中一种重要的加工方法，具有易加工成形、生产效率高和材料利用率高等优点，在航空航天、汽车、建筑等领域有着广泛的应用。目前国内外研究高强度板材成形的工艺缺陷主要是集中在通过修正工艺参数改善产品缺陷上，并没有很好地考虑材料本身的力学性能对产品成形缺陷的影响。因此，仅以拉伸试验得到的材料模型并不能够准确地反映金属材料的真实力学性能。对于金属材料，通过弯曲试验得到的材料模型在本质上更能够体现材料的真实力学性能。材料在拉伸试验中所表现出的力学性能受到很多因素的影响，如应变速率、材料自身内部的缺陷等。而通过进行材料的弯曲试验，则能够很好地解决这些问题。

2. 基本原理及方法

典型的力矩曲率曲线图如图 1 所示。从图中可知，直到弹性力矩 M_e，该特性是线性的，之后是非线性的，在弯矩 $1.5M_e$ 处则接近完全塑性。

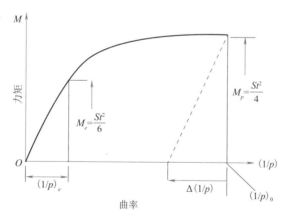

图 1 典型的力矩曲率曲线图

根据 Duncan 理论推导，材料外表面的弯曲塑性应变可由下式表示：

$$\varepsilon_b = \frac{t}{2R}$$

式中，t 为试样厚度；R 为弯曲区域曲率半径。

假定材料变形为平面应变条件下的应变，其应力推导公式为

$$\sigma_b = \frac{6M}{w \cdot t^2}$$

式中，w 为试样宽度；t 为试样厚度；M 为弯曲力矩。

可以通过有限元分析软件，根据弯曲片材的曲率半径计算出片材厚度变化、弯曲力矩以及板材上的径向和切向应力的分布。

3. 主要设计过程或试验过程

在此开发的纯弯曲仪器，在一定程度上模仿了专业辊弯成形技术中薄金属板的成形过程。该装置需测量板材的抗弯力矩，即弯曲成形期间的抵抗力。辊弯成形机的辊子推动薄板时，会受到一定的阻力，通过试验可以知道这些阻力是如何影响最终辊弯成形产品的形状的。现在用两个夹具代替辊子，用滚珠丝杠的前后移动作为推进力，将切割好的矩形弯曲试样夹在两个弯曲臂之间，对板材进行弯曲，然后使用特定的力传感器和软件对金属板的变形过程进行处理。通过力传感器可以测量弯曲量和曲率，并且测量弯曲力矩。数据被反馈到计算机中，并用软件进行数据处理。

在本试验中，通过简化纯弯曲机构，将其看成两端只受弯矩的理想状态。我们希望观察到平板厚度方向的平面应变分布，故创建一个二维平面模型即可。将两端的弯曲臂简化为两个弯曲夹头，其为解析刚体，左右对称夹住试样，并且认为试样中间截面在弯曲过程中处于固定状态，即不发生位移和形变，左右夹头自转过相同的角位移，同时绕试样中间截面旋转，使得试样弯曲变形。

4. 结论

（1）对高强钢薄板进行的测试表明，该测试可用于确定弯曲和单轴拉伸之间的弹性塑性转变的差异。这可以捕获残余应力或晶粒尺寸变化导致的材料整个厚度方向上的性质变化。对于材料变形通常在接近屈服范围内的辊弯成形工艺，弯曲测试数据将有助于理解材料整个厚度方向上的性质变化对控制相关形状缺陷的影响。

（2）由现有的弯曲模型推导出本次使用的材料的弯矩曲率关系，并通过设计的试验设备对板材进行接近纯弯矩的纯弯曲试验，获得准确的试验弯矩曲率图。通过对比试验图可以发现残余应力将降低弹性弯矩，并且通过弯曲试验可以预测板材上存在的残余应力。

（3）由于缺少足够的生产经验和实践交流，该装置仍有许多方面考虑不足，例如，关键机构主要从理论上设计计算与说明，因此需要进行实际制造样机进行试验，验证工艺及装置可靠性，对装置进行进一步优化与改善。

5. 创新点

（1）纯弯曲不引入剪切应力和横向载荷，同时弯矩恒定使得材料抗弯性能的测试更加精确，即纯弯曲有利于计算材料的力学性能参数和失效模式。

（2）在实际测试中，纯弯曲可以直接施加（大幅度）循环或反向载荷，这是三点弯曲

和拉伸无法实现的。在施加不均匀载荷时纯弯曲不会出现几何不稳定性，如颈缩、屈曲等。

（3）纯弯曲不引入局部变形（如压痕等），减少了局部接触应力的影响。纯弯曲不受试样几何形状和测试截面的限制，观察和测量的有效区域更广。

6. 设计图或作品实物图

图 2 为弯曲装置总体设计方案。图 3 为弯曲臂运动简图。

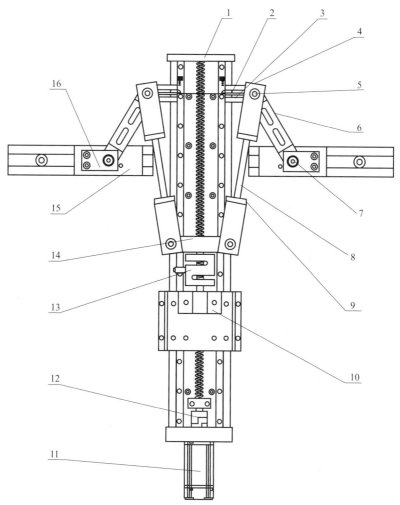

1. 螺纹传动组合；2. 压板 1；3. 压板 2；4. 轴承座侧板；5. 铰接销；6. 弯曲臂；7. 轴承止动销；8. 拉杆；9. 轴承座底板；10. 力传感器支座；11. 伺服电机；12. 联轴器；13.S 形力传感器；14. 下连杆；15. 内夹式双轴芯滚动滑轨；16. 滑轨轴承座

图 2 弯曲装置总体设计方案

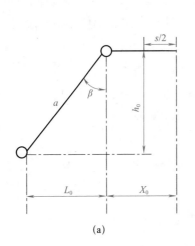

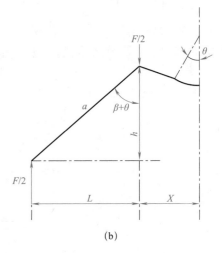

图3 弯曲臂运动简图

超声波纳米薄膜喷涂装置设计

董 墨

大连理工大学 机械设计制造及其自动化

1. 设计目的

本设计旨在开发一种大气雾量、小液滴粒径、高集成化的超声波纳米薄膜喷涂装置。该装置能够实现前驱体容易地定点向下喷涂过程，且喷涂中无大液滴冷凝等问题，喷涂前驱体雾化粒径小于 $10\mu m$，单位时间内雾量稳恒，喷头具有 X、Y 双自由度的移动平台，能够实现 X、Y 方向灵活动作，且喷头的体积集成度能够在满足其在 X、Y 双自由度内以一定速率灵活自由移动，喷头喷口距离被喷涂基板控制在较短的距离。此装置可用于钙钛矿太阳能电池、燃料电池、触摸屏、玻璃镀膜等多种纳米及亚微米级薄膜制备的大流量高效率的热解喷涂设备之中，具有广泛的设计价值与市场前景。

2. 基本原理及方法

超声波热解喷涂方法是指通过超声波对液体的猛烈击碎作用，使液体雾化成极细小的雾状微粒，在空气中形成气溶胶，当这种呈气溶胶的雾状微粒沉积到工件表面上时，在一定条件下发生化学反应，形成均匀薄膜，可实现低成本、高质量、大面积微纳米薄膜的生产。

超声雾化产生的液体颗粒粒径和单位时间所能产生的颗粒数目与压电振子的振动频率有关。本设计选用的喷头压电振子的超声波谐振频率为 1MHz，明显高于普通的超声喷涂头的发生频率，产生的气雾量大，雾粒粒径小。

本产品研发采用了快速成形的设计制作方法，首先确定了一种大雾化量超声波纳米薄膜喷涂装置的设计方案，喷涂头分为气雾发生嘴和液雾分离腔两部分功能结构，在喷涂头功能结构设计的基础上，利用 3D 打印快速成形方法制作了喷涂头样机，并利用喷涂样机进行初步的雾化喷涂试验，获得了样机性能与喷涂指标参数，在此基础上，对喷头进行了详细的结构设计与结构改造。

此外，本设计还采用计算校核选型等机械设计原理与方法对承载喷头运动的传动部分进行了设计选型与计算校核，并利用单片机编程对其动作电路进行了设计与控制仿真。

3. 主要设计过程或试验过程

（1）本设计伊始，笔者走访了部分薄膜喷涂试验室，参观了超声波纳米薄膜喷涂设备，并调研了国内外相关文献了解了制备方法分类与设计前沿知识，而后深入企业实习，了解企业需求，提出了几种设计方案，经过与企业方讨论后确定了本设计中的"倒置"换能器的喷涂头设计方案。

（2）喷涂头分为气雾发生嘴和液雾分离腔两部分功能结构，在喷涂头功能结构设计的基础上，利用 3D 打印快速成形方法制作了喷涂头样机，并利用喷涂样机进行了初步的雾化喷涂试验，获得了样机性能与喷涂指标参数；在此基础上，对喷头进行了详细的结构设计与结构改造，使喷头具备可加工性与可装配性，并且喷涂口的位置进行了相应的下移，使其与基板距离显著缩小。

（3）绘制了气雾发生嘴和液雾分离腔的二维及三维工程图，此外，还进行了超声喷涂机传动系统的设计，依照《机械设计手册》等资料对滚珠丝杠副、导轨和其余零件进行选型设计与校核，根据工作要求，对驱动电机进行选型。用 SolidWorks 建立各个零部件的三维模型并组建了超声喷涂喷头、传动系统的三维装配体模型，用 AutoCAD 按制图标准绘制了二维工程图。根据喷涂头的动作要求对超声喷涂机的控制部分进行了设计，选择合理的控制电路，并编写了 C 语言程序来实现电机调速、换向等功能。完成了本研发产品的喷头及机电部分的设计。

4. 结论

与传统的雾化器相比，在结构上采用"倒置"，雾化的液体位于超声波换能器的下端，没有被雾化的前驱体溶液回收后可以再次利用，故前驱体溶液损耗量少，雾化效率高；压电振子的超声波谐振频率为 1MHz，明显高于普通的雾化器的发生频率，产生的气雾量大，雾粒粒径小；喷头制作及喷雾试验满足使用要求，此外本设计还对承载喷头运动的传动部分进行了设计选型与计算校核，并对其动作电路进行了设计与控制仿真。

5. 创新点

（1）有别于传统雾化器搭建的简易喷涂装置，本设计将高频超声雾化系统集成于一体的喷涂装置，喷涂头可灵活移动，可附加于其他设备，实现了高频超声喷涂集成化设计生产的目的。

（2）结构上"倒置"显著提高了超声波雾化喷涂雾量与喷涂效率，雾化的液体位于超声波换能器的下端，没有被雾化的前驱体溶液回收后可以再次利用，故前驱体溶液损耗量少，雾化效率高。

（3）结构上挡液板设计，避免了大雾滴的喷出，实现了喷涂雾粒粒径均匀恒定。

6. 设计图或作品实物图

图 1 为超声喷头喷雾试验。图 2 为超声喷涂装置总装配体三维图。

图 1 超声喷头喷雾试验

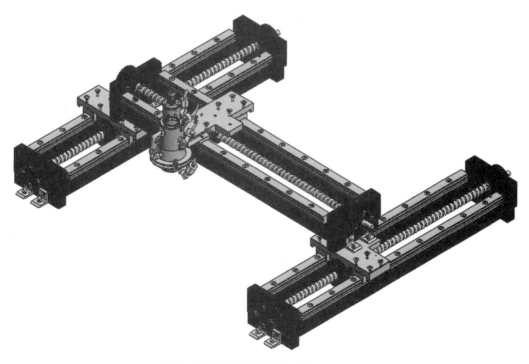

图 2 超声喷涂装置总装配体三维图

钻井用井下可调变径稳定器

朱智超

长江大学 机械设计制造及自动化

1. 设计目的

可调变径稳定器的发明极大地推动了钻井技术前进的脚步。可调变径稳定器也逐渐成为水平井钻井、大位移井钻井和深井钻井的核心技术与关键。使用可调变径稳定器可有效地解决特殊井钻井中存在的井眼轨迹控制难的问题，经济效益高。因此，可变径稳定器的应用及开发具有重大意义。国外变径稳定器的开发及应用已相当成熟，而我国起步相对较晚，为了提高我国整体的钻井技术水平，有必要深入开展此方面的调查和研究。

2. 基本原理及方法

该稳定器通过开关泵来控制其变径，当泥浆泵开泵，泥浆液经过节流块时，因节流块的节流作用，钻井液压力变大，节流块在泥浆液产生的压力推动下开始向下运动，推动上心轴一起向下运动，从而带动斜面体随着上心轴向下运动；与此同时，支撑块在斜面体向上运动的同时在斜面体的滑轨上相对滑动，由于滑轨设置在锥形凸起的锥形面上，随着滑轨的不断滑动，支撑块在滑轨的顶升作用下被逐步从壳体孔内推出，该钻井工具的外径增大。同时，钻柱内的液体推动凸轮体、可动活塞及漏斗头等构件向下运动，凸轮体在轴向向下运动，还伴随着周向转动，指示柱销在凸轮体轴向运动过程中进行定位。关闭泵，由于弹簧的弹力作用，带动凸轮体等轴向移动组件复位，不停地开关泵可以达到不停变径的目的。其中，通过测量导流体处由漏斗头处流过的流量大小即可判断出支撑块所处的状态。

3. 主要设计过程或试验过程

该钻井用井下可调变径稳定器主要由壳体、轴向移动组件和径向移动组件以及可调弯壳体组成，壳体为整体式，壳体的表面有螺旋状突出，轴向移动组件主要由安装在壳体内上心轴和下心轴组成，节流体、推力球轴承、弹簧、斜面体依次安装在上心轴上，凸轮体、可动活塞、下活塞和漏斗头从上而下依次安装在下心轴上；安装于壳体的支撑块为径向组件；导流体安装在壳体下部。凸轮体既可轴向移动，也可周向转动。通过开停泵控制，可实现井下自动变径。可调变径稳定器的上部与可调弯壳体进行螺纹连接，一起发挥作用，共同实现钻具的角度调节。

(1) 对工具进行了方案设计，并通过校验验证该方案是可行的。工具包括壳体、节流体、斜面体、心轴、支撑块、凸轮体和导流体。壳体中部加工有六个径向孔，用于安装支撑块。

壳体下部有三个径向孔和一个指示孔，用于固定活塞以及用来安装指示销钉。

（2）完成了工具的二维图和三维图的绘制。根据工具的工作原理及结构，绘制出可调变径稳定器主要零部件的二维图，使得可调变径稳定器的结构更加清晰明了。在绘制二维图的基础上绘制出了工具的三维图，并通过对三维图的装配分析验证了工具方案的可行性，且利于直观地观察可调变径稳定器的结构和工作原理。

（3）通过对关键部件进行力学校核，验证了工具的安全性较高。根据材料力学理论计算得出了壳体的应力状况，对比研究了壳体的屈服强度和许用应力与理论计算的应力关系，最后利用有限元分析软件校核了壳体在最大轴向载荷、最大扭矩下的强度。根据对主要承载部件力学分析，钻井用井下可调变径稳定器的设计方案是可性的，且其安全性满足使用要求。

（4）利用 CFD 技术对稳定器进行流体分析，计算稳定器在三种不同工位及不同流量下所产生的过流压降，并通过验证分析发现流体分析所得的过流压降在设计范围内，满足设计要求。

4. 结论

通过对关键部件进行力学校核，验证了工具的安全性较高。根据对主要承载部件的力学分析，该设计方案是可性的，且其安全性满足使用要求；利用 CFD 技术对稳定器进行流体分析，计算稳定器在三种不同工位及不同流量下所产生的过流压降，并通过验证分析所得的过流压降在设计范围内，满足设计要求。

综上所述：本论文设计的钻井用井下可调变径稳定器在理论和软件仿真分析方面都满足使用要求。在井下复杂的工作环境情况下，可减少钻井时可变径稳定器的失效，因此也可减少因可调变径稳定器的失效带来的经济损失，得出钻井用井下可调变径稳定器具有结构简单合理、应用方便、变径可靠、定位准确等优点，满足钻井工艺的要求，具有十分广阔的发展和应用前景。

5. 创新点

（1）实现无级变径。

（2）结构短小，运动灵活。

（3）整体结构，安全可靠。

6. 设计图或作品实物图

图 1 为钻井用井下可调变径稳定器。

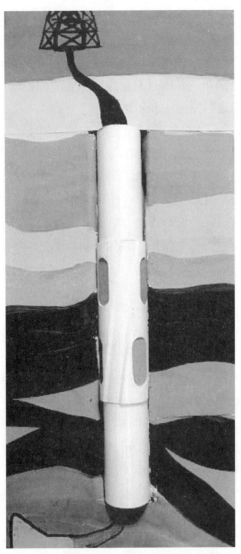

图1　钻井用井下可调变径稳定器

重型静压转台油垫支承特性分析及支承方式优化设计

吴　玥

北京工业大学　机械工程

1. 设计目的

　　液体静压转台应用液体静压支承技术，利用油膜将运动副之间完全隔开，因此运动副间的摩擦力显著减小，从而有效提供给静压转台以高精度的回转运动。同时，液体静压转台显著提高了自身的稳定性、承载能力、抗振性和寿命。静压转台是由静压油垫支承起来的，静压油垫的性能直接决定了静压转台的性能，而影响静压油垫承载性能的因素有供油压力、温度、离心力、偏载、油膜厚度的不均匀等。因此，对于重型机床静压支承技术的研究具有重要意义。

2. 基本原理及方法

　　（1）静压支承基本原理：液体静压回转工作台采用恒流静压导轨将转台台面和转台底座进行联系，利用一定压力使油液进入导轨的工作油腔，由于浮力的作用液压转台将会浮起，此时油液进入间隙形成一层油膜，使得导轨间的金属表面不直接接触，导轨之间变为纯液体摩擦，从而减小静压转台的磨损，提升了转台的回转精度。

　　（2）有限元分析原理：有限元分析源于力学，既是一种离散化的数值解法，又是一种数值计算方法。有限元分析利用数学近似的方法对阵时物理系统进行模拟。利用简单而又相互作用的元素即单元，用有限数量的位置量去逼近无限未知量的真实系统。

　　（3）粒子群优化算法：液体静压回转工作台采用粒子群优化算法进行优化设计，粒子群算法最早是由 Kennedy 和 Eberhart 在 1995 年提出的，它是基于群体智慧的一种随机寻优算法，自其提出以来已成功应用于解决多种优化问题。

　　（4）油腔压力测试方法：在稳定的情况下，供油压力是一个恒定的值，由压力表直接测量，定压供油静压油垫与定压供油泵之间由节流器串联，为了测量油垫油腔压力，在油腔内布置了压力传感器，传感器与 LMS 数据采集装置连接，实现油腔压力数据的提取。

　　（5）油膜厚度的测量方法：测量油膜厚度是为了检验最小油膜厚度的计算结果和评价静压转台的可靠性。

3. 主要设计过程或试验过程

　　（1）基于静压支承基本原理，研究静压转台的工作原理。然后利用流体力学等相关知识，建立基本数学方程，进而推导出转台支承系统的各种参数，并通过数学计算公式对静压转台的承载能力、油膜刚度、油膜厚度、油腔压力等进行计算并对设计的静压转台进行校核。再运用三维制图软件根据计算所得的参数绘制出静压转台机械结构三维模型并生成二维工程图。

（2）为了进一步研究已设计的静压转台的结构是否符合要求，本次设计对静压转台进行了承载力的分析，研究了转台油垫的承载能力、转台平稳状态下油膜厚度与油腔压力和油膜刚度的关系，以及不同情况下工件质量与油膜厚度和油膜刚度的关系并绘制出折线图。

（3）通过有限元分析软件，仿真出相同条件下不同承载力、不同垫铁数以及不同加载半径下静压转台台面的变形情况。在转台挠度仿真结果中取关键点进行分析，并将所得数据绘制成折线图，从而分别得到不同油膜厚度对转台的刚度及承载性能的影响。

（4）利用结构优化软件对已经设计好的静压转台进行结构优化，充分利用多学科联合优化方法充分考虑转台各部分之间的耦合作用对转台进行优化设计。综合考虑转台的结构和静压部分的性能特点，推导出性能计算公式，进而对各项设计参数进行灵敏度分析。本次设计主要针对转台台面及支承系统进行灵敏度分析，从而计算各参数的灵敏度值并找出关键设计参数进行优化设计，适当减小工作量。最后得到液体静压转台优化设计的结果。

（5）关于试验验证部分，主要进行了在转台空载的情况下测试不同转速对转台温升影响的试验、在偏载情况下进行转台浮起量测试以及不同支承点个数对转台影响试验，分析试验结论可以分别得到工件支承点的布置与油垫的位置关系、偏置载荷的偏置距离对静压转台支承油垫的油膜厚度影响及同一油垫、相同承载、不同垫铁数目时油垫厚度以及相同承载、相同垫铁数目时油垫不同位置油膜间隙厚度，从而得到在实际加工中尽可能减小误差的方法。

4. 结论

（1）在北京第一机床厂静压转台具体工况的大前提下，根据理论计算初步建立静压转台数学模型。

（2）通过理论计算，对静压转台结构进行校核。经过分析和计算，使得设计的液体静压转台以及其支承系统满足要求。根据得到的参数建立静压转台三维模型及二维工程图，为下一步的分析研究做准备。

（3）针对不同承载下油膜厚度进行分析，适当提升静压转台的承载力及各个油垫的支承力，从而进行合理的转台承载系统的设计

（4）采用有限元分析软件对静压转台台面模型进行分析，从而能最大限度利用静压转台解决实际问题。

（5）将转台看成一个不可分离的整体，通过结构优化软件，对静压转台的关键参数进行重点优化设计。

（6）通过试验对液体静压转台进行进一步分析，并根据试验结果对液体静压转台的油垫布置及静压转台的使用方式进行优化，进而延长静压转台使用寿命。

5. 创新点

（1）用粒子群优化算法进行优化设计。液体静压回转工作台采用粒子群优化算法进行

优化设计，粒子群算法最早是由 Kennedy 和 Eberhart 在 1995 年提出的，它是基于群体智慧的一种随机寻优算法，自其提出以来已被成功应用于解决多种优化问题，如机床切削参数的优化、热误差规律的拟合问题、神经元的训练问题、控制系统的参数优化问题等。

（2）运用多目标优化方法结构优化进行辅助设计。多目标优化方法源于设计问题本身，它主要关注优化计算的策略、计算信息的组织和处理，使得优化结果能充分权衡各项目标值，进而得到均衡的优化结果。实施多学科优化重要的是将相互耦合的结构部分、不同学科的规律、不同的 CAE 分析软件集成在一起进行整体分析和优化，使得各个优化目标能在优化过程中得到充分的分析和对比。随着计算机技术及优化技术的发展，目前多目标优化算法已经能有效解决多目标设计问题。

6. 设计图或作品实物图

图 1 为设计作品的三维模型。

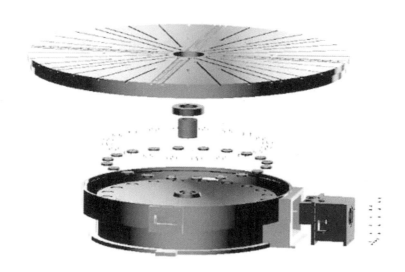

图 1　设计作品的三维模型

2000kN 八连杆机械压力机杆系优化设计

邱之最

合肥工业大学　机械设计制造及其自动化

1. 设计目的

闭式四点机械压力机可以完成拉延、挤压、粉末成形和冲裁等多种成形工艺，广泛应用在汽车制造、家电生产、建筑行业、化工石油等重要领域。目前国内八连杆机械压力机设计仍以类比设计和经验设计为主要方法，导致设计结果与实际要求差异较大，设计效率低下。本文根据实际产品设计需求，在进行运动学设计基础上，构建行程的八连杆机械压力机杆系多目标优化数学模型，重点考虑压力机工艺行程精密设计要求和工作拉延速度稳定性，结合动力学约束条件，对运动杆系进行优化设计，从而得到满足工艺曲线和速度稳定性要求的杆系中各杆件尺寸。

2. 基本原理及方法

由于本文研究的八连杆杆系机构优化设计是非线性约束的多目标优化问题，传统的优化方法不能很好地解决此问题。本文选择遗传算法来解决此问题。遗传算法是模拟达尔文生物进化论的自然选择和遗传学机理的生物进化过程的计算模型，也是一种通过模拟自然进化过程搜索最优解的方法。遗传算法是从代表问题可能潜在的解集的一个种群开始的，而一个种群则由经过基因编码的一定数目的个体组成。每个个体实际上是染色体带有特征的实体。初代种群产生之后，按照适者生存和优胜劣汰的原理，逐代演化产生出越来越好的近似解，在每一代，根据问题域中个体的适应度大小选择个体，并借助于自然遗传学的遗传算子进行组合交叉和变异，产生出代表新的解集的种群。这个过程将导致种群像自然进化一样的后生代种群比前代更加适应于环境，末代种群中的最优个体经过解码，可以作为问题近似最优解。采用图 1 所示的算法流程图进行优化。

3. 主要设计过程或试验过程

首先对八连杆机械压力机杆系机构进行运动学分析，建立八连杆机械压力机杆系机构的滑块的位移、速度以及加速度运动方程。其次针对八连杆机械压力机的性能需要以及相关的环境约束，得出八连杆机械压力机杆系优化设计的目标函数和约束条件，建立八连杆杆系机构的数学模型。针对所建立的数学模型，提出优化算法，由于遗传算法解决非线性约束多目标优化问题的优越性，所以采用遗传算法对数学模型进行编程计算（图 1）。根据优化算法得出的结果，绘制滑块的位移、速度和加速度曲线，判断其是否满足所需要的性能要求。接着进行三维模型的建立。完成模型之后，对主要零件进行相关校核，利用 ANSYS 分析软件对轴类零件进行相关分析，判断是否满足相关要求。对传动部分的齿轮进行校核计算，判断齿轮部分是否满足相关要求。最后提出一种提高八连杆杆系机构装配精度的方法，主要采用正交试验法分析八连杆杆系机构各尺寸对滑块位置的影响程度，相应地进行专利申请。

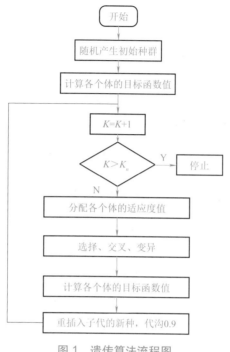

图 1 遗传算法流程图

4. 结论

多连杆滑块机构作为机械压机的工作部件，对机械压力机整体性能影响巨大，因而对多连杆滑块机构的参数设计的研究十分必要。目前国内八连杆机械压力机由于杆系构件多、杆系设计复杂，设计仍以类比设计和经验设计为主要方法，导致设计结果与实际要求差异较大，设计效率低下。没有较好的方法来解决八连杆机械压力机杆系优化设计问题。利用提出的优化算法，不仅能够较好地解决八连杆杆系机构尺寸优化设计问题，还能够得到较好的滑块运动性能，并且能显著减少设计时间，提高设计效率。

5. 创新点

（1）利用计算机编程对问题进行优化设计，能够避免传统方法设计误差大、设计效率低的问题。采用遗传算法对问题进行优化设计，能够较好地避免一般优化方法陷入局部最优解的问题。

（2）利用正交试验法分析八连杆杆系机构各个尺寸变量对滑块位置精度的影响，提出一种能够提高八连杆杆系机构装配精度的方法。

6. 设计图或作品实物图

图2为八连杆机械压力机杆系机构的三维模型。

图2 八连杆机械压力机杆系机构的三维模型

力矩电机直接驱动的砂轮架 B 轴回转机构设计

杜 超

哈尔滨工业大学 机械设计制造及其自动化

1. 设计目的

磨床是数控机床中技术最密集的产品之一，磨削机理既复杂又难以控制，而且磨削加工的整个过程会直接影响工件的精度、质量、效率与成本，磨削工件质量还直接影响机械产品的寿命与可靠性。复合磨床可以在一次装夹的情况下完成多种加工面，如外圆、内圆、端面的加工。本次设计的目的是设计出可转位的砂轮架的抱闸装置，在砂轮架当中起到重要的夹紧作用。

2. 基本原理及方法

在 B 轴回转机构中，主要有蜗轮蜗杆副、滚柱凸轮副、伺服电机驱动及鼠牙盘定位、力矩电机直接驱动并定位等多种方式。其中鼠牙盘定位方式采用有限齿数的齿轮，不能连续分度。B 轴回转机构属于由力矩电机直接驱动及定位的方式。该结构 B 轴回转到位后需要通过抱闸锁紧装置来执行锁紧功能，由于锁紧机构由气动控制以及轴承布局欠合理，因此锁紧时存在精度易走失、锁紧刚性不够以及可靠性略低的问题。

本次设计的复合磨床回转砂轮架能够进行无限制角度分度，因此采用角度编码器。砂轮架在其底座上旋转，部件主要包括回转砂轮架体壳、轴承座、立柱、力矩电动机和抱闸装置等主要零件。立柱固定在底座上，底座上放置平面轴承，回转平面轴承上安装回转砂轮架，轴承座与回转砂轮架之间安装力矩电动机，其中力矩电动机的定子与轴承座连接，力矩电动机的转子与转子套连接，转子套则与回转砂轮架连接，回转平面轴承内侧装有抱闸装置，在立柱的顶部安置角度编码器。

而在当中安置的抱闸机构希望能够满足抱闸的轴向力足够大，立柱能够承受至少 2000N 的切向力，这样排除了所有以气压为动力源的夹紧装置。同时还需要保证的重要一点，就是希望夹紧装置能够完全不受限制地旋转到任何一个角度，这样也就排除了类似鼠牙盘结构的装置。因此，装置当中更加合适的是带斜面的油压夹紧装置，既能够满足径向轴向同时夹紧、油压夹紧，又能保证占用的空间较小及任意角度的这几种要求。

3. 主要设计过程或试验过程

复合磨床可以在一次装夹的情况下完成多种加工面，如外圆、内圆、端面的加工，在减少二次装夹带来的加工误差的同时还提高了加工效率。复合磨床与普通磨床相比最主要的区别是有可转位的砂轮架，可以在一次装夹中换不同的砂轮头对工件进行磨削。

本文对复合磨床中 B 轴方向可回转的砂轮架的抱闸装置进行了设计，具体步骤如下：首先确定抱闸机构的大体结构，根据大体数据，估算各部分回转惯量的计算，选择运动曲线，当中主要完成电机选型、进行电机选型的计算、选出合适的电机型号，为了抱闸机构的通用性，还编写了一个可以在类似机构中通用的电机选型 Visual Basic6.0 小程序。

确定电机型号之后可以完成 B 轴回转砂轮架结构设计，主要针对可以绕着 B 轴回转的砂轮架进行设计，所设计的砂轮架的整体回转采用平面轴承与滚动轴承配合回转的方式，由同组同学完成轴承和相关连接件设计，本设计主要完成 B 轴回转的抱闸机构的两种安装形式，确定抱闸机构的细节，同时设计两种安装在砂轮架上部和下部的抱闸机构，利用 AutoCAD 软件首先完成二维图，确定基本尺寸，对抱闸机构涉及的多种力进行计算，如各个零件的受压情况、抱闸装置涉及的螺栓组连接校核等。同时还进行油压计算和相关的油管选择，然后将这两种抱闸机构通过 SolidWorks 软件进行三维建模。建模完成后对这两种结构进行分析和比较，同时对此抱闸机构的模块化进行分析，为其模块化编写小程序来进行受力以及油压计算。通过小程序对两种不同安装位置的抱闸装置进行油压选择和力的计算。

基于已经完成的三维模型重新核算转动惯量，进行电机的校核。在以上分析基础上进行细节修改完善，通过 AutoCAD 软件完善二维图纸，最后完成整个机构的设计。

4. 结论

（1）给出抱闸装置的基本方案，根据所设计的大体数据，估算各部分回转惯量，选择运动曲线，通过各部分回转惯性矩的计算和摩擦力矩及加工力矩的叠加完成了电机选型，并进行电机选型计算，确定电机型号为 1FW6090-0PB10-1JC2 并将选型过程编写为一个可以在类似机构中通用的电机选型 Visual Basic6.0 小程序。

（2）确定电机型号之后可以完成 B 轴回转砂轮架结构，本设计针对可以绕着 B 轴回转的砂轮架进行了设计，所设计的砂轮架的整体回转采用平面轴承与滚动轴承配合回转的方式，由同组同学完成轴承和相关连接件设计，本设计主要完成 B 轴回转的抱闸机构的两种安装形式，确定抱闸机构的细节，同时设计了两种安装在砂轮架上部和下部的抱闸机构，将这两种抱闸机构通过 SolidWorks 软件进行三维建模。

（3）建模完成后对抱闸机构涉及的多种力进行了计算，该抱闸装置可以提供大约两倍于所需最大加工力的夹紧力，完全可以完成抱闸。对于抱闸装置所用螺栓进行校核，所有螺栓组全部校核通过。同时还进行了油压计算和相关的油管选择，对于该抱闸机构设定的参数，选用的油压为 2.5MPa，选用的油管外径为 14mm。对此抱闸机构的模块化进行了分析，为其模块化编写了小程序来进行受力以及油压计算。基于已经完成的三维模型重新核算了转动惯量，进行电机校核。

5. 创新点

（1）充分利用回转工作台的设计理念当中的 B 轴回转结构，进行了探讨并设计能满足高精度、高刚性及高稳定性的新型 B 轴回转机构。

（2）设计的抱闸装置实现了高精度、径向轴线同时抱闸、大夹紧力、无限分度的特点，同时还具有能满足小空间、对于周围装置不影响、易于安装和拆卸的优点。

（3）完成了基础设计的同时还将抱闸机构进行了两种不同的安装方式上的设计，进行比较的同时实现抱闸装置的模块化。

（4）进行了电机选型并且编写了通用的电机选型程序，进行油压选择时也编写了油压选择程序，实现了抱闸装置的模块化和通用性。

6. 设计图或作品实物图

图 1 为设计的新型回转机构结构图。

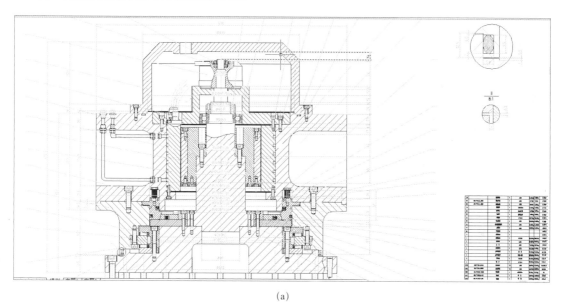

(a)

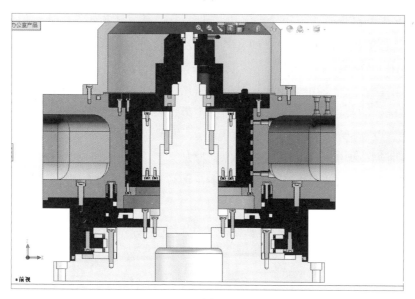

(b)

图 1 设计的新型回转机构结构图

食品封口夹注塑模具设计

丁 宇

大连工业大学　材料成型及控制工程

1. 设计目的

本课题是以食品封口夹的模具设计为主要内容，通过对其进行模具设计与制造，全面地了解模具设计和制作的流程以及重点与难点。

食品封口夹是一个十分常见的塑料件，是人们日常必备的方便用具。其结构较为简洁，并且其模具设计需要抽芯机构。这就既满足了模具设计的必备结构又加入了抽芯机构，使得设计学习变得全面具体。制件的简洁适于学生进行学习和研究、创新。通过课题的研究和学习，全面地了解模具设计的相关知识和流程，并且通过实践了解模具设计过程中的重点和难点。目的就是在相关实践过程中升华理论知识、充实设计方案，提高实践动手能力和分析问题与解决问题的能力。

2. 基本原理及方法

本课题设计以机械结构、机械运动和塑料模具的基本原理为主线，结合有限元分析辅助进行设计。在设计过程中运用工程力学、理论力学对重要零部件进行受力分析和校核。

模具重点进行抽芯机构的设计、有限元模流分析以及工艺编制和后期进行的装配试模。本课题基于 UG、Moldex 3D 等软件进行构思设计，主要包括基于 UG 软件的三维建模、基于 AutoCAD 软件的图纸输出、基于 UG 软件的数控编程仿真和基于 Moldex3D 软件的填充流动状态的有限元分析。

前期设计阶段，综合运用理论知识对模具结构、模具样式进行详细的设计。三维装配造型用于重要零部件的数控异形加工；输出国标图纸进行模架的加工。基于互换性理论对图纸进行公差标注，以及指导后续的检测和装配试模、调整等工作。

实际加工时期，编制相关工艺规程文件指导加工工序和工时。按照先粗后精、统一定位的基本原理进行零部件的加工；在装配过程中，理解动力源与动力部件的安装方式、紧固方式和运动形式，按照先后顺序进行装配调整。

最后试模生产阶段针对试模样件出现的问题对模具进行多次调整、调试。发现问题积极地对应解决，经过多次试模最终得到合格的制品。

3. 主要设计过程或试验过程

1）进行模具的三维模型设计及二维图纸的输出

确定模具整体结构方案，重点是制品的分型方案和抽芯方案的确定。随后进行三维文件的绘制，在此期间进行了方案的微调和图纸文件的完善。

设计主要部分如下。

（1）塑件的工艺性分析与模具方案的确定。

（2）成形腔数的确定与注射成形机的选择。

（3）分形面的设计。

（4）浇注系统的设计。

（5）成形零件的设计。

（6）有限元模拟注射过程分析。

（7）排气系统的设计。

（8）模具结构件（标准件）与模架的确定。

（9）抽芯机构的设计。

（10）脱模系统的设计。

（11）定位导向系统的设计。

（12）有关参数的校核。

（13）模具成本分析。

2）装配调整

设计加工各部分零部件后进行组装研配，在组装过程中出现的问题及对应策略如下。

（1）问题：模具面板过厚，不符合注射机定位标准后期试模无法安装。

对应策略：将模具面板进行追加工，模板定位厚度减至 35mm。

（2）问题：滑块高度尺寸不符合设计公差范围，影响分型面配合。

对应策略：将滑块沿高度方向尺寸利用磨床追加工 0.01mm。

（3）问题：在试验合模阶段，斜导柱无法正确进入斜导柱孔之中，原因是滑块限位距离不符合设计要求。

对应策略：按照图纸要求对导轨定位进行追加工。

3）试模生产

（1）第一次模具生产试验。产品局部顶出困难，制品有烧灼痕迹。对应研讨解决，追加顶杆和排气，增加顶出面积以及顶出力和排气通道。

（2）第二次模具生产试验。经过第二次试模验证，第一次出现的问题得到了解决，制品生产成形初步成功。

（3）第三次模具生产试验。在第二次试模初步成功之后，进行成形零件的表面光整、研磨以提高制品表面质量。进入试生产阶段。

4. 结论

本课题模具设计是在校企合作培养学生的基础上进行的，依托学校和企业的综合资源实现了整套模具的设计、加工以及后期的试模生产。模具是在实践中诞生的，经过现场实践问题的锤炼我们对模具的结构有了深入的了解，对一些机构的本质作用有了新的理解。同时，对模具结构有了一定的创新设计，这些都得益于在实践中知识的升华和理论的提取。

我们的理论知识在实践之中得到更加广泛的补充，理论应用于实践之中使我们对问题的深度又有了新的认知，在深度和广度的纵横世界里使我们应对问题、解决问题的能力显著提高。

5. 创新点

(1) 单个导轨在滑块内部进行导向。

(2) 抽芯导向、定位机构合成一体简化模具结构。

(3) 设计、试模与有限元分析结合，做到科学合理地调试模具。

6. 设计图或作品实物图

图1为模具实物图。图2为制品。图3为模具装配图。

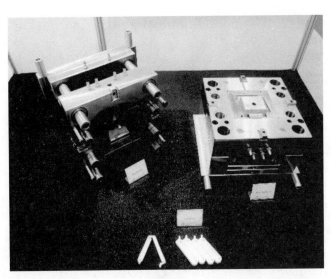

图1 模具实物图

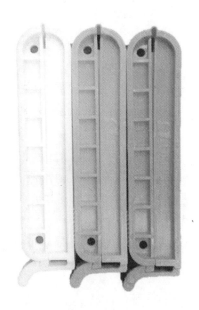

图2 制品

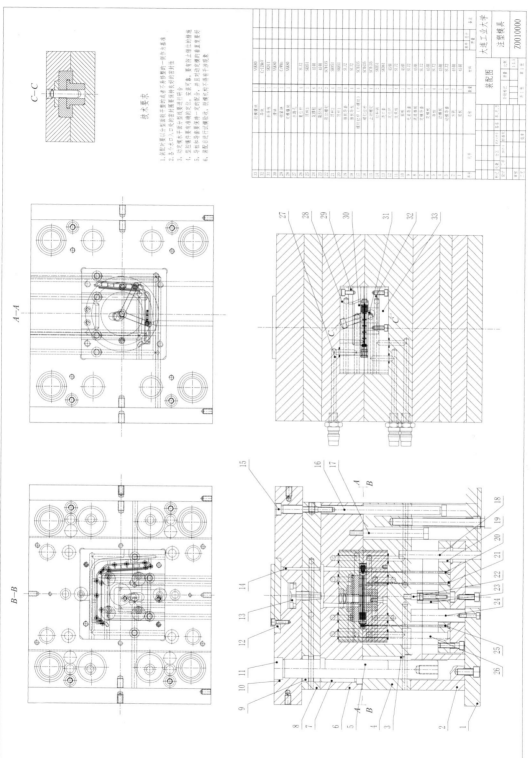

图 3　模具装配图

立体织物 Z 向钢针置换及纤维锁扣装置设计

闫勇敢

天津工业大学　机械工程

1. 设计目的

利用碳纤维立体织物作为增强体所制成的碳纤维复合材料已经广泛应用在航空航天、一般制造业、土木建筑和能源开发等领域。碳纤维立体织物在国防军工上具有的重要地位，发达国家在碳纤维立体织物技术上对我国一直进行技术封锁，我国对碳纤维立体织物的研究仍出于理论阶段，碳纤维立体织物制造多为手工编织。本课题利用碳布整体穿刺技术所设计的立体织物 Z 向钢针置换及纤维锁扣装置，能实现碳纤维叠层织物的钢针置换及锁扣功能。

2. 基本原理及方法

根据碳纤维立体织物整体穿刺技术，分析整体穿刺的工艺过程，设计出立体织物 Z 向钢针置换及纤维锁扣装置。在该过程中包括整体升降台设计、丝杠工作台、送线机构、织物夹紧机构和纤维锁扣机构等子机构的设计。并且查阅国内外相关文献分析不同锁扣形式及其优缺点，确定最佳纤维锁扣缝合形式，然后根据所选的锁扣缝合形式确定所用的机构。通过建立数学模型来建立送线机构和纤维锁扣机构的运动模型，然后推导其运动模型公式，以确定其结构参数。

3. 主要设计过程或试验过程

（1）在设计立体织物 Z 向钢针置换及纤维锁扣装置时，首先查阅立体织物整体穿刺技术及其工艺，并分析研究国内外有关碳纤维立体织物研制的有关设备。然后对该装置进行整体方案设计，由于该设备要利用碳纤维将立体织物中的钢针置换出来并进行纤维锁扣，所以要设计出各个子机构以实现相应的功能。其中包括设计升降工作台和丝杠工作台以实现织物的移动，织物夹紧机构实现含 Z 向钢针的立体织物的安装，送线机构实现纤维对钢针的置换，锁扣机构实现纤维对叠层立体织物的锁扣。

（2）分别对该装置的各个子机构进行整体方案设计，能完成送线功能的方案有三个，分别为曲柄滑块送线机构、滑台模组送线机构和剑轮剑带送线机构，对比其优缺点最终选择剑轮剑带为送线机构。对比锁扣机构的三个方案，选择曲柄摇杆为最终确定的锁扣方案，选择气动夹紧机构作为取针机构。

（3）利用直角坐标系建立送线机构运动模型图，并根据建立的运动模型图推出相应的运动表达式，之后设置相应的参数利用 Matlab 软件进行运动仿真，得出剑轮的运动图像，并对其进行分析。然后针对锁扣机构建立运动模型，根据运动模型建立运动方程，并设置各杆长的参数并代入方程中，通过 Matlab 程序对其进行运动仿真，绘制出运动变化规律曲线并对运动曲线进行分析。

（4）根据整体设计方案对送线机构、立体织物锁扣机构和取针机构等主要部位进行了详细设计。对于送线机构的详细设计，首先确定了送线机构的主要参数，然后确定送线机构的详细结构图，分析各部件的安装关系。确定锁扣机构的摆角参数和各部件的尺寸，根据所确定的参数设计详细安装位置。并对取针机构、织物夹紧机构和升降台机构进行详细地设计，主要包括各个部件的尺寸、安装位置和安装关系的确定。

（5）进行整体虚拟样机的建立和缝合钢针的有限元分析，首先确立整体装置中各构件的安装关系和工作关系，然后利用 Pro/E 三维建模软件对整个装置进行虚拟样机的建立，并利用 Keyshot 软件对虚拟样机进行渲染。利用 ANSYS Workbench 软件对主要受力构件钢针进行有限元分析以确定钢针的最大受力位置和最大变形位置，验证最大应力和最大变形是否满足设计要求。

（6）根据整体装置的功能需求，对控制方案进行整体设计，分配各个部件所需的控制元件，包括伺服电机、驱动器和传感器的分配，并绘制出控制系统原理图。然后根据工作原理对控制系统的工作流程进行分析，包括各个构件的工作顺序和运动配合，根据工作顺序和运动配合绘制出具体的控制流程图。

4. 结论

本课题根据碳纤维整体穿刺技术，研究和分析了国内外研究现状和现有理论，设计出立体织物 Z 向钢针置换及纤维锁扣装置，并完成以下工作。

（1）对碳纤维复合材料和立体织物成形工艺进行了分析，研究了叠层织物整体穿刺技术工艺过程，并根据其工艺过程进行了 Z 向钢针置换及纤维锁扣装置方案设计，并对各个子机构的不同方案进行对比，选出最优方案。

（2）分别对送线机构和锁扣机构建立运动学模型，推导其运动表达式，对其进行运动学分析，并设定具体的参数利用 Matlab 软件进行运动学仿真，分别获得相应的运动规律曲线，分析其运动状态。

（3）根据相应的方案进行了详细设计，利用 Pro/E 三维软件建立整体样机模型，利用 ANSYS Workbench 软件对主要受力构件钢针进行有限元分析。

（4）结合整体样机的功能和所建立的虚拟样机，对该装置进行系统方案设计，并分析各个构件的工作顺序和运动配合，确定了系统的工作流程并绘制工作流程图。最后根据不同控制元件特点，对相应的硬件进行选型。

5. 创新点

（1）设计出立体织物钢针置换及锁扣装置。

（2）将张力控制装置引入装置之中。

（3）利用曲柄连杆机构实现纤维的锁扣。

（4）利用气动装置实现钢针的夹持。

6. 设计图或作品实物图

图 1 为设计作品的三维模型。

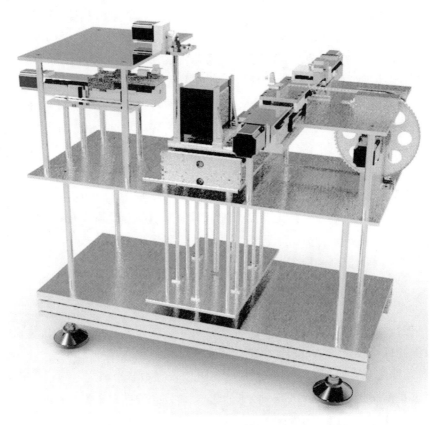

图 1　设计作品的三维模型

Delta 机器人机构的力位混合控制

林玉锋

西安交通大学 机械工程

1. 设计目的

中医按摩技术在康复领域有很大的应用，但是一个优秀的按摩技师，需要经历一个很长的学习过程，才能掌握按摩手法和技巧，这样会造成许多用户享受不到专家般的按摩技术，也会造成医院康复推拿按摩师远远不足的情况。利用机器人对专家按摩进行数据采集，转化为控制算法，就能实现每一台按摩机器人都能复现专家的按摩手法，实现按摩技术的大规模应用。

因为不同用户体型存在差异，所以对按摩机器人单纯的位置控制远不能满足要求，这就要求我们通过安装在按摩机器人机械手上的力传感器反馈，来实现按摩机器人对专家按摩时力的跟随控制。

本文以松山湖国际机器人基地的按摩机器人为研究对象，对机器人力柔顺控制进行研究，所得结论将用于按摩机器人的力跟随控制。

2. 基本原理及方法

1) D-H 参数法

机器人机构中的每个构件可以由四个参数来描述。其中，构件的长度和扭角是两个固定不变的参数，这两个参数用来描述构件本身；而偏置和转角这两个参数用来描述相邻构件间的连接关系，一般选取其中一个参数为运动副变量。这种描述机构运动关系的规则称为 Denavit - Hartenberg 方法（简称 D-H 法），也称为四参数表示法。任何机器人机构各构件之间的运动关系一般都可以通过三个构件参数和一个运动副变量来描述。

2) 主动柔顺控制

主动柔顺控制主要由两种方式构成，一是力位混合控制，二是阻抗控制。阻抗控制又分为基于位置的阻抗控制和基于力/力矩的阻抗控制。根据对于按摩机器人的分析，最终选择基于位置的阻抗控制。图 1 为主动柔顺控制分类。

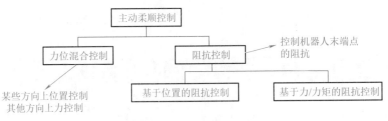

图 1　主动柔顺控制分类

3）基于位置的阻抗控制

基于位置的阻抗控制（图 2）是由位置控制内环和阻抗控制外环组成的，在阻抗控制外环中，力传感器的数据经过阻抗控制器得到修正位置，然后与期望位置进行比较，得到实际控制位置输入给执行器。

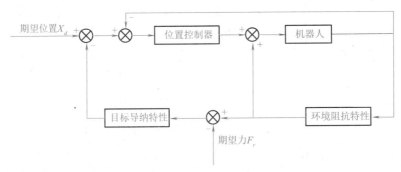

图 2　基于位置的阻抗控制框图

阻抗控制通过调节末端执行器位置与接触力之间的动态关系来进行柔顺控制。这种方法为有约束和无约束运动提供了一种通用的方法。其优点是离线任务规划较少，对外界扰动有很好的鲁棒性，同时也能让系统很好地实现由无约束到有约束运动的稳定转换。

4）基于模型的设计

基于模型的设计是利用 Simulink 进行仿真优化后的模型，进行简单的修改和设置，直接生成正式开发可以使用的代码的技术，如本文通过 Simulink 模型直接生成需要的 C++ 代码。这样的方法能够显著减少控制工程师的压力，让控制工程师能够专心于控制系统和算法的优化。

3. 主要设计过程或试验过程

（1）分析了按摩机器人的机械结构，这里采用 Delta 结构的一种变型 3-PSS 并联结构。把按摩机器人拆分成外层的 3-PSS 并联机器人和机械手，这两部分可以独立进行分析。通过采用 D-H 法建立机械手的关节坐标并得出机械手的运动学正解，利用几何法对机械手运动学逆解进行求解，对 3-PSS 运动学正逆解进行求解；利用运动学分析结果，在 Matlab 中编写函数绘制了机器人工作空间，验证工作空间是否满足实际需求；再利用 SolidWorks 和 Simscape Multibody 建立了按摩机器人的动力学模型，为之后验证位置的阻抗控制算法做准备. 利用基于位置的阻抗控制原理, 在 Simulink 中建立了单滑块的阻抗控制模型,并进行仿真。

然后确定了为了实现力跟随控制阻抗参数需要满足的条件；根据前面的结果选取一组合适的阻抗控制参数，设计干扰条件对阻抗控制的鲁棒性进行分析，主要分析以下三种情况：①末端执行与外界环境之间的接触力发生突变；②末端执行的目标位置发生变换；③末端执行与外界环境之间的接触期望力发生变化。最后，根据前面的结论和阻抗控制原理建立按摩机器人的阻抗控制模型，并进行仿真。

（2）利用基于模型的设计的思想，对之前进行仿真单滑块阻抗控制模型和按摩机器人阻抗控制模型进行适当的修改，主要是根据需求确定输入输出变量，修改配置，并通过双线性变换修改连续系统为离散系统，然后导出实际工程所需的 C++ 代码。

（3）根据前期试验需求，利用 MFC 编写上位机控制运动控制卡，实现信息显示、运动复现、数据记录等基本功能，并接入电机进行试验。满足实际要求，然后将 Simulink 生成代码导入 MFC 上位机，进行适当修改后，对单滑块阻抗控制模型进行验证，确定阻抗控制是能够用于按摩机器人的力跟随控制的，并且控制效果较好。

4. 结论

本文以松山湖国际机器人基地的按摩机器人为研究对象，针对原方案开环、单纯位置控制的局限性，选择加入力传感器，利用基于位置的阻抗控制对原方案进行改进。

毕业设计的具体内容包括对按摩机器人进行了运动学分析和动力学建模，然后得到了按摩机器人末端执行器的工作空间，确定了运动空间满足实际需求；建立阻抗控制模型并对阻抗控制参数进行了分析、选择；设计试验验证了阻抗控制的鲁棒性；利用基于模型的设计的思想将单滑块 Simulink 模型和按摩机器人模型进行修改并导出 C++ 代码；针对按摩机器人前期调试及功能性需求编写了上位机，并对基本功能进行了验证；对单滑块模型的阻抗控制进行验证，得到了阻抗控制效果较好、能够用于按摩机器人的结论。

5. 创新点

（1）建立了 3-PSS 并联机器人与机械手的正逆运动学，利用 SolidWorks 联合 Simscape Multibody 建立了整个按摩机器人的动力学模型，为力柔顺控制策略的相关仿真研究分析做了相应的准备。该方法可以广泛用于研发阶段的动力学模型建立。

（2）采用基于位置的阻抗控制方法，给出了单滑块模型的阻抗控制仿真模型并进行仿真，对阻抗控制参数进行分析，给出了按摩机器人适用的阻抗控制参数，也在此基础上对阻抗控制的鲁棒性进行了分析，得出了阻抗控制方法很适合于按摩机器人的结论。

（3）利用基于模型的设计思想，将单滑块和整个按摩机器人阻抗控制算法生成项目需要的 C++ 文件，并在上位机中验证单滑块模型。该方法减少了数学模型转化为 C++ 代码的复杂性，减少了编写错误带来的调试时间浪费，使控制工程师能够专心于控制系统优化。

6. 设计图或作品实物图

图 3 为模型结构简图。图 4 为实际按摩模型。

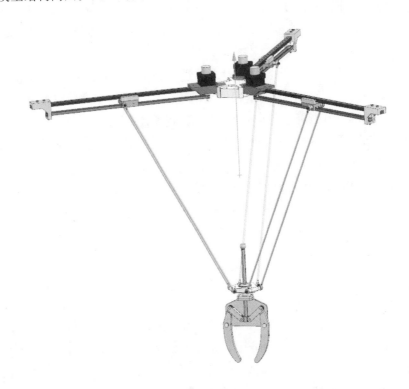

图 3　模型结构简图

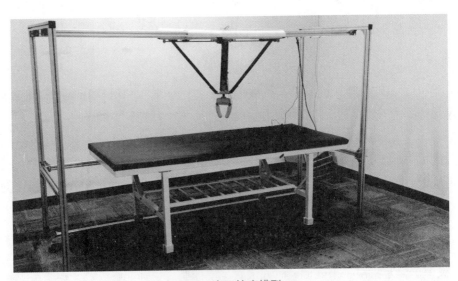

图 4　实际按摩模型

深井式智能立体车库升降系统设计与仿真

潘志燕
南华大学 机械设计制造及其自动化

1. 设计目的

深井式立体车库是一种在地下建造的集光机电液计一体化机械式立体停车设备。与传统的机械式立体停车车库相比，该型车库具有占地面积小、空间利用率高、存取车耗时短、噪声低、易组合形成车库群，其美观的外部造型使其与城市环境融为一体等优势，符合我国停车设备发展的方向，使相关技术能够具备良好的市场前景与应用价值。本车库可在商业区、办公区、医院、酒店等人口相对集中的场所推广应用，产生可观的经济效益和社会效益，有助于促进汽车工业的发展和国民经济的增长。

2. 基本原理及方法

存取车原理：当车主将车辆开至与地面相平的升降平台后，通过生命检查仪、感应器等装置检测安全后，升降动力系统运作，液压马达将动力转换成驱动齿轮的转动，驱动齿轮与固定在墙壁上的通长齿条运转啮合，升降横移系统便载着车辆沿车库通道垂直下降，到达系统优先选取靠近地面的存车位后，升降系统停止下降；此时夹紧机构防松，顶升机构动作，将横移装置和车辆顶升到一定的高度；然后横移系统横向运行，将汽车送至停车装置上方，顶升机构回位，汽车便停在车位上，横移系统回至原始位置，加紧机构夹紧。升降系统返回地面，取车是存车的逆过程。

（1）本课题研发的深井式智能立体车库是集机、电、液、计算机技术及光学为一体的智能化、立体化的停车设备。借鉴垂直升降式停车库的特点和优势，并根据城市地下空间施工和运行的实际情况，研发了基于左右两侧存取车方式的一种新型立体停车库——深井式智能立体车库。

（2）根据多体动力学理论分析，运用 ADAMS 软件进行虚拟样机模拟，对升降系统存取车过程进行运动学仿真，直观地看出升降平台仿真效果。

（3）本车库升降系统采用自行式升降平台，即平台升降的动力装置和传动机构均安装在平台桁架结构内部，只需在地面进行指令控制，便可自行在立体车库地下随平台上下运动，从而完成存取车动作。

（4）本车库采用齿轮齿条与液压的组合提升方式，液压系统作为动力装置，为系统提供动力，通过齿轮齿条机构的啮合来实现平台的升降，根据《机械设计手册》对齿轮齿条参数进行设计和校核。根据本车库液压系统的特点、设计要求，综合各方面因素的考虑，对液压元件进行选型。

（5）在系统的运行过程中承受对重装置载荷，降低了能耗。

（6）为解决闷车难题，设计制造出一种齿轮齿条消隙式刚性同步机构。

（7）为升降平台能够安全运行，设计检测装置、缓冲靠背装置和线路保护装置等。

（8）基于有限元法，运用 ANSYS 软件重要结构及零部件进行结构静力学分析、校核与计算，不仅确保了本设计的安全性与可靠性，而且简化了计算过程，提高了计算精度。

3. 主要设计过程或试验过程

本设计中深井式立体车库升降系统主要由自行式升降平台、升降动力系统、齿轮齿条传动装置、钢丝绳轮对重系统、消隙式同步装置及其他装置组成。主要实现将车辆运送到存车位和将横移系统取出的车辆送回地面的功能，并利用 ADAMS 软件对升降系统进行运动仿真，观察其运动过程的加速度、速度等。升降平台采用钢材焊接成桁架式，轻巧灵活，具有足够空间容纳所有装置。其结构尺寸主要依据系统总重量、车库结构、需要存放的车辆尺寸等相关资料进行选取设计。整个系统在对重系统作用下，利用液压和齿轮齿条组合提升方式，确保升降系统与指定存取车位的定位精度。根据设计要求，综合考虑各方面因素，最终选择四个带制动器的 NAM3-350ZP 型低速大扭矩径向柱塞式液压马达。齿轮齿条依据《机械设计手册》进行设计。为了保证系统安全、平稳、可靠地运行而不会发生闷车现象，设计出刚性足够、可靠性高、反映灵敏的纵向同步轴装置。采用 ANSYS 软件对系统中重要的受力构件进行强度和刚度校核，确保各零件结构尺寸参数设计合理。具体设计过程如下。

（1）对升降系统进行功能设计，主要实现将车辆运送到存车位和将横移系统取出的车辆送回地面的功能。

（2）对升降系统总体结构设计，包括运行方式、提升方式、保护装置、钢结构等各个组成部分的总体设计，构建系统大致框架，绘制整体结构简图。

（3）对整体结构进行强度和刚度设计，利用经验公式对各个组成部分定尺寸，并利用 ANSYS 软件对结构设计校核和利用 ADAMS 软件对升降系统进行多动力学仿真，观察系统运行速度、加速度等是否正常。

（4）基于并行工程考虑系统中各个构件结构、加工工艺性、装配等，对各个具体构件进行精度设计并绘制零件图。

（5）对各零件进行设计计算，对齿轮、液压元件等标准件根据相关资料进行选型，并对齿轮齿条和重要螺栓组进行强度校核。

（6）对系统中重要受力构件利用 ANSYS 软件进行有限元分析。

（7）绘制升降系统装配图。

4. 结论

（1）通过调研，总结了地下车库的发展特点和发展方向；通过分析市场需求，对比国内外地下车库的发展状况，可知深井式智能立体车库拥有广阔的市场。

（2）对重要的受力件建立力学模型，采用 ANSYS 有限元分析法，对其强度和刚度进行校核，计算结果表明本车库的钢结构系统满足设计要求，并且具有一定的冗余度。运用 ANSYS 软件对本车库的钢结构模型的分析结果，不仅简化了计算过程，同时提高了计算精度。另外，采用 ADAMS 软件对升降系统进行多动力学分析，可以直观地看出升降平台仿真效果，这不仅可以节省精力和经费，而且显著简化对升降平台设计的复杂度。

（3）本文根据深井式智能立体车库的主要技术参数对升降系统各个机构进行设计，并且简述了升降系统的工作原理，计算各液压元件的技术性能指标，并依照标准选取了适合本车库的液压泵、液压马达、液压缸和其他液压元件。

（4）在设计计算过程中，由于重要的受力元件都选取较高的安全系数，具有高的冗余度，因此在非正常工作情况下也能保证系统正常运行。

（5）深井式立体车库机械系统和液压动力系统符合设计要求，各子系统的各项性能指标均符合国家标准，具有很高的可靠性。

5. 创新点

（1）自行式升降平台相比于曳引式，能使地面空间得到充分利用。

（2）对重要的受力件建立力学模型，采用 ANSYS 有限元分析法对其强度和刚度进行校核。运用 ANSYS 软件对本车库的钢结构模型的分析结果，不仅简化了计算过程，同时提高了计算精度。

（3）采用 ADAMS 软件对升降系统进行多动力学分析，可以直观地看出升降平台运动仿真效果，这不仅可以节省精力和经费，而且显著简化对升降平台设计的复杂度。

（4）刚性足够、可靠性高、反映灵敏的纵向同步轴装置保证了系统安全、平稳、可靠地运行而不会发生闷车现象。

（5）采用钢丝绳轮对重系统，很大程度降低了系统能耗。

（6）采用 Hard Lock 螺母对齿条进行防松，保证了装置安全可靠地运行。

（7）对钢丝绳轮轴事先设计，利用 ANSYS 软件对其进行校核、改进。

（8）液压马达具有驻车制动功能，可预防意外停电时设备下降导致的下落、摔车等事故。

6. 设计图或作品实物图

图 1 为深井式智能立体车库升降系统的三维模型。图 2 为深井式智能车库的实物图。

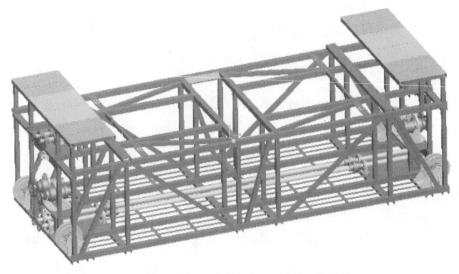

图 1　深井式智能立体车库升降系统的三维模型

图 2　深井式智能立体车库实物图

基于 RFID 的 MES 系统的设计与开发

林 杰

南京理工大学 工业工程

1. 设计目的

南京康尼科技实业有限公司想建立一个基于工业 4.0 技术的数字化工厂，以满足自动化类专业为主，涵盖信息数据处理、智能物流管理、计算机、工业机器人等众多专业领域的专项技术和专业核心技术的教学、科研和实训需求。本研究依托该公司在基于工业 4.0 技术的数字化工厂试验系统开发项目，与企业展开合作，对该数字化工厂的 MES（制造执行系统）试验系统进行分析与设计，并基于 RFID（射频识别）技术开发出一套满足该工厂教学、科研和实训需求的 MES 系统软件。

2. 基本原理及方法

本研究先后采用了企业信息化理论、RFID 技术、OEE 理论、OPC 技术、软件系统的开发等方法对基于 RFID 的 MES 系统进行了设计与开发。

（1）企业信息化理论：本研究将信息化的内容具体到了基于工业 4.0 的数字化试验工厂，通过计算机和网络等途径，获取、存储、传递、处理和利用试验工厂所产生的信息，为企业管理水平的提高、现代企业制度的建立、成本的有效降低、市场竞争力的增强、经济效益的提高等方面提供了理论的试验原型。

（2）RFID 技术与 OPC 技术：MES 系统运行的基础是数据的采集与分析，因此企业为了提高生产效率而推行 MES 系统的前提是需要获得车间生产过程中设备运行、生产进度、原材料、在制品和成品等的各项数据。研究运用 RFID 技术与 OPC 技术实现对数字化试验工厂的物流与工作站制造信息的实时准确获取，进而解决数据的来源问题，与企业内部的管理信息化软件形成完整闭环的信息流，最终提高企业效益与制造和物流过程中的作业效率。

（3）OEE 理论：本研究利用了 OEE 理论，为 MES 系统设备管理模块的设计打下了坚实的理论基础。OEE 指数作为评估设备综合效率的指标，可以从该指标直观地发现生产线存在设备利用率过低的问题，而 OEE 的四项诊断指标才是发现问题的关键，在找到问题之后进而改善生产中存在的瓶颈环节，降低数字化试验工厂设备运行的边际成本。

（4）软件系统的开发：本研究基于对软件系统的开发方法，对目标系统进行性能与功能需求分析并提出系统设计的目标，使用了 Java 编程语言，基于 Mysql 数据库与 Eclipse 软件开发平台开发出了 MES 系统。

3. 主要设计过程或试验过程

1) 系统的总体功能设计

(1) 设备管理模块：包括设备定义、设备保养信息、设备维修信息、设备监控维护与设备监控子模块。

(2) 工艺管理模块：包括工作台工序定义、生产订单管理、生产订单工序和示例订单子模块。

(3) 车间排产管理模块：包括生产计划管理、订单管理、生产调度和领料单维护子模块。

(4) 质量管理：包括检验规程、检验对象维护、检验结束维护、检验统计维护与产品质量信息追溯。

(5) 系统管理：包括员工信息、版本管理、供应商维护与管理员信息子模块。

(6) 报表管理：包括设备保养表、设备维修表、工作台工序定义表、生产调度表和检验统计维护表子模块。该模块的主要功能是查询并导出打印相应表格。

(7) 生产监控：包括物料跟踪表与生产进度监控表子模块。

2) 系统通信设计

(1) RFID 串口通信设计。RFID 技术作为 MES 系统数据采集的主要手段，为 MES 系统提供物料的传输位置、加工机位、出入库等信息。MES 系统与 RFID 信息集成则主要是应用程序接口实现的，应用程序接口可以向电子标签输入数据或读取数据，使得电子标签里的信息能够与后台系统建立联系。

具体的连接方式如图 1 所示。

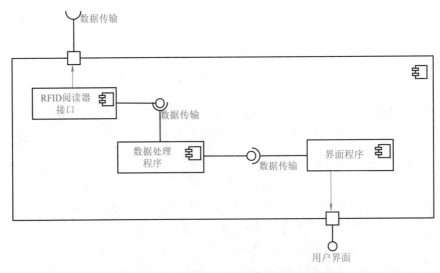

图 1　MES 试验系统与 RFID 技术的接口连接图

上位机发送命令及参数给阅读器，然后读写器将命令执行结果状态和数据反馈给上位机。阅读器接收一条命令执行一条命令，读写器只有在完成一条命令的执行后才能接收下一条命令。如果上位机在阅读器执行命令的期间再次发送命令，阅读器将不做任何反应，这条命令将无效。

　　完整的一次通信过程为：上位机发送命令给阅读器，并等待阅读器反馈响应；在接收命令后开始执行，再次反馈响应给上位机；接着上位机接收阅读器的响应，完成一次通信。

　　（2）OPC 通信协议设计。本研究所开发的 MES 系统，采用 OPC 技术与下位机 PLC 等设备进行数据的交互功能。如图 2 所示，OPC 采用客户 / 服务器的通信模式，在本系统的应用中分别涉及生产管理层、过程控制层与现场设备层数据的交互。

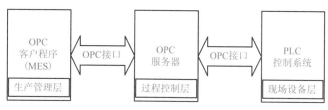

图 2　OPC 技术应用方案图

　　OPC 技术在 MES 试验系统中实现了下位机（PLC 等设备）与上位机的数据交互功能。其原理为将 OPC/DA 服务器作为一个方法对象完整地封装起来，仅将接口方法暴露在外面，客户端再以统一的接口程序去调用该方法，从而实现数据的交互。具体的接口连接关系如图 3 所示。

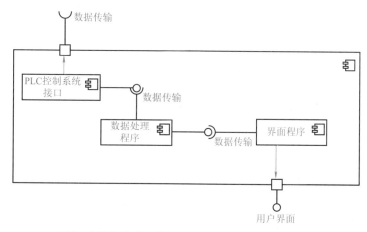

图 3　MES 试验系统与 PLC 控制系统接口关系图

4. 结论

　　本研究从宏观需求入手，通过分析制造执行系统以及相关的国内外发展情况，引出国内高校引入基于 RFID 的 MES 试验系统进行试验教学的意义。接着介绍了本系统的相关知识并提出了 OEE 分析理论，为整篇论文打下坚实的理论基础。随后，结合实际的试验型数字化工厂提出基于 RFID 的 MES 试验系统模拟生产过程的应用方案，并从微观应用方面，结合用例图以及数据流图对试验系统的总体架构、操作流程、具体功能等进行分析与设计。根据前期对企业的调研，按照企业的功能需求文件，设计了每个功能模块所涉及的数据表，此外，还设计了 RFID 标签和下位机 PLC 等设备与上位系统的通信方案。最后在 Eclipse 开发平台上用代码加以实现。通过对该MES试验系统的设计，能充分模拟企业实际的生产加工情况，使学生通过对试验型数字化工厂的模拟操作，进而理解和掌握自动控制、位置控制、电机控制、气动控制、可编程控制器、触摸屏组态软件开发、传感器、机器人等机械类专业知识，符合相关课程试验教学要求。

5. 创新点

（1）建立了试验型的制造执行系统，为学生提供可模拟实际企业生产活动流程的上位系统，使得学生可以深入地掌握生产管理等相关的知识原理。

（2）运用了OEE理论知识，解决了在生产过程中由于机械设备运行效率不高而造成的生产成本增加的问题，为数字化试验工厂设备运行边际成本的降低提供了理论支撑。

（3）运用了RFID技术与OPC技术，实现了MES试验系统对物料信息与PLC等设备信息的跟踪，达到了实时跟踪生产过程的目的。

（4）采用了串口通信技术，解决了RFID标签信息与MES系统的通信问题。

6. 设计图或作品实物图

图4为基于RFID技术的MES试验系统。

图4　基于RFID技术的MES试验系统

铝合金脉冲激光 -MIG 复合焊接熔滴过渡及工艺特性研究

任学晶

北京工业大学　机械工程

1. 设计目的

铝合金作为一种新型金属材料,不仅具有密度小、高比强度等优点,还具有优良的导电性、导热性、低温性、耐腐蚀性、无磁性以及较好的疲劳强度和加工性能,是轻量化结构材料中不可或缺的一部分,同时在航空航天、汽车工业、机械制造、船舶、医疗器械以及化学工业等重要工业领域被大量应用。在以上诸多领域中,许多构件由铝合金实心或空心管材、薄板、中等厚度的板材和型材组合焊接而成。合金的广泛工程应用推动了铝合金焊接技术的快速发展,同时多种焊接技术的发展又拓展了铝合金的应用领域。2219 是 Al-Cu 系高强铝合金,因其高比强度、低温和高温下良好的力学性能、高断裂韧度以及抗应力腐蚀性能好等优点,被广泛应用于航天航空领域,尤其在燃料贮箱等重要结构领域中被广泛使用。与其他型号的铝合金相比,2219 铝合金不仅具有良好的焊接性能,同时在较宽的温度区间具有良好的力学性能,适用于在高温下工作的结构件、高强度焊接件,如火箭贮箱、导弹壳体等。其主要强化元素为铜、锰、锆、钛,铜元素在 2219 铝合金中的作用是使合金产生时效强化来增强其力学性能,其他的元素如锰,能够稳定提高铝合金的稳定性和塑性。在铝合金相关产品的生产和制造过程中,焊接工艺举足轻重。铝合金焊接极易出现焊接裂纹和气孔,焊缝强度损失大,因此研究铝合金高效且优质的焊接工艺一直是研究热点,具有十分重要的应用价值,从方法源头上抑制铝合金焊接缺陷,阐明其机理,具有重要的理论价值。本文将从激光电弧复合的角度出发,探究 2219 铝合金的高效优质焊接问题。

2. 基本原理及方法

本文研究脉冲激光 -MIG 复合焊接对熔滴过渡及电弧形态的影响,而焊缝成形是否良好,则取决于熔滴过渡,因此熟悉熔滴过渡的形式及熔滴过渡的原理是本文的基本理论。对于熔滴长大到一定尺寸,将从焊丝端部滴落至熔池。熔滴滴落时的尺寸以及在电弧空间中的运动都是受到各种作用力综合作用的结果。对于熔滴,其主要受重力、表面张力、电磁收缩力、等离子流力的作用,才会从焊丝末端脱落,进入熔池。对于熔滴过渡的形式,熔化极气体保护焊的熔滴过渡可分为自由过渡和接触过渡两种类型。自由过渡是指熔滴自由落入熔池而焊丝不与熔池接触的过渡类型。接触过渡是指焊丝端部的液态熔滴与熔池相接触而并最终脱离焊丝完成过渡。如果接触过渡时,焊丝通电,则称其为短路过渡。焊丝不通电时的接触过渡称为搭桥过渡。短路过渡中电弧交替燃烧熄灭，因而总体热输入量比较低，有利于减小焊接变形，控制焊接熔深。短路开始瞬间，焊接电流急剧上升，产生的电磁收缩力使熔滴发生缩颈，促使熔滴向熔池过渡。但短路液桥在大电流下积累大量能量进而发生爆破，产生焊接飞溅。

熔滴发生自由过渡依据熔滴过渡临界尺寸大小，还可分为大滴过渡、细颗粒过渡和喷射过渡。熔滴过渡频率随焊接电流升高而增加，因为焊接电磁力随电流增大而增大。但是当电流超过某一临界值后，熔滴过渡频率突然急剧增大，熔滴尺寸迅速减小到焊丝直径附近甚至更小。

3. 主要设计过程或试验过程

本文首先搭建了一个主要由焊接系统、激光发生传输及聚焦子系统、过程及数据采集子系统三个主要部分组成的试验系统，后续对 2219 铝合金的焊接研究过程都将在该系统中进行。我们选取厚 10mm 的 2219 铝合金进行焊接，在研究脉冲激光 -MIG 复合焊接过程中，为了研究脉冲激光的加入对 MIG 焊接中熔滴过渡及电弧行为的影响，首先进行了纯 MIG 焊接，试验初期，为了方便后续试验有效进行，节约时间与试验材料，先进行了电弧电压的尝试焊接试验，找到一个比较合适的焊接电弧电压。在此基础上，设定电压区间，在 MIG 焊接中，为了解不同参数对试验结果的影响，本试验采用单一变量的研究方法，分别研究了电弧电压、送丝速度、焊接方向对熔滴过渡过程的影响，通过高速摄像机实时采集焊接过程中的熔滴过渡过程，传输到计算机控制端，然后通过观察录像，分析了不同焊接参数对熔滴过渡的影响，然后进行归纳总结，并以此为对照，与后续的脉冲激光 -MIG 复合焊接得到试验结果进行对比，研究激光的加入对熔滴过渡的影响。而在脉冲激光 -MIG 复合焊接中，基于在 MIG 焊接中已经得到的试验结果，选取当中比较理想的试验数据进行复合焊接，研究了激光频率的加入对熔滴过渡及焊缝成形的影响，再对得到的焊缝从宏观和微观进行对比观察，得出结论。

4. 结论

本文针对 2219 铝合金焊接高效优质焊接工艺需求，提出小功率脉冲激光 -MIG 电弧复合焊接方法，重点分析了其中的熔滴过渡问题，研究了激光参数对 MIG 熔滴过渡和电弧形态的影响规律，并初步探究了这种方法的焊接工艺特性，取得的结论总结如下。

(1) 铝合金 MIG 焊接熔滴过渡形式主要由送丝速度和电弧电压决定。在焊枪倾斜条件下，焊接方向对电弧形态和熔滴过渡均有影响。电弧指向与焊接方向一致时，在短弧调节下，熔滴发生一种短路排斥过渡行为，即熔滴短路后瞬时被熔池"弹开"。而电弧指向与焊接方向相反时，短路过渡行为符合传统定义。在自由过渡条件下，电弧指向熔池，与焊接方向相背时，电弧有效空间增大，熔滴过渡频率增加。

(2) 附加激光脉冲到 MIG 电弧，可以显著压缩电弧弧长，电弧电压保持不变，焊接电流略微减小，这说明激光脉冲复合到电弧空间以后，改变了电弧静特性，电弧弧长相对于电弧电压的敏感度明显减小。这实际是拓宽了铝合金 MIG 焊接工艺参数区间，抑制了电弧电压波动对弧长稳定的影响，焊接过程稳定性提高。激光频率是激光压缩电弧效应的关键参数，激光频率由 50Hz 上升到 200 Hz，压缩效应显著增强，之后变化则不大。

（3）复合激光脉冲到 MIG 电弧空间，可以有效增加焊接熔深，大幅抑制焊缝气孔产生。初步研究表明焊缝熔深可增加到 75%，焊接气孔可减少 70%。后续试验可以深入研究这种积极的变化。

5. 创新点

（1）焊接过程中，进行了焊接方向的比较试验，发现在实际焊接中焊接方向对熔滴过渡有较大的影响，特别是短路过渡过程。当焊接方向向右，即电弧指向与焊接方向一致，背离熔池时，短路过渡行为与传统短路过渡并不一致，而是先接触短路再熔滴被迅速弹开的短路排斥过渡模式。焊接方向向左，电弧指向熔池时，熔滴短路过渡与常规熔滴过渡行为类似。

（2）采用小功率的脉冲激光来代替大功率激光，对焊接过程中激光能量的输入能有效控制能量的输入。

（3）对熔滴过渡过程的分析，不仅从得到的焊接录像进行分析总结，同时采集了电弧电压和焊接电流，进行进一步补充说明分析。

6. 设计图或作品实物图

图 1 为铝合金脉冲激光 -MIG 复合焊接试验系统。

图 1　铝合金脉冲激光 -MIG 复合焊接试验系统

汽车氧传感器组件压装及检测设备研制

甘海龙

浙江科技学院 机械设计制造及其自动化

1. 设计目的

汽车氧传感器作为汽车电喷发动机控制系统的关键零部件,其质量显得尤为重要。然而,国内的氧传感器往往由人工组装,人工组装生产效率低下,工资逐年上涨,企业生产成本过高。人工生产出的氧传感器一致性也难以保证,产品质量参差不齐,困扰着企业与用户。因此,本文针对以上问题设计了这台设备。该设备通过步进电机驱动机械手,实现自动化进出料;安装压力传感器调节压装压力,实现压装过程参数可调;使用气密性检测仪检测产品,保证产品的质量。

2. 基本原理及方法

(1) 实地考察法:设计前,首先到汽车氧传感器生产企业进行实地考察,了解氧传感器的构成与相关生产工艺。然后到氧传感器生产车间,了解操作员的工作环境。通过询问操作员和观察实际生产环境,确定了本台设备的占地面积和设备高度。最后确定产品进料方向与出料方向。

(2) 文献收集法:通过查阅相应的标准件有关书籍,了解到各种标准件的选型方法和使用场合以及标准件的优点与缺点。这有助于对设备机械结构的优化设计,同时能更好地考虑到系统的合理性与实用性。通过查阅工业传感器相关书籍,可以了解传感器的功能,学会选择与使用合适的传感器。通过查阅 PLC 用户手册,可以学习到各种指令,以帮助完成设备的电气编程。

(3) 定量定性分析法:通过计算、定量分析气缸伸缩速度与负载的关系,完成滚珠丝杆的选型等,分析设计的合理性。同时分析设备的成本,优先选择价格低、品质好的标准件。

(4) 模拟法:通过 SolidWorks 绘制设备的装配图。对设备干涉、机构运动进行仿真模拟,分析设备运行过程,考虑实际中可能发生的问题,对设备进行修改。

(5) 烦琐事物简化法:设计过程中,首先将设备功能进行分类,包括进料功能、压装功能、移载功能、检测功能、出料功能。按各个功能的重要性确定设计的顺序:压装工站→检测工站→进料工站→出料工站→移载工站。接着为每个工站分配空间,然后使用 SolidWorks 进行三维建模。

3. 主要设计过程或试验过程

首先分析设备要实现的功能：汽车氧传感器组件自动进出料；设备自动压装氧传感器组件；氧传感器组件在压装工站与检测工站自动移载；设备自动检测氧传感器的气密性。针对设备的四个功能，设计相应的工站实现功能。

1）进出料工站

当设备工作时，进料工站自动从钣金料盘中夹取汽车氧传感器组件，放置于压装工站。一个钣金料盘上放置着 100 个汽车氧传感器组件，因此夹爪的夹取位置多种多样。气缸只能满足两点之间的线性移动，故只能选择电动执行器。一般电动执行器选用步进电机控制系统或者伺服控制系统。由于进料机构定位精度要求不高，所以电动执行器确定为步进电机驱动系统。取放料时，PLC 发出脉冲信号控制步进电机转过相应的步距角，使机械手定位在目标位置上，实现多位置取料与放料。

2）压装工站

压装工站需要提供 3t 的压力，达到压装汽车氧传感器组件、铆封六角座的目的。当压力过小（压力小于 3t），六脚座会铆封得不好，汽车氧传感器中粉块的密度过低及氧传感器的气密性较差，导致汽车氧传感器整体质量不佳。压力过高（压力超过 6t），容易压坏氧传感器组件中的感应片芯，使传感器失去功能。压装过程中压力、速度都极为重要，因此选择控制性能更为优越、精度更高、转矩更稳定的伺服驱动系统作为执行器。另外，安装了压力传感器，实现在压装过程中对压力的监控。

3）移载工站

移载工站的作用是将汽车氧传感器组件从压装工站移动到检测工站，属于两点之间的线性移动，对移动速度没有特殊要求。选用气缸作为执行器，具有成本低廉、反应速度快、移动迅速、工作环境适应性好、易于维护和更换的优点。

4）检测工站

检测工站中检测功能依靠气密性检测仪实现。选用气缸作为执行器，在气密性检测时，气缸伸长压住汽车氧传感器，起到固定作用并形成一个密封腔。检测时，气密性检测仪向密封腔内通气并测量气压，然后停止通气等待一定时间再次测量气压，对比气压改变得出气体的泄漏量。气密性检测完毕后，气缸收回，氧传感器被出料机构取走，放到钣金料盘中。

完成设备主体部分设计后，对设备机构进行优化，设计保护机架、亚克力板、设备操作界面，进一步美化设备外观。设置安全门，以方便设备的维护与调试。

4. 结论

本台设备为一台非标自动化设备，设备用到了可编程控制技术、气动技术、电动技术等。设计本台设备的主要目的是帮助企业降低生产成本，提高氧传感器生产效率，保证氧传感器质量的稳定性。设备实现的功能有：①自动化夹取汽车氧传感器组件；②自动压装汽车氧传感组件；③自动检测压装后成品的气密性；④对气密性合格品与气密性不良品进行自动化分类。本台设备选择步进电机、伺服电机与气压作为动力，同时使用光电传感器和磁性开关来检测信号，利用气密检测仪进行气密性检测，安装压力传感器来确保压装时的压力。同时，设备设置了触摸屏，以提高人机交互性；安装铝型材保护架与透明亚克力板，既使设备变得更加美观，也显著提高了设备的安全性。本次设计中还涉及了许多标准件的选型与使用，包括气缸、滚珠丝杠等。目前设备已经成功研制，并正在帮助企业生产，但许多细节依然没有考虑到，许多机构仍有很大的改善空间，我会继续努力，不断提高设计能力。

5. 创新点

（1）设备实现自动化取料，代替工人手动上料，防止工人因操作失误造成产品损坏或者自身损伤。

（2）压装工站安装压力传感器，搭配压力显示器使用，可以了解压装过程中的压力大小与压力变化情况。

（3）检测工站安装下压气缸。气缸自动下压氧传感器，使氧传感器与气缸之间形成一个密封腔，便于后续检测。

（4）气密性检测仪器与光电传感器搭配使用，自动检测氧传感器的密封性。

（5）出料机构根据检测结果，将合格品与不良品分区域放置，避免工人失误造成分类错误。

6. 设计图或作品实物图

图 1 为设备三维设计图。图 2 为设备实物图。

图 1　设备三维设计图

图 2　设备实物图

低成本快速出线打草头机构

黄子寅

上海交通大学　机械工程

1. 设计目的

传统敲地式打草头存在因敲地出线方式带来的操作复杂、劳动强度大、磨损严重、机器负载损伤大、无法控制出线长度等问题。本项目致力于改进出线方式，根据打草头绳长自动控制出线进程，进而达到简化操作、降低劳动强度、减轻磨损、减轻机器负载、定长出线的目的。

2. 基本原理及方法

基于传统打草头的结构，参照发动机中的分油活门转速控制机构，改进出线方式，实现定长自动出线。根据角动量守恒定律，割草机引擎工作功率不变时，打草头绳长在工作过程中磨损变短，其转速逐渐升高。此外，打草头打草时转速低于未打草空转转速。

由此引入转速控制机构，参考分油活门的离心飞重设计，演变为杠杆飞重下压机构。打草头打草绳磨损变短，其转速升高，杠杆飞重离心力增大，并绕所设转轴转动，逐步下压下部装有弹簧的线轴。转速越大，离心力越大，线轴被下压距离越大。当线轴被下压到一定距离时，与底座的传动断开，形成转速差，进而相对于底座旋转出线。出线过程，打草绳长度增加，打草头转速下降，离心力减小，线轴被弹簧回弹。线轴回弹至与底座恢复转动连接，转速也下降至正常转速，杠杆飞重回归初位置，打草头完成定长出线过程。预设转速高于未打草空转转速，且高于打草时工作转速，出线过程是在未打草时完成，所以正常打草时不会达到预设出线转速。

3. 主要设计过程或试验过程

主要设计结构分为五大结构：顶盖、离心飞重结构、线轴、底座和预紧机构。

（1）顶盖的设计主要是基于传统打草头的设计，但与传统打草头不同的是，顶盖上固连中心轴，方便底座底部开孔连接预紧机构；为了使整个打草头与打草机牢固连接，顶盖上中心开有与打草机转轴配合的螺孔，旋入转轴即可牢固连接；为了减轻线轴对于离心飞重机构的压力，也为了控制整个机构的出线，顶盖上还有限位装置与中间的线轴配合，限制线轴进一步上升；最后，底盖还设计有一对基座来固定离心飞重机构，基座和中心轴的距离通过计算可以精确得出。

（2）离心飞重结构是本设计的最大创新点，也是设计的难点，本结构参照了分油活门的转速控制装置，采用两个直角金属杆件作为离心飞重，中间开有孔，通过螺母与螺栓固定在顶盖的基座上，高速旋转时，围绕螺栓旋转，从而下压下部的线轴，达到设计目的。

（3）线轴的设计也是在传统打草头设计的基础上进行了一个改进，主要改进的地方有两点：①将线轴上部增加了一圈限位板，来与顶盖上的限位装置进行配合；②线轴底部四周设计有四个立方体凸起，与底座的凸起进行配合，达到定长出线和控制出线的目标。另外，线轴中心的通孔也采用阶梯孔的形式，为的是与弹簧的尺寸能够配合。

（4）底座的设计虽然出线孔和与顶盖的连接扣件与传统打草头大致相同，但与传统打草头相比也改变了很多。由于中心轴移到了顶盖上，所以底座底部开有螺纹孔与预紧装置配合，螺纹孔的大小也是基于弹簧尺寸的大小；底座内壁上设有与线轴凸起相配合的交替立方体凸起，凸起的高度也是通过计算严格设计的，从而与上面的离心飞重和中心的弹簧进行配合。

（5）预紧机构也是引入的第二个创新机构，本机构外表面设有螺纹与底座的螺纹孔配合，底部有六角形孔，装配人员可以通过内六角扳手将其旋入底座的螺纹孔中；预紧机构上部有圆槽，以防与顶盖的中心轴产生干涉。

试验过程主要有两个：①满功率空载割草机在不同绳长时的转速测量试验，试验内容是在打草机满功率空载的情况下，改变打草绳伸出打草头部分的长度，依次剪短固定的长度，利用激光测速仪测量打草头的转速。通过试验发现绳长对于打草头转速的影响较大，且呈负相关关系。②比较割草机工作时与空载时的转速差试验，通过试验发现空载转速要远比打草时的转速高。这两个试验验证了高转速出线的设想，符合设计预期。

4. 结论

在整个设计过程中，巩固了 SolidWorks 建模软件和 Matlab 软件的应用，学习并掌握了 ANSYS 有限元分析方法和 ADAMS 动力学仿真方法，通过多次方案的斟酌和对比，最终选取效率和稳定性较高的打草头设计，基本满足企业要求，解决了目前市面上绝大多数打草头出线操作复杂、劳动强度大、机器损伤大等问题。

与现有技术相比，本产品实现的功能主要体现为以下几点：①改进了敲地式打草头的烦琐的出线方式，实现依据工作过程自动出线，且不会影响正常工作过程；②实现了定长出线，每次达到出线转速时，出线长度一定，保证工作效率并节省材料；③有效控制生产成本，通过创新性的机械结构设计，保持产品市场竞争力；④针对不同割草机做出兼容性设计，调试过程简单有效。

总的来说，通过本次设计，进一步培养了自己结合机械理论和生产实际知识解决工程实际问题的能力，设计出一款全新的低成本快速自动出线打草图机构。

5. 创新点

（1）离心飞重式工作原理——本新型打草头在转速控制下自动出线，避免由于巨大敲击产生的振动而导致的损害，提高了产品的稳定性和安全性。

（2）线轴的限位机构——该设计可以使弹簧施加给线轴的力均匀作用在限位机构上，

而不是离心飞重杠杆结构上，避免杠杆结构和支座受力过大而损坏。

（3）线轴及底盖上的凸起结构——该设计使得单次出线长度一定，保证打草头出线效率并节省材料。

（4）弹簧预紧机构——通过调节弹簧预紧机构至不同的位置，本新型打草头可针对不同型号的割草机做出兼容性设计，调试过程简单有效。

6. 设计图或作品实物图

图 1 设计的打草头三维模型。

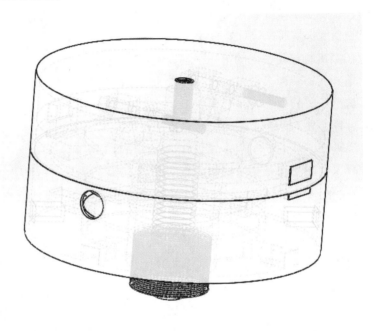

图 1　设计的打草头三维模型

基于激光干涉仪的机床几何精度测量研究

楚晓扬

浙江理工大学 机械设计制造及其自动化

1. 设计目的

考虑到数控机床在制造业已经是不可或缺的一环，而数控机床的加工精度是最重要的评价性能指标之一。本设计旨在通过建立相应的数控机床综合几何误差模型、几何误差辨识和分离模型，然后通过试验得到的数据来获悉某数控机床运动精度的具体情况，依此评估机床工作能力和效率，并通过建立加工形貌仿真计算模型，计算模拟获得实际的加工表面，根据总结加工表面平面度的分布规律，为以后进行数控机床的误差补偿做铺垫。

2. 基本原理及方法

要完成对机床几何精度的研究，首先建立综合几何误差模型：对数控机床的多体系统的拓扑结构的分析，建立数控机床运动传递的拓扑结构链，建立低序体阵列。利用齐次矩阵的形式构建相邻结构体之间的体间综合变换阵，完成综合几何误差的建模。之后基于多体运动学理论，假设刀具的齐次坐标，根据相邻体间综合变换阵，构建刀具相对于工件的坐标运动变换方程。

要实现对机床的几何误差进行精确地评估，就要对机床运动时的综合几何误差进行辨识和分离。利用 12 线法理论，将综合几何误差分离为定位误差、俯仰和偏航误差、直线度误差、滚转误差和垂直度误差等，共 21 项几何误差，并根据几何学、微积分等数学知识依次构建误差的测量与辨识计算模型。

基于多体系统运动学理论建立的综合几何误差模型，取 $z=0$ 的水平工作台为待加工面，然后分别建立刀具相对于工件的实际和理想运动变换方程，通过求差得到刀具相对于工件坐标系内的 Z 向的误差运动方程，建立 Z 向加工面的形貌仿真模型。为了能够得到仿真加工面的平面度更精确的变化规律，对下一步机床几何误差的补偿工作做铺垫，采用最小二乘法来拟合仿真平面，即建立刀尖误差 Δz 和坐标 x、y 的线性方程，利用矩阵的逆运算完成线性方程系数的求解，从而得到坐标 x、y 对应的拟合函数，用于描述最小二乘仿真面。

3. 主要设计过程或试验过程

（1）2016 年 12 月至 2017 年 2 月，开始设计之初，筛选了 20 余篇论文或学术期刊，用于了解本设计的研究发展现状和理论知识。之后将资料重点放在 12 线法理论相关文献上。最后选定 12 线法理论作为本设计的几何误差辨识理论参考，在此基础上反复研读了运用此理论的多轴数控机床研究文献。

(2) 2017 年 2 月至 2017 年 3 月，在掌握多轴数控机床 12 线法理论的同时，完成了对数据软件 Matlab 的相关功能的学习，耗时约为 4 周。参阅目前已经成熟的数控机床的综合几何误差的建模方法，本设计选用目前国内研究体系最成熟的建模方法：基于多体系统的运动学理论建立的综合几何误差模型。尝试分析机床拓扑信息，采用低序体算子建立通用的多轴机床的低序体阵列体系。并采用齐次矩阵的描述方式表示相邻结构体之间的运动变换阵，为实现综合几何误差的建立提供了依据。选刀具为运动链起点，工件为终点，在综合几何误差的模型上来表述刀具相对于工件的坐标运动变换方程。之后选定 VM1000 立式铣床为对象，考虑到其为 FXYZ 结构形式的三轴机床，描述了其拓扑结构链，推导了任意相邻体间的特征变换阵，整理成表，建立了具象的综合几何误差模型。设定运动链起、终点刀具与工件的坐标，根据建立的综合运动变换阵完成刀具相对工件的运动变换方程。以 VM1000 立式铣床为分析对象，对综合几何误差进行了辨识与分离。将综合误差依据 X、Y、Z 轴的运动形式分解为 21 项几何误差，即分别沿 3 个轴运动时的 3 项位移误差和 3 项角误差以及 3 轴之间的 3 项垂直度误差。按照定位误差、俯仰与偏航误差、直线度误差、滚转误差以及垂直度误差的顺序完成几何误差的辨识建模。

(3) 2017 年 3 月至 2017 年 4 月，选定 VM1000 立式铣床，以 $z = 0$ 时的 XOY 面上的刀尖点的 Z 向运动情况为对象，结合建立起的刀具相对于工件的坐标变换方程，求取其误差运动变换模型，最终建立起关于坐标量 x、y 的误差函数 $\Delta z(x, y)$。基于 Matlab 编写 12 线法的几何误差辨识及加工形貌仿真系统。

(4) 2017 年 4 月至 2017 年 5 月，选取 VM1000 立式铣床为试验对象，利用安捷伦公司型号为 5519A 的激光干涉仪进行几何误差测量试验。设计试验方案，选定测量空间，选定测量原点模拟 12 条待测量线路，模拟每条线测量点数和往复次数。试验获得每条线的 5 组数据以相同的格式保存在文件中。试验结束后，将保存的数据经过开发的系统进行辨识和计算，得到各项几何误差数据，完成既定加工面的形貌仿真。考虑到加工面形貌仿真不能精确直观地体现加工面的平面度的变化规律，故采用了最小二乘法对既定加工面进行拟合。

(5) 2017 年 5 月，撰写论文。

4. 结论

分析 VM1000 立式铣床的 FXYZ 结构，基于多体系统运动学，利用低序体工具完成综合几何误差模型，建立了刀具相对于工件的运动变换方程；完成了 12 线法理论的几何误差辨识模型；基于相对运动变换方程，建立了既定加工面的形貌仿真模型。基于以上模型理论，利用 Matlab 开发编写了一套用于检验评定数控机床的原型系统。结合利用 12 线法理论的测量试验获得的数据，该系统能够计算出 21 项几何误差项，一方面可以检验模型建立的正确性和开发系统的可行性，另一方面用于评估数控机床的加工精度和效率，而且此系统能完成既定 $z=0$ 的 XOY 加工面的形貌仿真要求，并获得仿真面的加工造成的平面度规律，为以后的机床误差补偿奠定了方向。以 VM1000 立式铣床为例，经设计试验而获得的数据通过本设计的原型系统得到的 21 项几何误差都在合理的加工误差范围内，证明本系统的可行性，也体现了本机床的加工精度足以保证一般零件的加工要求。

5. 创新点

（1）利用多体系统运动学理论建立的运动变换方程，对除垂直度误差之外的 18 项几何误差进行 N 次多项式拟合，建立刀具相对于工件的实际变换和理想变换方程，将拟合后的 21 项误差代入变换方程，得到刀尖点的运动误差轨迹方程，完成对既定加工面的形貌仿真。由于拟合后的 21 项几何误差更能反映一般的误差变化规律，所以依此得到的运动误差轨迹更具概括能力。

（2）由于 (1) 中获得的仿真形貌所体现的既定加工面的平面度变化规律不规则、不直观，不能对机床工作精度清晰地评定，不利于机床误差的误差补偿，故采用最小二乘法对加工面形貌进行拟合，能够有效获得机床加工面的平面度的总体变化趋势，为下一步的机床误差补偿提供方向。

（3）开发了基于 Matlab 的 12 线法的几何误差辨识与加工形貌仿真系统。

6. 设计图或作品实物图

图 1 为系统总界面。图 2 为数据输入子界面。

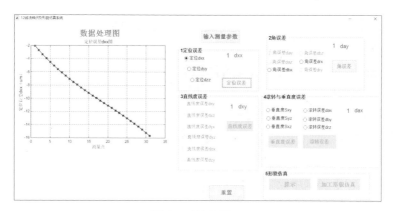

图 1 系统总界面

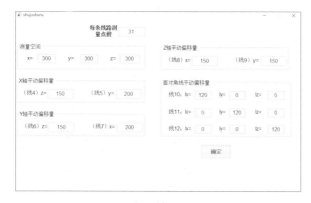

图 2 数据输入子界面

基于 Leap Motion 的智能工具车系统设计与开发

罗　强

北京工业大学　机械工程

1. 设计目的

针对工厂环境，设计开发出一套智能工具车系统，利用 Leap Motion 传感器作为媒介，实现工人与智能移动工具车之间的实时交互。通过手来传达信息、发出指令，实现工人与智能工具车系统的人机实时交互。设计六个智能工具车控制指令，分别为前进、后退、向左转弯、向右转弯、启动 / 暂停和速度控制指令。通过本套智能工具车系统，工人可以通过手势遥控智能工具车将工具箱搬运到指定的地点，减少工人由于频繁寻找工具而造成的工作时间的浪费，提高工作效率。

2. 基本原理及方法

（1）差速移动：本课题设计的智能工具车的驱动模块采用差速式移动结构，采用两个直流伺服电机分别驱动两个主动轮的方式实现了对智能工具车运动方向和运动速度的控制。

（2）滚动摩擦力矩：圆柱沿平面滚动时阻力矩为 $M = NK = Fr$。其中，N 为圆柱对平面的正压力，K 为滚动摩擦力臂，F 为驱动力，r 为圆柱半径。

（3）剪叉机构：本课题中采用两个 X 形的剪叉机构，通过电机驱动丝杠螺母，螺母带动滑块运动，滑块带动剪叉机构开合，实现智能工具车底盘的升降，从而实现了智能工具车主动运动和被动运动两种工作模式的转换。

（4）人机交互：本课题中采用 Leap Motion 传感器采集工人的手部信息，用于控制端获得人的指令信息。采用基于 Visual Studio 开发的可视化窗口，将手势指令信息和智能工具车的工况信息反馈给工人，方便工人对智能工具车实现精准控制。

（5）红外传感和双目定位：Leap Motion 传感器中有三个 LED 摄像头用于红外测距，配置有两个 CCD 摄像头用于采集手等目标物体的三维坐标信息。

（6）TCP/IP 通信：本系统的指令传输通道和视频信息传输通道采用 TCP/IP 协议构建。

（7）数据传输的暂停与续传的实现：本课题中基于 TCP/IP 协议，设计了视频传输的暂停和续传功能。其基本原理为：当需要暂时切断视频传输数据时，保留监听套接字，移除通信套接字。在需要续传视频数据时，基于原先建立的监听套接字，建立视频传输套接字，实现视频数据的继续传输。

3. 主要设计过程或试验过程

1) 设计过程

本课题的研究过程主要由以下四部分构成。

（1）智能工具车机械机构设计，其中重点为底盘模块的设计。底盘模块设计步骤如下。

第一步：通过查找资料，了解差速式移动机器人的组成和工作原理；

第二步：选购工具箱和智能工具车骨架；

第三步：设计出本智能工具车的底盘模块，建立三维模型，绘制工程图；

第四步：完成底盘模块的加工和装配。

（2）基于 Leap Motion 传感器的人机交互系统设计。具体步骤如下。

第一步：通过查找资料，了解 Leap Motion 传感器的构成和工作原理；

第二步：根据所查资料，结合智能工具车本身的运动需求，本着操作便利的原则，分别设计出能够指挥智能工具车启动/暂停、前进、后退、向右转弯、向左转弯、速度控制等手势；

第三步：编写 C++ 程序，实现 Leap Motion 传感器对所设计手势的识别。如果在编写程序的过程中发现已设计的手势识别不够便利等，则返回第二步；

第四步：设计人机界面，编写基于 MFC 的 C++ 程序，实现 Leap Motion 传感器识别到的手势能在对话框中以图画的形式表达出来，如果在编写程序的过程中发现已设计的手势识别不够便利等，则返回第二步。

（3）基于 Wi-Fi（TCP/IP 协议）的指令数据和视频数据传输通道的建立。具体步骤如下。

第一步：通过查找资料，了解 TCP/IP 协议的主要概念及实现方式；

第二步：编写 C++ 程序，实现控制端与执行端上位机之间数据的传输；

第三步：在 MFC 中实现控制端与执行端上位机之间指令数据和视频数据的传输。

（4）应用程序可移植打包输出。为拓宽智能工具车系统的应用领域，提高程序移植效率，本课题将程序打包并以安装包的形式输出。

2) 试验过程

（1）手势指令可靠性测试。操作员站在操作台前，智能工具车置于操作台旁边，操作员将右手放在 Leap Motion 有效工作范围内，在位置模式和速度模式下，对本课题设计的六个手势指令进行可靠性和稳定性验证。针对每个手势指令，都进行了 50 次测试试验，并记录测试结果，如图 1 所示。

（2）工厂环境系统整体性能测试。在北京工业大学汽车结构部件先进制造技术教育部工程研究中心，操作员在执行端返回视频传输信息的辅助下发出手势命令，遥控工具车依次通过 A、B、C、D 四个指定点，如图 2 所示，用视频记录智能工具车的运动过程。

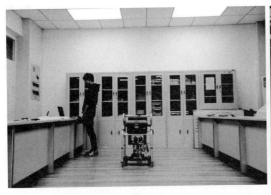 

图 1　手势可靠性测试试验　　　　　　图 2　工厂环境系统整体性能测试

4. 结论

(1) 本课题通过手势可靠性测试试验和工厂环境系统整体性能测试试验验证了课题设计开发的智能工具车系统能够满足设计任务要求，机械结构在试验中运行平稳，实现了生产环境下工人与智能工具车的人机交互、远程操控智能工具车、实时观测工具车周围环境视频信息等功能。

(2) 基于 Leap Motion 设计的六种手势指令（前进、后退、向左转弯、向右转弯、启动/暂停和速度控制）可读性高、读取稳定，能够满足智能工具车在生产实际中的遥控需求。工人通过安装在操作台的 Leap Motion 传感器能够远程操控智能工具车，使其到达工厂中的绝大部分位置，帮助工人搬运工具。

(3) 本套智能工具车系统的使用能够起到方便生产、减少工人工作负荷、减少工时浪费、提高生产过程的趣味性、舒缓工作情绪和缓解工作疲劳的作用。

(4) 本课题的研究成功地把人工智能引入辅助生产制造领域，构建了智能制造的新分支，拓宽了机器人的工程应用范围。

5. 创新点

(1) 新型智能工具车：工具承载量大，控制方便，实现工具车主动模式与被动模式的转换，其中驱动模块机械结构简单、拆卸方便，适用范围广。

(2) 建立机器人研究新方向——工业服务机器人：本课题结合工业需求和服务型机器人设计理念，融合工业机器人和服务机器人特点，设计开发出应用于工业生产的智能工具车。

(3) 控制方式创新：本课题将 Leap Motion 开创性地应用于生产实际，利用手势命令远程控制智能工具车，实现人 - 车实时交互。

(4) Leap Motion 传感器使用方法创新——工作区域的漏斗化、分层化和叶扇化：本课题首次提出将 Leap Motion 传感器的工作范围根据设计需要提取出中心漏斗形空间、分层，逐层叶扇化，完成区域划分，如图 3 所示。

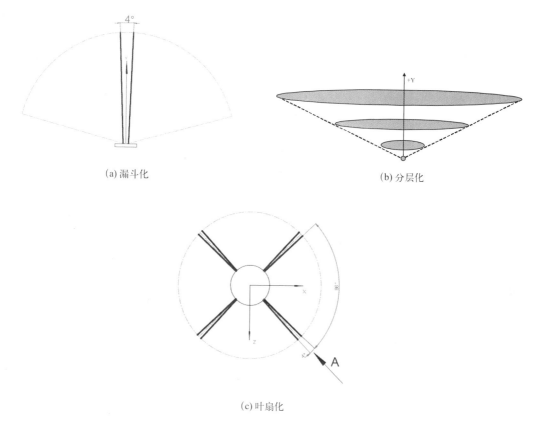

(a) 漏斗化　　　　　　　　　　　　　　(b) 分层化

(c) 叶扇化

图 3　使用方法创新示意图

（5）开拓趣味性工作新模式：手势命令控制智能工具车的方式，提升工人工作过程趣味性，舒缓情绪，起到缓解工作疲劳的作用。

6. 设计图或作品实物图

图 4 为基于 Leap Motion 的智能工具车实物图。

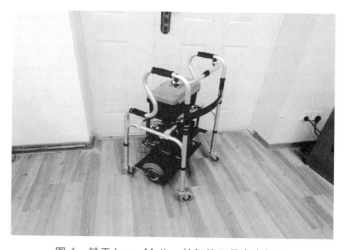

图 4　基于 Leap Motion 的智能工具车实物图

船用起锚机液压马达测试平台设计

王 睿

江苏大学 机械设计制造及其自动化

1. 设计目的

在液压传动中，低速大扭矩液压马达由于具有转矩大、良好的低速稳定性等特点，被广泛地应用于船舶机械上。舰艇上的舰锚机采用液压马达作为执行元件来进行正常的抛锚与收锚工作。而马达实际所处的恶劣工作条件以及大负载工况会造成马达在实际工作时产生各种故障，因而船企需要对故障马达进行修理，同时企业需要对维修后的马达进行各种性能测试，使其在修理后能够继续满足使用需求。因此，企业需要相应的马达测试平台来检验马达维修后的质量。

2. 基本原理及方法

在本项目中，针对低速大扭矩液压马达的运行特性，设计了对应的液压测试平台。根据马达工况和系统要求计算出了相关液压参数，根据这些参数初选系统压力、流量和执行机构规格等。然后分析系统对液压马达具体的动作要求与测试项目，再根据这些进行液压系统原理图的设计。其中，加载部分选用了测功机设备对液压马达进行扭矩加载。同时，利用三台定量泵结合比例控制技术对系统进行速度调节。另外，系统中设计了旁路冷却系统对油液进行降温冷却，以保证系统正常工作。根据前面的工况和液压系统原理图，结合实用性、经济性、特殊性的原则来选择液压系统各种元件。通过 AMESim 软件对液压系统进行模拟仿真。AMESim 软件为设计人员提供便捷的开发平台，实现多学科交叉领域系统的数学建模，能在此基础上设置参数进行仿真分析。AMESim 软件在工程系统尤其是液压系统的建模及仿真分析中应用广泛。该软件各模型库中的模型都经过了严格的测试和实例验证，这使得用户可以直接选用模型进行快速建模仿真分析和优化设计，能减少开发成本，缩短开发周期。最后，结合实际液压工程中的配管、管路布局等原则，在原有试验台基础上搭建了液压马达测试平台。

3. 主要设计过程或试验过程

本课题来源于中国人民解放军四八〇五工厂镇江修船厂。针对起锚机测试平台，开展测试系统各组成部分原理及关键技术的研究与设计，用于起锚机液压马达维修后的性能测试，达到为企业开发起锚机液压马达维修测试平台，并提供故障诊断依据的目的。在具体设计之前，首先要做些相应的准备，包括实地考察起锚机液压马达的工作环境、工作条件，并且获得被测试马达相关的参数。然后进行方案设计计算，主要内容如下。

（1）分析起锚机液压马达的型号规格以及主要参数，拟定马达测试系统主要参数。参照马达元件的国家测试标准结合工程实际的指标要求，确定马达测试试验内容。

（2）在分析常见马达液压驱动系统与马达加载系统技术方案的基础上，结合起锚机液压马达试验特点，对技术方案进行比较论证，选择合理的加载方法与调速方法，完成整个测试系统原理设计。

（3）拟定并且完善起锚机液压马达测试平台制造方案，包括液压元件的选型设计和整体的装配方案。

（4）在完成液压原理的设计以及系统元件的具体选型后，通过 AMESim 软件对整个系统进行仿真模拟，为系统的设计提供参考依据。

（5）完成测试台系统整体的样机设计。

4. 结论

本课题来源于中国人民解放军四八〇五工厂镇江修船厂，有较强的实际意义。根据企业需求，针对液压马达中的低速大扭矩液压马达设计马达试验台，供船舶企业用来检测马达维修后的性能。马达测试台的使用，可以改变以往企业低效的测试手段，不必将马达安装于船舶上实地检测，提高了维修效率和质量，也缩短了维修周期。论文中拟定了起锚机马达测试台整体设计方案。特别地，液压系统采用了不同于以往的加载方式与调速方法。系统中利用测功机进行扭矩加载，同时采用定量泵与比例节流阀结合的调速方法。另外，利用 AMESim 仿真软件，对液压元件进行了建模，并搭建了仿真系统模型。利用仿真软件的优势，调节不同的参数，使马达工作于不同工况下，观察其转速、压力变化情况。通过 AMESim 仿真软件从原理上验证系统原理的可行性，并且从另一个方面验证了系统选型的正确性。

5. 创新点

（1）系统中创新性地使用了测功机作为扭矩加载的设备。与减速箱配合使用后，测功机能较好地满足起锚机液压马达工作时转速低、转矩大的特点，而且加载精度高，运行状态稳定。另外，将测功机与相关的测控仪配套使用，能够实现对系统扭矩加载的实时控制，并且能及时地获取马达转速、转矩等重要参数。

（2）设计起锚机马达测试台调速方案时，结合了比例控制技术，使用比例节流阀对流量进行调节。定量泵结合比例阀的调速方案，使得系统能够在有级调速与无极调速两种模式间切换，这也增加了系统流量调节范围。同时，使用比例阀比传统马达测试台中使用普通流量阀拥有更高的精度，测试台对流量的控制更加精准，整个测试试验精确度更高。

（3）区别于传统马达测试台中将冷却器安装于主油路中的设计方法，本项目中特别地设计了独立的旁路冷却系统。旁路冷却系统的工作不受主油路的影响，在主油路故障或停止工作时，冷却系统仍然能够起到降低油液温度的作用，这极大地提高了冷却系统的工作效率，也保证了冷却系统的运行稳定性，为系统的正常运行提供保障。

6. 设计图或作品实物图

图 1 为整体样机液压泵部分。图 2 为测试台整体外观。

图 1　整体样机液压泵部分

图 2　测试台整体外观

深井式立体智能车库梳叉式横移系统的设计与仿真

倪 莎

南华大学 机械设计制造及其自动化

1. 设计目的

（1）以深井式立体智能车库为研究对象，设计一种梳叉式横移系统，能够方便快捷地存取车辆，并保证其运行中的平稳性、可靠性与安全性。

（2）对升降横移系统进行功能设计、结构设计、强度和刚度校核，验证设计和运行的可行性；运用 ADAMS 软件进行机构运动学建模及动画模拟仿真分析，从而对横移系统中的各种动力学性能进行有效评估，快速分析设计方案。

（3）利用 ANSYS 软件对存车装置中的存车架进行静力学分析，经校核，其钢结构系统满足设计要求，提升重量性能比，保证车库运行的安全性和稳定性。

2. 基本原理及方法

（1）借鉴垂直升降式停车库的特点和优势，并根据城市地下空间施工和运行的实际情况，研发了基于左右两侧存取车方式的一种新型立体停车库——深井式立体停车库。

（2）深井式立体智能车库主要采用可编程序控制器（PLC）作为主控单元进行智能控制系统的设计。采用主、从站和监控站的控制组合，并辅以现代传感器技术，具有高性能、高可靠性和高智能化的特点。

（3）本车库采用齿轮齿条与液压的组合提升方式，以液压系统作为动力装置，提供动力，齿轮齿条机构的啮合来实现平台的升降。

（4）车库升降系统采用自行式升降平台，即平台升降的动力装置和传动机构均安装在平台桁架结构内部，只需在地面进行指令控制，便可自行在立体车库地下随平台上下运动，从而完成存取车动作。

（5）根据多体动力学理论分析，运用 ADAMS 软件进行虚拟样机模拟，通过建立多体动力学模型和虚拟试验，对横移平台存取车过程进行机构运动学建模以及仿真分析。

（6）运用 ChinaMachine 软件对横移小车减速齿轮进行几何参数设计计算与强度校核，对重要螺栓组进行强度校核。

（7）运用 ANSYS 软件对横移平台及存车架进行结构静力学分析、校核与计算，提升机构重量性能比，不仅确保了本设计的安全性与可靠性，而且简化了计算过程，提高了计算精度。

3. 主要设计过程或试验过程

（1）介绍了深井式立体智能车库的功能和结构组成，对车库的运行原理和升降系统进行了简要概述，并对比其他机械式立体车库，突出了深井式立体智能车库的优势。

（2）对梳叉式横移系统进行功能设计，并应用 ADAMS 软件对横移系统横移平台存取车过程进行运动学建模分析及动画仿真。对升降平台内的横移系统的顶升、横移、下降、回位四个过程进行参数设计及建模分析，以地面为基准，定义滑移运动副，驱动类型选用位移驱动，定义时间、步数和驱动函数等。

（3）根据深井式立体智能车库梳叉式横移系统的整体结构设计与功能介绍，重点叙述了横移系统存取车的工作原理：置于升降平台内的液压系统动力源提供横移动力，经中间传动系统，驱动顶升电动缸实现横移平台的顶升，从而使横移平台与存车架存在一定高度差，再驱动横移平台横向移动，使车辆停留在存车架上；然后，驱动顶升电动缸复位，横移平台降至低位，反向横移，回到升降平台上。取车则与上述过程相反。

（4）在上述基础上，详细介绍了横移系统的组成结构，并进行了一系列的相关参数计算。重点针对横移液压动力系统的工作原理及其特点，选用径向球塞轴转液压马达和 INM05-110 径向柱塞式液压马达，利用机械设计软件 ChinaMachine 对减速箱齿轮和重要螺栓组强度进行校核。

（5）对存车装置整体结构及存车平台导轨、存车架、调整用 H 形钢组件、安装调整支座进行了具体设计与分析。

（6）运用 ANSYS 软件对横移平台及存车架进行结构静力学分析、校核与计算。

4. 结论

随着中国人口和汽车拥有量的正增长及可用土地资源的负增长，停车难的问题不可避免地成为制约城市建设和经济发展的关键因素。

与传统机械式立体停车设备相比，本课题研究的深井式立体智能车库建于地下，具有占地面积小、空间利用率高、安全性能高、存取车效率高、智能化程度高、造型美观等优点，因此发展地下车库是社会高速发展的必然趋势。

应用传统方法，即 ChinaMachine 软件对横移小车减速齿轮进行几何参数设计计算与强度校核，对重要螺栓组进行强度校核。采用现代设计方法，运用 ADAMS 软件进行虚拟样机模拟，通过建立多体动力学模型和虚拟试验，对横移平台存取车过程进行机构运动学建模以及仿真分析；运用 ANSYS 软件对横移平台及存车架进行结构静力学分析、校核与计算，提升机构重量性能比。

同时对深井式立体智能车库梳叉式横移系统进行了功能设计、结构设计、强度和刚度校核，验证了设计和运行的合理性，并在此基础上，运用 AutoCAD 和 Pro/E 软件绘制出二维、三维装配图和零件图。试验样机和样板工程的运行状况表明：梳叉式横移系统的设计是科学合理的。

5. 创新点

（1）车库升降系统创新采用了自行式升降平台，即平台升降的动力装置和传动机构均安装在平台桁架结构内部，只需在地面进行指令控制，无需曳引机构，便可自行在立体车库地下随平台上下运动，从而完成存取车动作。

（2）创新设计了梳叉式横移系统，不仅成本低、重量轻，而且保证了存取车过程中的稳定性、便捷性、准确性及安全性。

（3）创新采用有限元取代传统方法对车库复杂且冗余度高的空间钢结构模型进行分析，提升机构重量性能比的同时，简化了计算过程、提高了计算精度。

（4）利用 ADAMS 软件进行机构运动学建模及动画仿真分析，对横移系统中的各种动力学性能进行有效评估，快速分析设计方案，从而确定运动构件尺寸参数。

（5）创新设计液压驱动系统和电动机驱动两种动力装置，提供更多设计方案，优选液压驱动方案，保证了方案的合理性。

6. 设计图或作品实物图

设计的梳叉式横移系统三维结构图和实物图分别如图 1 和图 2 所示。

图 1　设计的梳叉式横移系统三维结构图

图 2　设计的梳叉式横移系统实物图

履轮式海参捕捞机器人的机械结构设计

成昊远

中国海洋大学　机械设计制造及其自动化

1. 设计目的

海参利润丰厚，但捕捞非常困难。传统捕捞方式为人工捕捞，工作强度大，危险程度高，对身体破坏性强，成本高昂。因此，迫切需要一种适应性强、自动化程度高、成本低廉、可有效代替人工的新型捕捞方式，以促进捕捞行业转型与升级，获得更大盈利。具体流程如下：

(1) 设计出完整的履轮式海参捕捞机器人机械结构；

(2) 对传动系统等危险点进行计算校核并优化设计；

(3) 绘制装配图，选择关键部件绘制二维零件图；

(4) 用 UG 对履轮式海参捕捞机器人进行三维仿真；

(5) 制作实物，进行相关试验；

(6) 编写设计说明书，制作答辩演示文稿。

2. 基本原理及方法

(1) 搜集并整理相关资料，了解海参捕捞现状；

(2) 查阅相关手册，设计机器人的机械机构；

(3) 绘制图纸，用 UG 实现三维仿真，并进行计算与校核；

(4) 制作实物进行试验，编写设计说明书。

履带式移动机器人的研究方法通常基于原理、试验和仿真。理论研究只具有一定的指导价值；试验研究需要花费大量的科研资金，出于对研究成本的考虑，也不再作为首选的研究方法。而随着机械三维设计、动力学仿真和模拟控制技术的快速发展，科研人员可以在计算机上实现机器人系统模拟的建立和运动性能分析，与试验研究相比，显著缩短了研发周期，降低了研究成本，并且在实际中也取得了很好的研究成果和经济效益，目前已经被广大工程技术人员认可，是必需的研发步骤。

经过多年的发展，履带式机器人的研究技术日趋成熟，并向着集成化、智能化、多功能化的方向发展。未来将研制能适应复杂环境、稳定性好、反应灵敏、易于控制操作的履带式机器人。进一步研究的发展重点如下。

(1) 稳定的机械结构；

(2) 控制系统的模块化和标准化；

(3) 机器人的路径规划；

（4）多功能系统；

（5）多机器人协同系统。

3. 主要设计过程或试验过程

1）作业对象分析

（1）海参一生的活动范围不超过 6m，因此不须考虑捕捞范围对机器人作业形式造成的影响。

（2）海参身体较为柔软，且较易破碎，因此在进行海参捕捞时需要尽量避免采用过于尖锐的捡拾构件。

（3）20~30m 的水深平时能见度良好，但考虑到阴天以及其他能见度低的天气可能会对机器人水下作业造成不利影响，所以照明问题需要纳入考虑之中。

（4）海平面下洋流复杂多变，在其中工作的机器人会受到不同方向的冲击，对机器人稳定性提出较高要求。

（5）海底地形复杂多变，这对机器人的行进方式提出较高要求。

2）作业功能分析

（1）实现水产品捕捞。

（2）自动化水平高。

（3）水下运动灵活。

（4）采集效率高。

（5）水产品不被损坏。

3）水下测试

水下机器人要实现预定功能，必须经过无数次调试。机器人设计制作及仿真结束后，将利用现有条件先后在实验室水池、湖泊及海水中进行试验，以检验各系统功能实现的稳定性，并对反馈回来的问题不断改正，以实现最终捕捞水产品的目标。

4. 结论

本课题基于近年来海参需求日益增长但捕捞困难的现状，设计了一款新型的水下机器人机械结构用于海参捕捞。这款机器人适应性强、自动化程度高、成本低廉、可有效代替人工，能促进捕捞行业转型与升级，获得更大盈利。整个捕捞系统分为两部分：双体载人母船与水下机器人。其中双体载人母船由真空泵、供电系统、控制台、显示器及吊机等构成；水下机器人则具有履轮结构、机械手、摄像头及吸管等装置。捕捞系统工作流程为双体载人母船行驶到海参养殖地，释放水下机器人，开始工作。采用有缆通信、电力传动、真空泵抽吸等方式，人为地通过上位机图像控制到达指定位置后，控制机器人进行海参捕捞。这种捕捞方式具有效益高、适应性强、利于环境保护且克服人工捕捞缺陷等优势。

5. 创新点

(1) 设计出一种新型的水产品捕捞方式。

(2) 捕捞过程需绿色环保。

(3) 采用履带与轮胎结合的方式运动，更好地适应海底复杂的环境。

(4) 利用设置在母船上的真空泵提供吸力。

(5) 可在水下 20m 内正常工作。

(6) 自动化程度高，可有效摆脱人力依靠。

6. 设计图或作品实物图

该款机器人（图 1）设有双体载人母船 1 和履轮式海参捕捞机器人 2。双体载人母船 1 设于水面上，履轮式海参捕捞机器人 2 在水底进行海参捕捞。双体载人母船 1 到达指定位置，投放履轮式海参捕捞机器人 2。打开相应设备，履轮式海参捕捞机器人 2 开始运行。通过操作控制台控制履轮式海参捕捞机器人 2 进行工作，使双体载人母船 1 与履轮式海参捕捞机器人 2 以相同速度相对静止运动。履轮式海参捕捞机器人 2 的运动需要借助履轮结构 6。到达海参养殖区域后，使用机械手 8 带动吸头 7 进行吸取。吸取的海参会沿着输送管 5 到达双体载人母船 1。当并联式捕捞罐 4 即将充满时，关闭阀门的同时打开另一捕捞罐阀门，并对其中的物品进行分类，如：水产品回收；垃圾处理；较低经济价值生物放生等。全部工作完成后，双体载人母船 1 断开与履轮式海参捕捞机器人 2 的连接路线，履轮式海参捕捞机器人 2 放置于水底。再次工作时，双体载人母船 1 行驶至标志地，与履轮式海参捕捞机器人 2 接通。履轮式海参捕捞机器人 2 需要定期检查与维护。

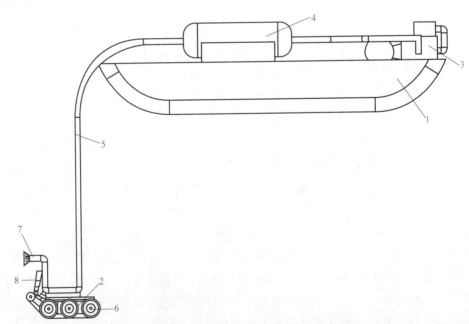

1.双体载人母船；2.履轮式海参捕捞机器人；3.真空泵；4.并联式捕捞罐；5.输送管；6.履轮结构；7.吸头；8.机械手

图 1　履轮式海参捕捞机器人的结构简图

　　履轮式海参捕捞机器人(图2)的运动依靠水下推进器5及履轮结构的履带8与轮胎9实现。普通地形下,利用履轮结构进行运动,若履带8掉落,轮胎9仍然可以满足工作要求,且因前摆7的配合,机器人具有更广泛的地形适应力。复杂地形下,履轮结构运动不便,则借助水下推进器5进行运动。电子仓10放置机器人所需的控制部分,并通过输送管实现与双体载人母船的信息交流。当通过摄像头4发现海参时,可通过机械手水下摄像头2继续精密操作,直至到达合适捕捞位置。机械手与吸头相连,由机械爪1、机械爪舵机13、机械手腕部舵机3、机械手肘部舵机12及机械手肩部舵机11组成,具有极高的自由度。双体载人母船可通过控制机械手,进而使吸头到达指定位置进行吸取。成功后,海参沿输送管到达载人母船。

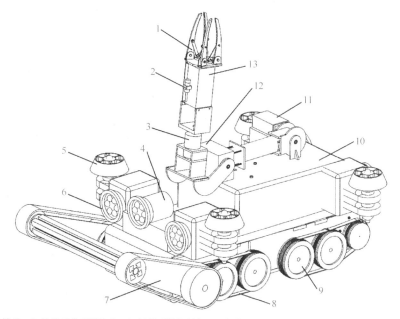

1.机械爪;2.机械手水下摄像头;3.机械手腕部舵机;4.摄像头;5.水下推进器;6.探照灯;7.前摆;
8.履带;9.轮胎;10.电子仓;11.机械手肩部舵机;12.机械手肘部舵机;13.机械爪舵机

图2　履轮式海参捕捞机器人的整体结构图

图3为履轮式海参捕捞机器人的三维模型。

图3　履轮式海参捕捞机器人的三维模型

采用 TOF 传感器连续自动对焦方法的研究与实现

王世超

西安交通大学 机械工程

1. 设计目的

本项目的应用场景是松山湖机器人产业基地摄影机器人团队的镜头部分，项目产品对相机镜头的要求是能够动态地捕捉场景并实现自动对焦，且要求对焦快速、准确、稳定。此外，项目产品具有对物体的追踪功能（其他模块负责），因此实时性要求很高。

通过与项目组讨论方案，最终确定将主动式距离测量法与被动式图像处理法有机结合，根据不同的场景使用不同的对焦策略，最终将对焦时间显著减小，且对焦效果良好，可以满足产品需求。

2. 基本原理及方法

（1）红外 TOF 传感器。TOF 传感器基于 3D-TOF 原理。红外调制光由发射器发出，然后被待检测物体反射，并且由光敏传感器采样。接收器通过比较发射光和反射光之间的相位差，计算出"飞行时间"的时间差，将其乘以光速并除以 2 直接可以求出距离。

（2）TOF 与对焦镜头的通信。本团队的产品分为多个模块，包括镜头模块、TOF 模块、云台控制模块和调试接口等。因此，团队选用 STM32 作为各模块通信的控制器，负责各个部分的协调通信。由于工程量大，函数众多，主控利用 UCOSIII 任务管理操作系统建立任务系统，实现多任务统一管理。

（3）自动对焦。数字式自动对焦过程一般要经过光学信号采集、对焦窗口选择、计算评价函数值、驱动镜头搜索评价函数最大值等技术。

3. 主要设计过程或试验过程

（1）TOF 开发。执行距离测量，并检查信号的有效性和质量。距离测量指令是将全部七个指令按顺序发送。检查的条件包含有效像素个数，通过计算反射信号的强度，判断得到的数据是否合适。若信号过强，则减小积分时间；否则，增加积分时间。最终在合适的信号强度下，得到原始距离值。如果传感器在环境光变化的状态下运行，则要间歇地进行环境光的质量检测和补偿。在热力变化的条件下，需定时进行温度测量和补偿。

（2）通信。整个过程为主控控制 TOF 以 100Hz 的频率测量距离值，测量距离值后要将距离值封装成协议帧格式。协议帧统一经过中间的处理过程，经过一系列的函数识别转换为串口的单字节形式，通过 USART6，将数据发送给镜头芯片。主要的函数有 TOF 距离数据向协议帧转换函数、协议帧接收函数、协议帧处理函数和命令发送函数。函数之间通信是通过 UCOSIII 的任务内建消息的传递实现。

（3）对焦。①取窗：取窗的方式是在采样计算时使用权重矩阵进行选择，其原理很简单，建立一个 17×15 的二维矩阵（数组），在图像处理器进行评价函数计算时，将窗口的矩阵值设为 1，其余背景区域置为 0，在采样计算时要与矩阵对应的值相乘，如此可以选择出我们感兴趣的对焦窗口。②评价函数：在对焦过程中首先要将各像素信息通过高通滤波器来获取高频分量，3519 一共提供四个滤波器和亮度信息，分别是水平方向滤波 H1、H2，垂直方向滤波 V1、V2，以及 Y 和高亮计数器 Hicnt。③搜索：爬山算法其过程很容易理解，对焦开始，镜头开始单方向运动，在运动的同时要采集计算评价函数值。计算出评价函数值要与上次记录的评价函数值进行比较，若当前值大，则仍旧在爬山，说明方向正确，不需要改变；若上一次大，为保证可靠性，可沿此方向再次运动，若仍旧小于上一次的评价函数值，则可以认为表示已经越过山顶，此时反向运动并减小步长，如此反复，直至步长减小到一定程度，完成峰值搜索。

4. 结论

（1）经过试验调试，将 TOF 传感器集成到系统中可以满足测距要求，镜头在使用了TOF 的距离数据后可以由原来的 4s 左右的搜焦时间减少为现在的不到 1s。在视觉上已经基本觉察不到搜索的过程，可以连续地完成对焦任务。

（2）TOF 传感器在经过测试可以连续工作 3h 以上保持输出数据稳定，且由于 EPC600使用灵活、可以单独对 TOF 进行单点测试、温度测量、环境光测量，即 TOF 不仅可以用于测距，也可以直接将其功能最终归为产品功能，输出在 LCD 屏上的功能暂时还没有实现。

（3）通信模块由于还有其他模块还没有完全定型，仅进行 TOF、主控与另一外 STM32开发板（模拟镜头芯片）之间的测试，测试在 5h 以内，通信正常，在云台模块，镜头模块完全成熟以后还需再进行最终测试。仅进行 TOF 传感器、主控、镜头单线通信时，实时性、准确性可以满足要求。

（4）镜头部分工作量较大，自动对焦（AF）只是镜头芯片 HI3519 的一部分工作而已，其他还有自动曝光（AE）和自动白平衡（AWB），三者合成相机领域的 3A 算法。本人主要负责对焦部分的工作，学习自动对焦原理，讨论方案以及学习 HI3519 的自动对焦部分的函数。最终相机部分已经可以满足产品的需求，可以快速地实现对焦并且完成白平衡、去噪等工作。

5. 创新点

（1）主动式＋被动式对焦方式简单，成本低，性能好。TOF 动态性好，可以实现快速动态对焦。

（2）使用 STM32，统一按照协议规划通信，可靠性好。

（3）HI3519V101 算法成熟，应用方便，成本低。

6. 设计图或作品实物图

图 1 为 TOF 传感器的实物图。

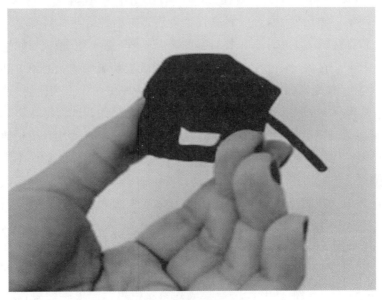

(a)

(b)

图 1　TOF 传感器实物图

多功能自移动智能维修机设计

王伟豪
北京信息科技大学　机械设计制造及自动化

1. 设计目的

设计应用于车间内自主移动的多功能智能维修机的结构，工人可在机床工作台前利用简单手势实现对小车运动状态进行控制。智能维修机携带常用的维修工具，使用图像、体感传感器进行定义和识别，通过车间 Wi-Fi 进行通信，实现机床保养、维修的自动记录。

2. 基本原理及方法

（1）图像识别。
（2）电机的驱动及控制。
（3）无线通信。

3. 主要设计过程或试验过程

设计智能维修机的本体结构，绘制工程图纸和数字化模型。智能维修机运动控制通过电机实现，运动状态包括开启、停止、前进、后退、左右转动和速度调节。

4. 结论

设计智能维修机的本体结构时，工人在工作台前可利用简单的动作／手势与小车沟通，实现对小车运动状态的远程遥控，达到缩小作业半径、节省工作时间、提高工作效率的目的。

5. 创新点

（1）工人在工作台前可利用简单的动作／手势与小车沟通；
（2）动作／手势指令通过与工作台计算机相连的体感传感器（Leap Motion）定义和识别，通过车间内的 Wi-Fi 网络实现与小车之间的通信。

6. 设计图或作品实物图

图 1 为多功能自移动智能维修机三维模型。

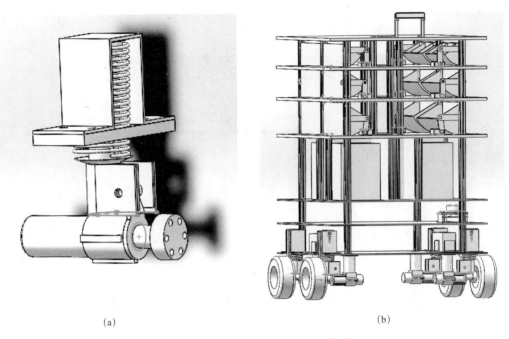

(a)   (b)

图1   多功能自移动智能维修机三维模型

新型压裂滑套开关工具设计与分析

翁 杰

长江大学 机械设计制造及其自动化

1. 设计目的

随着页岩气能源的广泛应用，页岩气开采技术不断发展，连续油管水平井多段压裂是页岩气开采的重要技术。目前，在页岩气水平井多段压裂结束中，主要通过电缆射孔＋机械封隔器层间封隔技术，或者通过水力射孔与水力射流效应层间封隔。从先有效果来看，固井水泥配合开关滑套作业方式的效果是最好的。但压裂滑套开关工具配合压裂滑套进行压裂作业有一个共同的缺陷，即压裂过程需要下球座投球封堵，这将影响采油通道的直径，且下入开关工具的时候均需要精确定位才能实现滑套的开启与关闭作业，而连续油管的精确定位目前还难以实现，无法满足油气田的发展需求。因此，本文拟采用一种液压式滑套开关工具来有效避免开关工具需要定位的问题。

2. 基本原理及方法

滑套开关工具分机械式开关工具和液压式开关工具。液压式开关工具一般依靠弹簧力控制开关键，当下到位置后，管柱内打压，在一定的节流压差下，压缩开关键的控制弹簧使开关键进入工作状态。液压式开关工具在压裂及后期的作业中具有一定的优势，因此，拟设计一种液压式新型压裂滑套开关工具，以固井水泥配合开关滑套作业完井后通过连续油管下入专门的开关工具来打开或关闭滑套来对油井进行压裂增产、选择性开采、关闭封堵漏水层等施工。

在本设计中，开关工具主要由外筒、内筒、密封接头、柱塞、卡爪、堵环、复位弹簧等组成。当开关工具不工作时，在复位弹簧的作用下，外筒处于收缩状态，此时，由于铰根与内筒的接触面是半径相同的弧形表面，在复位弹簧的作用下，铰根与内筒紧密接触，卡爪的凸台与外筒处于同一高度，开关工具可以在井内自由移动。当开关工具工作时，向管内通入高压液体，高压液体通过打压孔进入由堵环、柱塞、外筒构成的密封环形空间内，堵环在液体压力作用下向两侧移动，堵环移动的过程中将推动外筒向两侧移动，使得外筒压缩弹簧向两侧伸张。铰根上的铰接将与耳环上的铰接位于同一高度，铰根脱离内筒表面向外伸开，两对称卡爪撑开，此时上提或者下放开关工具，卡爪上的凸台将与滑套的开关台肩相配合，从而能够带动滑套上下移动，实现滑套开关作业。打开压裂滑套时，将开关工具连接到连续油管上，同连续油管一起下入井筒中，此时工具的卡爪是收拢状态。工具的下放位置不超过滑套上卡扣的位置，对油管内进行打压，使得卡爪撑开，继续下放油管，即可通过卡爪上的凸台打开滑套，进行压裂作业。

3. 主要设计过程或试验过程

(1) 了解国内外水平井分段压裂工艺状况后，针对适用于页岩气开发的水平井多段压裂工艺进行了分析。根据不同区域、不同的地质环境，针对现有设备的施工作业条件，对水平井多段压裂工艺进行合理地匹配选择研究。在了解压裂工艺之后，对固井滑套压裂工艺状况和配套管柱结构进行了研究。针对投球式打开滑套和机械开关打开滑套对应的压裂工艺进行研究，通过不同压裂工艺的对比，确定了液压式开关工具：以固井水泥配合开关滑套作业完井后通过连续油管下入专门的开关工具来打开或关闭滑套来对油井进行压裂增产、选择性开采、关闭封堵漏水层等施工。

(2) 本文通过三种液压式开关工具结构的对比，最终确定了一种新型压裂滑套开关工具，该开关工具比其他工具具有显著的优势，在井中无需精确定位，便可实现压裂滑套在井下的开关作业，而且结构性能可靠，结构简单，无需与其他工具配合使用，即可在一次下放中实现压裂滑套的开关作业。本文对工具结构进行了设计。本设计的关键零件是卡爪，卡爪与滑套台肩相配合，从而实现压裂滑套的开启与关闭。首先考虑工具的工作环境，以工具的外径为设计要求，在满足工具外径的要求下，设计了工具的结构参数。本设计优先设计了卡爪的结构尺寸，并对卡爪进行了强度校核。然后确定卡爪的位置，设计了本开关工具的工作行程。对液腔内液体压力进行了计算，从而确定了打压孔的工作要求。对流道进行了流体分析，从而模拟出流道内的流体速度条件，为了满足该速度条件，在工具前端设计了截留喷嘴，从而达到所需的流体速度。

(3) 在进行流体分析之后，本文对重要零件进行了结构参数的修正以及强度的校核。首先对弹簧进行了选型设计，根据流道尺寸对柱塞进行了具体的结构设计，由于该工具长径比大于5，本文对开关工具进行了压杆稳定的校核，针对开关工具在井内出现卡死的状况进行了压杆稳定分析，分析之后得出该工具在此种工况下不会损毁。然后进行了销轴的设计以及螺纹的选型。最后本设计完成了装配图以及关键零件的零件图，并制作了三维动画，对开关工具的工作情况进行了动画演示。

4. 结论

随着经济结构类型的转变，我国石油行业也开始对能源结构的不同层次的需求进行了探索，其中页岩气储量在我国十分丰富，具有良好的开发前景。同时固井滑套分段压裂技术在水平井多段压裂中有着压裂效果和作业时间上的优势，于是尝试将固井滑套分段压裂技术应用于页岩气的开发。本文通过页岩气开发中的特殊作业情况，以不同开关工具打开滑套为入手点，设计了三种不同方案，分别为双向液缸滑套开关工具、液压式单卡爪滑套开关工具、液压式对称卡爪滑套开关工具，并分析了各种开关工具的工作原理和优缺点，最终选取了液压式对称卡爪滑套开关工具。对该开关工具进行了结构设计计算以及流体仿真分析，完成了理论设计，确定了可行的结构。

5. 创新点

（1）本文鉴于固井滑套多级分段压裂技术在压裂效果和作业时间上比多级可钻式桥塞封瞄分段压裂技术的优势更显著，考虑将该项技术运用于页岩气分级开采技术中的压裂施工。本文设计的液压式对称卡爪滑套开关工具能够在井中无需精确定位，便可实现压裂滑套在井下的开关作业，而且结构性能可靠。

（2）本设计采用液压驱动开关工具，安全性能好，且开关工具结构简单，不容易出现故障，无需借助于其他工具组合使用，即可实现单趟管柱下放、单一工具进行滑套的开、关作业，提高了压裂作业的施工效率。

6. 设计图或作品实物图

图1和图2分别为设计作品的二维和三维结构图。

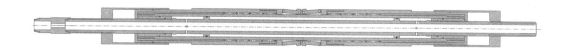

图 1　设计作品的二维结构图

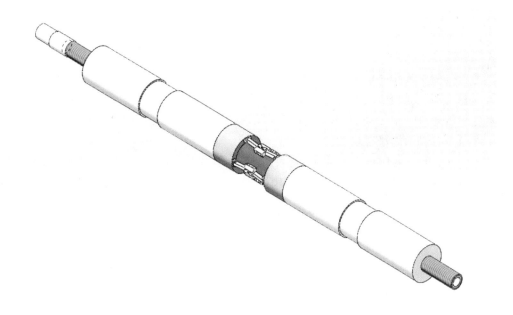

图 2　设计作品的三维结构图

铣磨回转工作台设计

张 成

沈阳工业大学 机械设计制造及其自动化

1. 设计目的

沈阳西格玛数控机床厂是一家以生产数控车、铣、磨为主的机床制造企业。目前企业追求生产高精度、多用途、高效率的机床；而回转工作台作为数控铣、磨床的主要部件，成为企业研发的重点。企业目前面临的问题就是无法保证回转工作台的回转分度精度。本文采用端齿盘机械结构，实现回转工作台的精确定位，初步解决沈阳西格玛机床厂的回转工作台回转精度问题，从而简化加工、装配流程，增加同等机床之间的竞争力。

2. 基本原理及方法

本文从现在企业研究现状出发，综合分析当前各种回转工作台的优与弊，对比几种机械结构，最终决定采用液压缸抬升和夹紧，利用齿轮进行动力传动，由端齿盘进行定位的机械结构，具体的结构原理如下。

综合计算回转工作台工作时需要的回转扭矩，确定回转工作台选用伺服电机进行动力驱动，考虑结构安装和后期工作台与机床的装配，采用了一组锥齿轮进行力方向的改变。采用两级齿轮传动，提高传动比，让传动更加平稳。本次回转工作台转速低，载荷小，考虑采用润滑脂进行润滑，主传动轴和齿轮轴采用圆锥滚子轴承和角接触球轴承进行支撑和定位。通过校核，所有轴承均符合标准。

回转开始时，液压缸进入液压油，液压油抬升活塞，将回转工作台抬起，使端齿盘脱开。电机通过脉冲控制转动一定的角度，扭矩通过一级锥齿轮传递给从动齿轮，从动齿轮将扭矩通过齿轮轴上的平键传递给二级圆柱直齿轮，二级圆柱从动直齿轮通过双键连接将扭矩传递给主传动轴，主传动轴利用本身的花键和花键套的配合，将扭矩换递给花键套，花键套通过六角螺栓与工作台进行连接，带动工作台进行回转。工作台通过内六角螺钉带动端齿盘回转，当回转结束时，液压缸下落，通过端齿盘进行精确定位，液压油进入夹紧腔，将工作台夹紧。

3. 主要设计过程或试验过程

本文设计任务要求如下。

（1）外形尺寸：工作台直径 $\Phi = 420mm$, 工作台高度 $H = 474mm$。

（2）转台形式：立轴。

（3）回转工作台参数：转速 $n = 20r/min$, 最大承重 500kg。位加工时，锁紧压力为 1.5 ~ 2.5MPa。

（4）转台 T 形槽宽度：18H12、4 槽均布。

本文设计过程主要分为传动部分设计、工作台设计、其他元件的选择与校核。

1）传动部分设计

（1）电动机的选择。

经过计算可得，工作台回转扭矩为 $M = 183.95\text{N·m}$，所需转速为 $n = 20\text{r/min}$，所以选取电机型号为 21-0AF21-0AA0，其主要参数如下。

额定转矩：19.1N·m。额定功率：$P = 4\text{kW}$。额定转速：$n = 2000\text{r/min}$。

（2）传动比分配。

考虑其伺服电机寿命和生产效率，假定本次回转工作台设计电机转速 $n = 400\text{r/min}$，所以第一级传动比为 4，第二级传动比为 5。

（3）齿轮的计算与校核。

①锥齿轮设计。

经过计算求得以下结论：齿数 $z_1 = 41$、$z_2 = 164$，模数 $m = 2\text{mm}$，压力角 $\alpha = 20°$，分锥角 $\delta_1 = 15.2°$、$\delta_2 = 75.57°$，齿宽 $b_1 = b_2 = 64\text{mm}$。小齿轮选用 40Cr（调质），大齿轮选用 45 钢（调质）。齿轮设计采用 7 级精度。

②圆柱直齿轮设计。

齿数 $z_1 = 24$、$z_2 = 120$，模数 $m = 3\text{mm}$，压力角 $\alpha = 20°$，中心距 $a = 217.5\text{mm}$，齿宽 $b_1 = 80\text{mm}$、$b_2 = 77\text{mm}$，小齿轮材料为 20Cr2Ni4（渗碳后淬火），齿面硬度 350HBS，大齿轮材料为 12Cr2Ni4（渗碳后淬火），齿面硬度 320HBS。齿轮设计采用 7 级精度。

（4）传动轴的计算与校核。

①齿轮轴设计。

选取轴的材料为 45 钢，调质处理。

经过计算求得最小直径为 37.19mm，所以选取 40mm。

$$d_{\min} = A_0 \sqrt[3]{\frac{P_3}{n_3}} = 112 \times \sqrt[3]{\frac{3.88}{100}}\text{mm} = 37.91\text{mm}$$

②传动轴设计。

选取轴的材料为 45 钢，调质处理。

经过计算求得传动轴最小直径为 54.18mm，所以选取 60mm。

$$d_{\min} = A_0 \sqrt[3]{\frac{P_3}{n_3}} = 112 \times \sqrt[3]{\frac{3.7636}{20}}\text{mm} = 54.18\text{mm}$$

2）工作台设计

（1）工作台设计。

考虑工作台的受力和扭矩，采用高锰钢材料进行铸造，精加工后工作台表面进行精磨，为保证工件的表面粗糙度，要求加工到粗糙度 Ra3.2。

（2）端齿盘设计。

①由任务书得工作台回转分度为 $\theta = 5°$，齿数 $z = 72$。

②端齿盘外径 $d = 300\text{mm}$。

③端齿盘齿形角 $a_D = 60°$。

④齿根角 $\delta = 2.176°$。

⑤最大齿距为

$$t = \frac{\pi d}{z} = \frac{\pi \times 300\text{mm}}{72} = 13.08\text{mm}$$

最大齿厚为

$$b = \frac{t}{2} = \frac{13.08\text{mm}}{2} = 6.54\text{mm}$$

⑥齿顶高度为

$$h = \frac{t}{5\tan\dfrac{a_D}{2}} = \frac{\pi d}{5z\tan\dfrac{60°}{2}} = 4.83\text{mm}$$

⑦齿宽 $F = 25\text{mm}$。

⑧齿底槽宽为

$$b \leqslant 0.2\pi d/z = 2.617\text{mm}$$

（3）液压缸设计。

由端齿盘啮合高度 $h = 5\text{mm}$，可得液压缸行程 $L = 6\text{mm}$。取上升速度 $v = 0.2\text{m/s}$，流量 $q = 0.0023\text{m}^3/\text{s}$。

接触面积为

$$S = \frac{q}{v} = \frac{0.0023}{0.2} = 0.0115(\text{m}^2)$$

由工作压力 $P = F/S = 5500\text{N}/0.0115\text{m}^2 = 0.476\text{MPa}$ 可知，液压缸压力属于低压范围，所以材料选择脆性材料 QT500-7 球墨铸铁，则考虑用第一和第二强度理论计算，为

$$\delta \geqslant \frac{D}{2} \cdot \sqrt{\frac{[\sigma] + 0.4P_y}{[\sigma] - 1.3P_y}}$$

P_y 为试验压力，当缸的额定压力 $P \leqslant 16\text{MPa}$ 时 $P_y = 1.5P$，所以 $P_y = 1.5 \times 0.476 = 0.714$（MPa）。

$$\delta \geqslant \frac{0.12}{2} \times \sqrt{\frac{90 \times 10^6 + 0.4 \times 0.714 \times 10^6}{90 \times 10^6 - 1.3 \times 0.714 \times 10^6}} = 0.00708 = 7.08(\text{mm})$$

取 $\delta = 10\text{mm}$。

（4）箱体设计。

箱体经过受力分析及校核后，选用灰铸铁进行铸造，后期进行精加工。

3）其他元件选择

（1）轴承的选择与校核。

①电机轴轴承选择。

考虑结构的特殊性，采取在电机轴一侧放置两列角接触球轴承 7207C 结构。

②一级传动齿轮轴轴承选择。

因为齿轮轴属于竖直放置结构，轴上端采用 6310 轴承深沟球轴承。轴下端要承受轴以及齿轮重量和回转轴向力作用，所以选择圆锥滚子轴承 30209 型号。

③二级圆柱直齿轮轴轴承选择。

二级圆柱直齿轮下端轴承要承受从动圆柱齿轮和主传动轴等力的作用，则选用圆锥滚子轴承 30210 型号。

（2）键的选择与校核。

①电机轴处键的选择。

选用圆头普通平键（A 型），参考轴的直径 $d = 20$mm，查表可知键的截面尺寸为：宽度 $b = 6$mm，高度 $h = 6$mm。参考齿轮厚度取键长 $L = 25$mm。

②齿轮轴处键的选择。

选用圆头普通平键（A 型），参考轴的直径 $d = 40$mm，查表可知键的截面尺寸为：宽度 $b = 12$mm，高度 $h = 8$mm。参考齿轮厚度取键长 $L = 32$mm。

因此，1 处键的尺寸为 8mm×12mm×50mm；同理可知，2 处键的尺寸为 14mm×9mm×32mm。

③传动轴处的键的选择。

选用圆头普通平键（A 型），参考轴的直径 $d = 40$mm，查表可知键的截面尺寸为：宽度 $b = 20$mm，高度 $h = 12$mm。参考齿轮厚度取键长 $L = 70$mm。经过计算选取双键结构，键的尺寸为 20mm×12mm×70mm。

（3）密封圈的选择。

按照液压缸压力，O 形圈作为密封圈，选取国家标准 JBZQ4606 毡圈 240 型。

（4）润滑脂的选择。

由于齿轮转速低、载荷较小，所以选取润滑脂润滑，选取润滑脂型号为美孚富 SHC007，增稠剂为复合锂基，基础油黏度 460。

4. 结论

（1）磨铣床回转工作台采用齿轮进行传动，保证了传动的精度。

（2）采用了端齿盘进行分度定位，保证了回转分度的精度。

（3）工作台采用液压抬升和夹紧，既保证工作台的运动平稳性，又提供了加工时的必要夹紧力。

（4）本文设计中所应用的零部件都进行了计算和校核，确保工作台的使用可靠性和使用寿命。

5. 创新点

（1）本设计采用两级齿轮传动，确保传动比的精确和运动的平稳性，减少了蜗轮、蜗杆传动时产生的摩擦，提高了传动效率。

（2）本设计采用端齿盘结构进行分度，实现了非常高的分度精度，解决了光栅定位对工作环境要求高的问题。

6. 设计图或作品实物图

图 1 为设计作品的二维结构图。

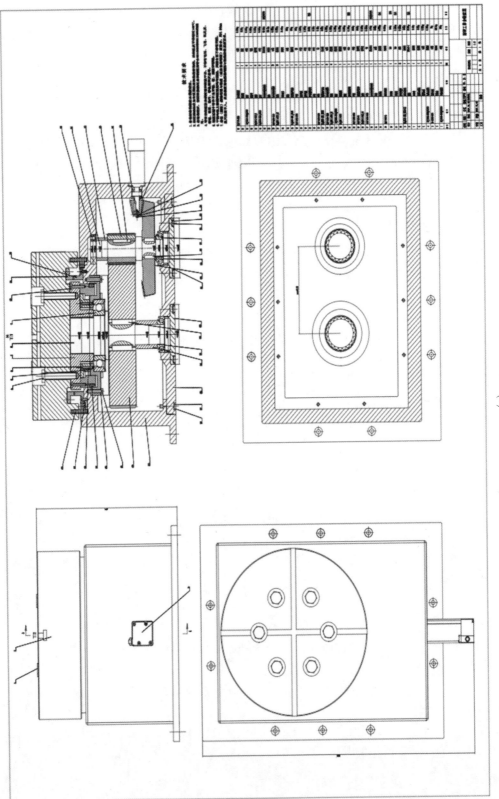

(a)

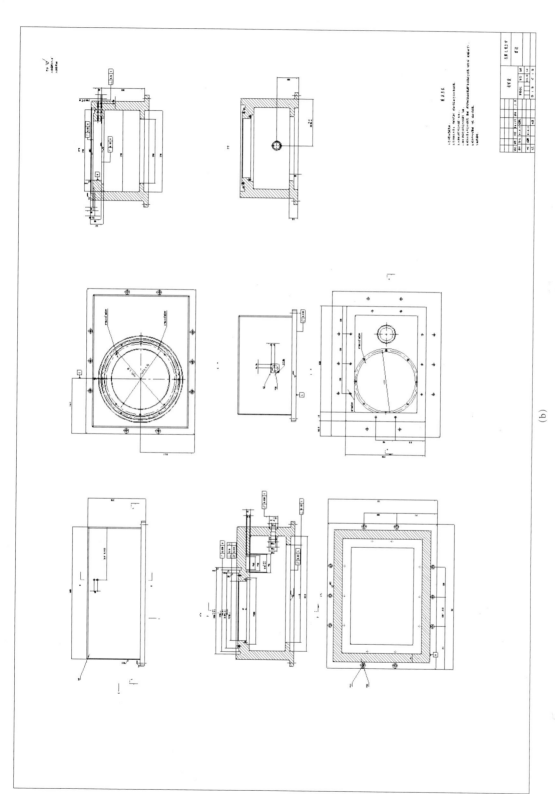

图 1　设计作品的二维结构图

(b)

φ120 冷喂料销钉式挤出机设计

杨逸楠

沈阳化工大学　机械设计制造及其自动化

1. 设计目的

（1）冷喂料挤出机为橡胶行业的通用设备，因此该设备具有明显的行业特色，通过设计，使学生了解橡胶行业的生产特点；

（2）机筒上圆周安装辐射状固定的销钉，有效提高挤出胶的挤出压力，增加了胶料可塑性和气密性；

（3）掌握挤出机的结构；

（4）训练学生对整机设计掌控能力。

2. 基本原理及方法

本设计采用螺旋输送原理，物料自料斗进入料筒，在螺杆旋转作用下，通过料筒内壁和螺杆表面摩擦剪切作用向前输送到加料段，在此松散的固体向前输送的同时被压实；在压缩段，螺槽深度变浅，进一步压实，同时在料筒外加热螺杆与料筒内壁摩擦剪切双重作用下，料温升高开始熔融，压缩段结束；均化段使物料均匀、定温、定量、定压挤出熔体，经机头后成形，经定型得到制品。

机头是挤出机的成形部件，它使胶料由螺旋运动变为直线运动；并在一定的压力下，将胶料挤压成各种所需形状的半成品。根据挤出半成品的形状和不同的挤出工艺，机头可以更换。

3. 主要设计过程或试验过程

1）资料收集

根据设计任务，搜集相关资料，并分析整理，了解设备发展前沿。

2）总体设计方案

根据设计任务，分析相关资料，通过比较，综合各方面因素确立减速方式和总体布置。

3）结构设计与计算结论

橡胶冷喂料销钉挤出机工作原理及其特性；橡胶冷喂料销钉挤出机的主要技术参数和规格；具体内容如下。

（1）螺杆的设计。螺杆的基本尺寸初步确定，包括喂料段、塑化段、挤出段的尺寸；螺杆的结构、强度校核与计算，包括螺杆材料的选择、螺杆轴向力的确定、螺杆冷却孔直径确定、螺杆强度的计算、螺杆的技术要求等。

（2）机筒尺寸及结构。机筒的强度螺杆与机筒的配合要求；销钉的结构设计与参数计算；销钉的初步设计；销钉的具体尺寸设计；冷却水套的结构设计与参数计算。

（3）传动系统的设计。挤出机电机的选择、传动方案的确定、传动比分配高速级齿轮传动的设计计算、高速级齿轮的基本参数、轴的结构设计与参数计算、轴承寿命计算、键校核等。

4）设备成本评估与分析

设备成本估算与设备安全评估。

4. 结论

（1）本设计与生产实际的需求，按照工程实际的工况进行设计，基本符合生产实际的要求。

（2）本设计在设计过程中，严格按照机械设计标准和橡胶工业的特点进行，符合国家标准和行业标准。

（3）设计过程中，学生为主体，由于实践经验的不足，设计的产品会存在一定的不足，应加以改进后方可进行生产。

5. 创新点

（1）通用销钉挤出机多采用等距或者变距螺杆，本设计采用了复合螺纹型螺杆。

（2）本设计采用整体式螺杆，可以减少螺杆因自重引起的"扫膛"现象。

6. 设计图或作品实物图

图 1 为挤出机实物图。

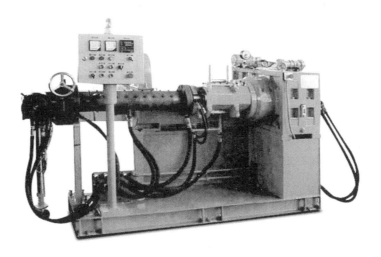

图 1　挤出机实物图[①]

---

① 来自网络，仅展示该设备的结构与样式，非本设计实物。

立体车库新型搬运小车设计与仿真

李金银

山东大学 机械设计制造及其自动化

1. 设计目的

近年来，停车难逐渐成为困扰我国居民生活、城市管理的难题。面对停车供需矛盾，许多发达国家已经开发出先进的立体停车设备。在我国，停车供需问题越来越严重，但立体停车设备的发展尚处于起步阶段。因此，在我国对立体停车设备的研究拥有重要的现实意义和广阔的应用前景。本文旨在研发一种能在平面内自由行走的 VGA 类车辆搬运器，以实现从升降机到指定停车位间的车辆自动搬运与交接。该设备为大型仓储式或巷道堆垛式立体车库中的关键设备。

2. 基本原理及方法

本文设计的立体车库新型搬运小车的特点为：①采用梳齿式交接原理，无需载车板；②采用 VGA 小车的行走及控制原理，无须铺设轨道，可在车库平面内任意行走，到达指定车位，完成取车或放车动作。本文主要对采用梳齿式交接原理的立体车库新型搬运小车系统的总体方案的研究，并进行了立体车库新型搬运小车机械结构部分的方案确定和机械结构零部件设计。

自动搬运小车的存取车过程为：待搬运汽车停放在梳齿式停车架上，自动搬运小车沿着待搬运汽车的行进方向进入待搬运汽车的底部，以汽车前轮进行定位。接着自动搬运小车伸出梳齿架，使梳齿架与梳齿式停车架配合，然后起重部分开始工作，将汽车抬出一定高度，自动搬运小车搬运汽车离开停车架，进入指定存放位置。存放汽车时先进入梳齿式停车架，定位完成后起重部分工作，将待搬运汽车放入停车架，最后梳齿架收缩，自动搬运小车驶出汽车底部，存取汽车的过程完成。

本文首先对立体车库新型搬运小车的研究背景和发展状况进行了简单的介绍。然后在分析立体车库新型搬运小车的设计要求的基础上，对比各种不同设计方案，最终确定采用蜗轮丝杠及斜面结构作为小车的起重方案，采用丝杠连杆使梳齿架伸出。在此基础上，完成了各组成零部件的选型和校核，并完成装配图的绘制。最后在 ADAMS 环境下对搬运小车进行了运动学仿真，在 ANASYS 环境下对主要构件进行了有限元分析。

3. 主要设计过程或试验过程

在进行整体方案确定时，通过分析待搬运汽车参数和搬运小车存取汽车的工作过程，确定了立体车库新型搬运小车的设计要求。针对立体车库新型搬运小车的设计要求，提出了搬运小车的总体设计方案。在各个功能部分的设计中，通过对比各种设计方案，搬运小车行走部分采用差动驱动实现行走功能，梳齿架伸缩部分采用丝杠连杆来实现梳齿架伸缩，起重部分采用蜗轮丝杠升降机和省力斜面来实现起重功能，并达到机构自锁和起重省力以降低对起重电机与起重机构强度及刚度的要求。

根据立体车库搬运小车的设计方案和设计参数，完成了立体车库新型搬运小车各部件的选型工作，主要有：梳齿架伸缩部分的丝杠副、电机和减速器，起重部分的蜗轮丝杠升降机、起重电机和减速器，搬运小车行走部分的行走电机和减速器。

根据立体车库搬运小车的设计方案和机械部件的选型结果，通过三维软件 SolideWorks 建立搬运小车的三维立体模型，导入 ADAMS 环境后，通过添加搬运小车模型所需要的各种运动约束，进行了搬运小车机构的运动仿真。小车的运动仿真验证了前述搬运小车机构设计的合理性。最后，在 ANSYS 环境下对搬运小车的主要承重件即梳齿架进行了有限元分析。

本文主要完成以下内容。

（1）提出了立体车库新型搬运小车的设计总方案。在分析不同类型立体车库搬运小车的优缺点后，选取最适合本课题的系统结构，确定总体设计方案。

（2）起重机构和梳齿架伸出机构的设计。立体车库新型搬运小车作为一种起重类设备，其设计要满足起重设备安全运行的要求（具备自锁功能）。而梳齿式存取技术要求梳齿架可以自由伸缩。在立体车库新型搬运小车设计时，应对这两部分进行设计，使其满足要求。

（3）机械结构规划与设计。通过分析设计要求、产品性能特点，设计确定各个功能部分的实现形式和空间布置位置，在实现产品的设计要求的同时，力求机械结构的最优化。

（4）机械传动部件的计算和选型，包括起重部分、梳齿架伸出部分和行走部分等各部件中零件的标准件及企业所生产的机械零件的标准系列。

（5）绘制机械图。在确定机械结构方案和完成各部件的选型后，绘制了立体车库新型搬运小车的装配图，把理论的设计具象在图纸上。

（6）绘制三维图和 ADAMS 环境下的运动仿真。通过绘制三维图，建立了新型立体车库搬运小车的虚拟模型，在 ADAMS 环境下对其进行了运动仿真，在 ANSYS 环境下对搬运小车的梳齿架进行了有限元分析。

4. 结论

本文主要进行了对采用梳齿式交接原理的立体车库新型搬运小车系统的总体方案的研究，并进行了立体车库新型搬运小车机械结构部分的方案确定和机械结构零部件设计。首先对立体车库新型搬运小车的研究背景和发展状况进行简单介绍。在分析立体车库新型搬运小车的设计要求的基础上，对比各种不同设计方案，最终确定采用蜗轮丝杠及斜面结构作为立体车库新型搬运小车的起重方案，采用丝杠连杆使梳齿架伸出。在此基础上，完成了各组成零部件的选型和校核，完成装配图的绘制。最后，在 ADAMS 环境下对立体车库新型搬运小车进行了运动学仿真，在 ANASYS 环境下对主要构件进行了有限元分析。

5. 创新点

（1）采用梳齿式交接原理无需载车板，与通过载车板来实现车辆交接的有台板交接技术相比，效率更高。

（2）采用VGA小车的行走及控制原理，无须铺设轨道，小车可在车库平面内任意行走，到达指定车位，完成取车或放车动作。

（3）采用机械式起重结构，螺旋升降机为二级轮系传动。一级传动采用蜗轮蜗杆，实现机构的自锁功能；二级传动采用丝杠传动，丝杠副将蜗轮旋转运动转化为丝杠进给运动，在实现机构自锁的基础上满足立体车库新型搬运小车尺寸限制要求。

（4）采用斜面结构来实现省力，降低了对起重构件的强度要求。

6. 设计图或作品实物图

图1为设计作品三维结构图。

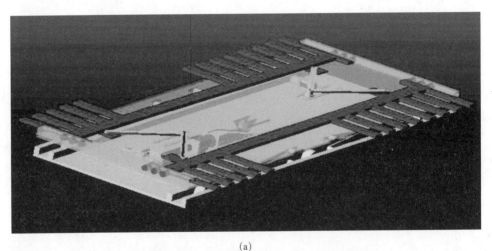

(a)

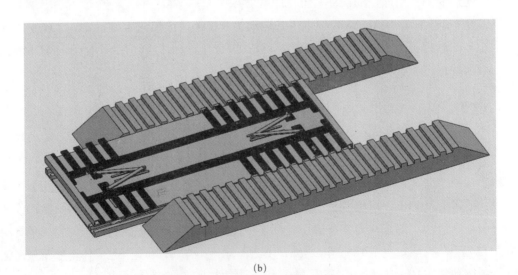

(b)

图1　设计作品三维结构图

LM25 直线轴承保持架塑料注射模具设计

张文朋

西安工业大学　机械设计制造及其自动化

1. 设计目的

（1）本次毕业设计选题——LM25 直线轴承保持架塑料注射模具设计来自宁波恒卓精密机械制造有限公司。设计直线轴承保持架将企业生产中遇到的问题和本科阶段的学习进行很好的衔接，给企业创造一定参考价值的同时，培养机械工程师应具备的各种素养。

（2）进行注塑模具设计，促进对模具设计相关知识和现代设计软件（AutoCAD、ANSYS 等）的深入了解，加强对机械设计知识的掌握，增长机械设计经验，为以后的学习和工作奠定良好的基础。

（3）培养和增进机械设计的综合能力，进一步养成发现问题、分析问题、解决问题的能力，完成本科阶段的学习计划。

2. 基本原理及方法

注塑模具作为一种经典的机械装备，设计原理和方法已经成熟。本次毕业设计主要利用这些理论成果结合塑件特点进行设计。

塑件在注塑成形过程中会因热胀冷缩而变形，注塑模具型腔应按照塑件变形后的外形尺寸进行设计。

注塑模采用三板模，由动模和定模两大部分组成。根据模具各部件的不同作用，注塑模一般可以分为以下八个主要部分。

（1）成形零件：包括内模镶件、型芯和侧向抽芯等，赋予成形制品形状和尺寸。

（2）排气系统：熔体填充时为了避免产生真空结构，采用分型面、排气槽进行排气。

（3）结构件：包括模架板、支撑柱、限位钉等。

（4）侧向抽芯机构：用于成形塑件的侧向结构，本次注塑模设计塑件为 LM25 直线轴承保持架，侧面均匀分布有滚珠轨道。结合侧向抽芯机构设计沿周向均匀布置的六个侧向抽芯机构进行成形。

（5）浇注系统：将熔融的塑料由注射机射嘴引向闭合的模腔。本次设计注塑模具为一模一腔，采用点浇口。

（6）温度调节系统：熔体射入模具时的温度一般都很高，而制品取出时温度远低于注射熔体温度。模具吸收熔体的热量导致温度升高，为了满足模具温度对制品的工艺要求，设计冷却水道带走模具热量。

（7）脱膜系统：采用推杆将塑件安全推出。

（8）导向定位系统：保证动定模运动可靠、准确闭合。

3. 主要设计过程或试验过程

（1）塑件材料分析。塑件的材料是增强尼龙66，其具有优良的耐磨性、自润滑性，机械强度较高。

（2）方案设计及其论证。

方案一：选用三板模，点浇口；利用斜滑块进行侧向抽芯，易于斜抽芯的实现，但滑块的配合面加工精度要求高；使用圆推杆将塑件顶出。

方案二：选用二板模，直浇道，侧浇口；采用滑块液压缸完成侧向抽芯，使用开模动作外的驱动力，提高了模具的成本；使用圆推杆将塑件顶出。

方案三：选用三板模，点浇口；利用滑块加斜导柱进行侧向抽芯，利用开模动作驱动侧向抽芯机构；塑件利用圆推杆进行顶出。

方案选择：通过对上述三种方案的比较，方案三的模具结构简单，侧向抽芯机构相对简单，抽芯可靠，经济性强，适合大批量生产。因此，选择方案三作为最终方案。

（3）注射成形机的选择。模具型腔分布为一模一腔，根据注射容积初选注射机型号为SZ-250/100。

（4）注塑模成形零件的设计。

①设计分型面：在模具中，分型面选在保持架的一个端面。

②型腔的分布：模具型腔采用一模一腔。

③凹模结构设计：选用整体式凹模。

④凸模结构设计：采用整体式型芯。

⑤成形零件工作尺寸计算：按平均收缩率、平均制造公差和平均磨损量进行零件尺寸计算。

⑥确定动模镶件壁厚：动模镶件壁厚取18mm。

⑦内模镶件壁厚确定：凹模厚度为20mm，凸模厚度等于型腔深度。

（5）注塑模结构件的设计：设计模架、浇口套、方铁、定距分型机构、定动模板开框尺寸、动定模板大小和其他结构件，选取需要模架。

（6）侧向分型与抽芯机构的设计：采用滑块加斜导柱进行侧向抽芯，计算抽芯距离；确定斜导柱倾斜角、长度、直径和斜导柱数量；设计滑块、导向槽、锁紧块和滑块定位装置。

（7）注塑模浇注系统的设计：设计主流道、分流道和浇口。

（8）注塑模导向定位系统的设计：设计动定模板、流道推板和动模板的导柱导套，设计推杆板的导柱。

（9）设计脱膜系统：确定推出机构、设计推板脱模机构、进行推杆排位。

（10）注塑模冷却系统设计：设计型芯的冷却系统。

（11）注塑模排气系统设计：分析模具中容易困气的位置，设计排气槽。

4. 结论

中国是制造大国，产品是制造业的主体，模具则是制造业的灵魂，模具的发展水平决定了制造业的发展格局。

塑料注塑模具是成形塑料的一种重要工艺装备，塑料注射模具主要由成形零件、排气系统、结构件、侧向抽芯机构、浇注系统、温度调节系统、脱模系统、导向定位系统八个部分组成。

本文设计的 LM25 直线轴承保持架，模具采用三板模、点浇口，采用外置式双拉条定距分型机构；采用斜导柱加滑块六面均布侧抽芯机构，成形轴承保持架侧面滚珠槽；采用点浇口来保证塑件的表面外观质量要求；利用圆推杆顶出制品进行脱模。

设计的动模、定模定位精确，凹凸模尺寸精确且满足强刚度要求；侧抽芯机构运动平稳、性能可靠；导柱导套运动可靠且满足精度要求；冷却系统能合理控制模具温度；脱膜系统位置排布恰当，脱模动作可靠。

总的来说，本次注塑模具结构稳定、性能可靠。

5. 创新点

（1）本模具结构简单合理、紧凑，符合客户的生产要求。

（2）模具各部分采用不同价格的钢材（在使用特性的允许之下），使模具材料的利用率达到最佳状态，从而节约成本。

（3）模具的设计采用六侧滑块抽芯机构成形塑件外滑槽和减重槽，从减重槽处分型，能够顺利保证模具滑块的打开，使塑件成形的可行性得到保证。

（4）模具能够实现浇口自动脱落，从而节省了人力，提高了安全性和生产率。

6. 设计图或作品实物图

图 1 为 LM25 直线轴承保持架塑料注射模具的模型图。图 2 和图 3 为 LM25 直线轴承保持架塑料注射模具开模图。

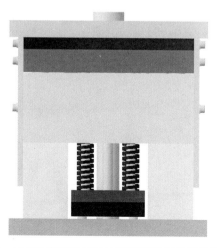

图 1　LM25 直线轴承保持架塑料注射模具模型图

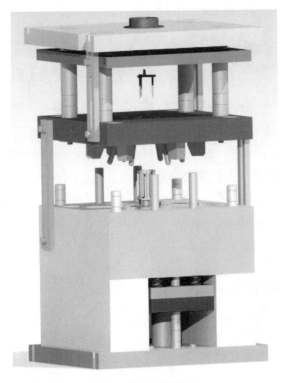

图2　模具开模图1

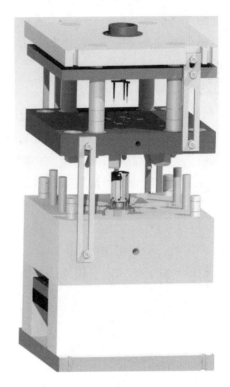

图3　模具开模图2

图 4 为 LM25 直线轴承保持架塑料注射模具爆炸图。

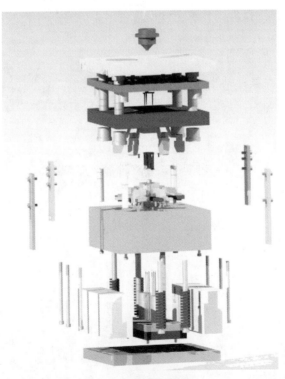

图4　模具爆炸图

U 形管热交换器结构设计

李顺新

沈阳工业大学 机械设计制造及其自动化

1. 设计目的

热交换器（Heat Exchanger）是使冷流体获得热流体的一部分热量的设备，又称换热器。热交换器是石油、化工、食品、动力及其他各个工业部门特别常用的设备，在生产过程中占有极为重要的地位。天然气采集出来后要经过露点装置除水，再经过热交换器换热，即在井场进行加热、节流等工艺后才能进行输送。本文将对用于新疆某油田天然气集输前处理的 U 形管热交换器进行设计。

近年来，随着节能技术的快速发展，各种类型的热交换器的应用领域、应用范围也在逐渐扩大，如利用热交换器进行低温和高温热能回收，实现节能环保的同时，可以给企业带来经济效益的大幅度提升。因此，各式各样的热交换器越来越受到各行各业的重视，热交换器结构的合理设计、外形的选择、设备的运行和设备的制造都具有非常重要的意义。

2. 基本原理及方法

（1）热力及水力设计方法：根据热交换器分析过程中涉及的众多参数，可以构成独立和非独立的量纲为一量，随后根据不同的流动布置方式，确定这些量纲为一量之间的关系。常用的方法包括 ε-NTU 法、p-NTU 法、平均温差修正系数法及其他方法，综合考虑后，选择使用平均温差修正系数法。

（2）确定热交换器有效度的求解方法：常用的方法有拉普拉斯变换和微分算子方法，这里采用微分算子方法。多年来，众人已经用这样的方法对多种管壳式热交换器进行过分析。

（3）热交换器的压降分析：管束外侧、壳侧、管侧的压降通过明确的计算公式来确定。

（4）常用的热交换器设计的习惯：对于管壳式热交换器，通常选择易结垢、高腐蚀、高压、高温、高危险性、费用高和低黏性的流体作为管内流体，最大允许压降也用来决定哪种流体为管侧流，哪种流体为壳侧流。

3. 主要设计过程或试验过程

在设计初期，要明确设计要求，并确立系统设计的主要目的，要建立在用户需求的基础上。在清楚地确立问题后，对系统设计的多种方案进行评估，并选择一种或几种可行的设计方案，然后在这个分析的基础上确定详细的尺寸，完成费用计算和优化。经过以上工作后，形成一个推荐的设计方案，与此同时，进行工程方面的考虑（结构或制造）。另外，还要考虑启动、过渡、稳态及非稳态运行、失效、报废等问题。通过对这些过程的考虑，再次考虑结论，按照约束条件，对以上的一个或者多个步骤进行重复验证，直到所有的要求都在允许的范围内。在以上这个工作框架内，建立详细的设计方法。

（1）热交换器设计说明：首先要确定热交换器结构形式和流动布置方式。结构形式的选择取决于热交换器两侧所用的流体、运行压力和温度、污垢与可清洁性、流体和材料的兼容性、流体的腐蚀性、一侧流体向另一侧的允许侧漏量、已有的热交换器制造技术等。流动布置方式的选择取决于所要求的热交换器的有效度、热交换器结构类型、入口和出口管道的位置等因素。下一步就是选择热交换器芯体或表面的几何结构和材料。

（2）热交换器热力设计：从定量分析的角度来看，热力计算包括很多问题，其中最重要的是校核问题和尺寸问题。

热交换器校核问题：已知热交换器的结构、流动布置方式、总体的尺寸、两侧换热面形状和材料的详细内容、流速、入口温度等，通过校核确定流体出口温度、换热量、热交换器两侧的压降。

热交换器尺寸问题：总的来说，尺寸问题就是确定壳体类型、直径和长度、管子的直径和数量、管子的布置、流体通道的布置等。

（3）热交换器机械设计：热交换器芯体的设计要符合运行压力、温度和腐蚀以及流体与材料的化学反应所要求的结构强度。之后对导流结构进行良好的设计，从而保证热交换器流道内的流体流动均匀，在热交换器设计寿命内不会出现磨损和疲劳问题。热交换器设备的必备部件设计完成后，热交换器的设计支撑上都需要设计垫片、支架和其他的固定结构来保证支撑不会因为振动、冲击负荷、疲劳等失效。

（4）制造考虑因素：包括对制造设备的考虑、对工艺的考虑以及对其他定性要求的考虑。

4. 结论

通过对热交换器相关标准以及应用现状的分析和研究，根据容易结垢的流体应走壳程这个原则，确定天然气走管程和热水走壳程；根据设计温度和设计压力的要求，结合 U 形管式热交换器的设计要求和设计步骤，完成了 U 形管热交换器的选型及结构设计；又经过强度计算和校核，完成了设计任务。通过设计过程，对过去学到的专业知识进行了较为系统的回顾和学习，培养了独立研究和思考问题的能力。虽然设计任务已经完成，但设计中还有以下需要改进和完善的地方。

（1）对管箱隔板的设计研究还不够深入。

（2）接管的补强设计还需完善，以使结构更加经济和美观。

5. 创新点

（1）为适应较大温差以及避免产生温差应力，采用了只有一个管板的 U 形管热交换器结构。

（2）由于介质比较清洁，设计的 U 形管热交换器采用了管板和壳体焊接结构，结构紧凑、简单，密封性好，价格低廉。

6. 设计图或作品实物图

图 1 为 U 形管热交换器的结构图。

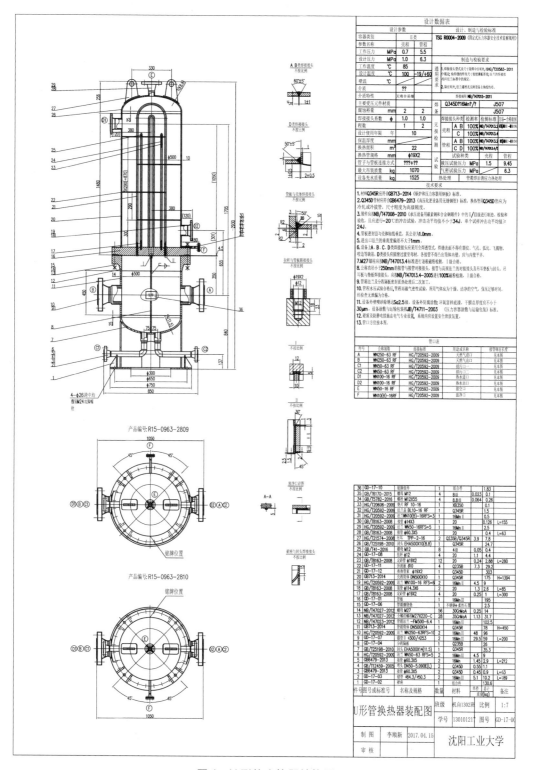

图 1　U 形热交换器结构图

自动肉块穿串机系统设计及性能模拟

汤 闯

徐州工程学院　机械设计制造及其自动化

1. 设计目的

本文主要目的是设计一种能实现多种功能集于一体的自动肉块穿串机，该机器能实现将肉切好和穿好的功能，并且该过程都是全自动的，不需要人工的参与，显著节约了时间和劳动力；该机器不但能自动将肉制品穿成串，而且能把块状肉制品和其他菜品穿成串；另外具有易操作的优点。

2. 基本原理及方法

根据分析自动肉块穿串机功能要求，将工艺动作分成以下几个动作。

（1）加料：这一动作可利用肉条的重力自动完成。

（2）切块：要求切刀前后往复运动。

（3）转位：肉槽辊带动肉块迅速转位 90°。

（4）压制：压板回程时将肉块压入肉槽板中。

（5）穿串：压签板推动竹签完成穿串。

（6）推送：拨爪及时将肉串从板槽中推出。

该穿串机对切肉挡板机构的运动进行参考，整个系统起始的地方是此机构的主轴零角位移外，工作行程、休止、回程和停止这四个部分组成了切肉挡板工程。

（1）肉槽辊在切肉挡板机构位于回程段末端时开始在相同的时间间隔间歇地回转。

（2）压板机构在切肉挡板机构再次动作的时候迅速回程。

（3）推杆压板机构在肉槽辊下次工作之前迅速推程。

（4）当推杆压板机构回程结束后压签机构立即前进。

（5）当推杆压板机构回程结束时压签机构开始前进。

（6）压签机构在推杆压板机构回程结束后开始后退。

各个执行机构是交织进行运动的，且各个执行机构之间必须满足既定的运动规律，连杆机构结构简单，应用广泛，但为了防止结构变得复杂和运动副数目的增多，连杆必须要符合这个机器的运动循环。由上述分析，此处决定采用凸轮机构，按照想要的运动轨迹设计出具有此运动规律的凸轮，并设计出凸轮轮廓曲线。为了防止机器的尺寸过大，压签机构不能采用凸轮机构，因为此机构的运动行程相对比较长，综合考虑决定用气压传动。气压传动对人体没有危害，也比较经济、安全、可靠，而且对工作环境要求不高。

3. 主要设计过程或试验过程

该穿串机由进料筒、切肉挡板机构、肉槽辊机构、推杆压板机构和压签机构五部分组成。

在机器运转时竖直地将由长方形薄壳体组成的进料筒放在旋转工作台的正上方，进料筒有几个通道，为了让肉块能够顺利地进入肉槽里、需要将料筒通道与肉槽辊槽口对齐。

切肉挡板机构包括轴Ⅲ、凸轮、滚子、从动刀架、拉簧、直线轴承导轨、从动刀片、固定刀片和挡板。此机构输入由动链轮完成，输出由凸轮完成。凸轮在往返的过程中来推动从动刀架，从而可以达到安装在刀架上的刀片和固定刀片之间的相对运动，在挤压的作用下切断肉条；此处的弹簧起复位作用，为了复位从动刀架，最终让滚子和凸轮外轮廓始终接触。

肉槽辊机构包括轴Ⅰ、轴Ⅱ、拨捎、槽轮、辊筒、肉槽板和辊筒盖。输入和输出分别为轴Ⅰ和轴Ⅱ，此机构用四槽轮传动来完成辊筒间歇运动。推杆压板机构包括凸轮、滚子、压簧、压板、推压支架、拨爪和轴Ⅰ。支架的前端和后端分别设置拨爪、压头和滚子，推出动作和挤压动作由支架的前行与后退完成，而支架的前行和后退由凸轮的转动来推动滚子带动支架完成。

压签机构包括竹签盒、旋转槽、滑轨架、压签头和气压系统。要对齐滑轨架与肉槽辊以及肉槽板的通道，为了让竹签顺利地落入槽内，因此旋转槽的正上方设计放置竹签的盒子。旋转槽的运动造成竹签可以间歇地落入滑轨架的通道内，穿串是竹签在气压系统的作用下被推压而完成的。

由于重力作用肉条从进料筒滑到挡板处。机器开启后空气压缩机不断将空气往储气罐内压缩，压力继电器在达到设置好的压力值后开始工作，从而使调速电机和电磁阀开始工作。轴Ⅰ由电机驱动，链轮链条将轴Ⅰ的动力输送给轴Ⅲ，此时从动刀架被切挡凸轮推动，将条状肉切成肉块，然后将其放在肉槽辊的肉槽板中，利用拨捎将槽轮移动，使肉槽辊旋转90°，此时用来推压的凸轮正好处于回程阶段，然后压板将切好的肉块进行挤压，以确保切好的肉块进入肉槽板中，此时旋转槽已将竹签从竹签盒带入滑轨架，气缸活塞杆迅速将竹签压入肉槽中，完成穿串。活塞杆返回，推压凸轮处于推程段，将肉串推出肉槽。

4. 结论

通过这次设计让我深刻地体会到基础知识的重要性，也让我确立了自己在本专业的层次，发现了学习中的不足。通过本次设计也确实学到了很多知识，不仅对所学过的课本知识进行了回顾和总结，而且在此期间也查阅了很多相关的科技文献，锻炼了自己独立分析和解决问题的能力，为今后走进社会创造出了一个良好的开端。

本次设计的重点是整机的方案设计和各个机构零部件的机械设计，所设计的部件要同时满足整机运动的协调性，设计方案仍存在很多不足，如切肉时肉筋、肉皮不能充分切断，初步的解决方案是将肉质冷藏后实施切制或采用对刀相互挤压来进行切制；同时还要保证旋转工作台能够准确地定位，进而保证肉槽板孔能够与竹签滑轨准确对齐。当然，整个设计还是比较合理的，尤其是区别于以往的肉串机。本文巧妙地将切肉机构融合进去，实现切和串的一体化。另外，为了尽可能减小整机尺寸，简化机器结构，本文采用了旋转式的工作台来代替规模较大的带式输送移动式工作台。同时通过设置一个推杆压板机构便可完成肉块压制、肉串脱离肉槽的动作，结构紧凑。

5. 创新点

（1）可实现自动切肉、串肉一体化，可同时完成肉条切块，肉块穿串工作，肉块无需人员摆放，减少辅助时间，减少劳动负担。

（2）区别于现有肉串机，本文采用空间式旋转式肉槽辊来代替平面式带输送式工作台或移动滑块式工作台，节省了工作空间，并且更具有节奏感。

（3）该机器不仅能实现肉串的自动穿串，而且只需要更换相应的进料筒滑槽便可适应不同的食品，如鱼丸、豆腐干、花瓜等，摆脱肉串机的局限性。

（4）可随时控制机器的运作，降低操作人员要求。

6. 设计图或作品实物图

图 1 为自动肉块穿串机的结构图。

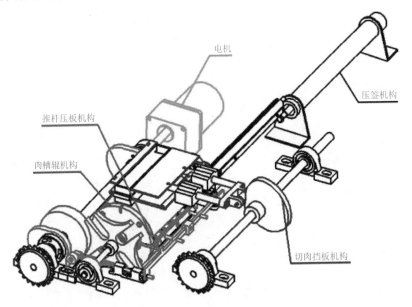

图 1　自动肉块穿串机的结构图

轴承环锻压机器人控制系统设计

徐明达

沈阳工业大学 机械设计制造及其自动化

1. 设计目的

辽宁银捷公司进行技术改革，希望将由人工操作的传统的轴承环锻压工艺用机器人系统完成。为了使轴承环的生产质量趋于稳定且质量合格，辽宁银捷公司希望每道工序都能在机械手的操作下完成。

2. 基本原理及方法

设计一个电子电路系统时，首先必须明确系统的设计任务，根据任务进行方案选择，然后对方案中的各个部分进行单元设计、参数计算和器件选择，最后将各个部分连接在一起，画出一个符合设计要求的完整的系统电路图。

首先去生产现场调研，找到生产需要，然后根据生产需要，分析机器人需要的功能，对其要求进行设计，利用计算机进行辅助设计，用 AutoCAD 绘制电路图、电控柜，用 SolidWorks 设计操作盘外形。参考并借鉴他人电气原理图，绘制本文所需电气原理图。

电路中有开关控制，要有断路短路的保护装置，还需要有 PLC、伺服驱动器的正确连接图。电控柜、操作面板上的开关需要定义正确、明确。

3. 主要设计过程或试验过程

在辽宁银捷公司实习时，观察了工人生产轴承环，并总结这个生产的工艺过程：先将圆柱形的毛坯件放进高温炉进行加热处理，然后将毛坯件放到下锤砧，用质量为 560kg 气锤进行第一次锤砸，将毛坯件锤砸成饼状，随后将饼状的毛坯件放入模具中，再用气锤进行第二次锤砸；第二次锤砸将饼状的毛坯件上下两个面的中心砸出凹槽，但不打通；接着换一套模具，摆好位置，用气锤锤砸销将毛坯件中心打通，再将有孔的毛坯件进行热处理，处理好后拿到辗环机上进行扩孔，最后放到细化机上进行冷却。

进行机器人的需求分析：机器人的手爪部分需要耐高温材料，而且根据工艺需求，机器人的动作需要比人工略快，在 25~30s 完成一个毛坯件的锤砸。要保证产品的质量，机器人的动作要精确而又迅速。

需求分析完后需要进行硬件的选择：主要选择西门子的 PLC、伺服驱动器、伺服电机和操作面板。

随后进行电气原理图的绘制、电控柜的设计、操作盘的设计。

4. 结论

通过几个月的毕业设计，已经基本完成对轴承环锻压机器人的控制系统设计，完成了电气原理图的绘制、电控柜和操作盘的设计，对西门子的一些产品有所了解。在可编程控制器和触摸屏的控制下，三台机械手实现互相配合，能顺利完成毛坯件的上料、翻转、下料、模具的抓取，能够准确定位，可靠地完成各种动作。触摸屏能实时显示机械手的工作状态，看到机械手的运动速度、位移和压力值，这样就可以方便工人对机械手的控制。在完成毕业设计的过程中对轴承环锻压领域有了一定的认识；能考虑到实际问题对机械手设计带来的影响；在了解 PLC 基本工作原理、相关模块应用的基础上，设计了以 PLC 为核心的控制系统。通过 PLC 的 CPU 模块控制伺服驱动器，伺服驱动器再控制伺服电机的运转，通过编程让 13 个电机互相配合完成轴承环的高效锻压生产。

5. 创新点

（1）本文设计的控制系统中，控制器采用西门子 PLC S7-1200，而不是机器人系统内专用的控制器，通过 PLC 控制相应的电机使机械手得以互相配合完成工艺动作。

（2）轴承环的生产都是人工生产，该设计将人工生产变为自动化生产。

（3）操作盘可以手持，也可以放在支架上，方便操作盘的维修、清洗。

6. 设计图或作品实物图

图 1 为设计作品的二维结构图。图 2 为设计作品的三维模型。

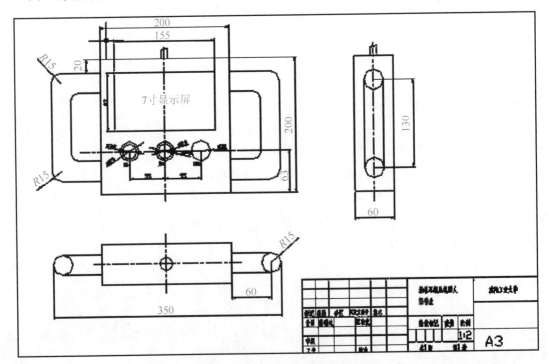

图 1 设计作品的二维结构图

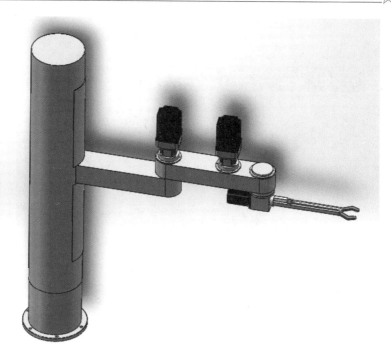

图 2 设计作品的三维模型

汽车飞轮拉扭复合疲劳试验系统设计

崔 瑞

江苏大学 机械设计制造及其自动化

1. 设计目的

汽车发动机飞轮用来平衡发动机曲轴输出动力，从而对发动机的动力输出起到镇定的作用，进而改善汽车发动机工作性能并延长其使用寿命。飞轮自身结构设计的合理性和工作的可靠性是汽车发动机长时间平稳工作的必要条件。因此，飞轮耐久性试验是飞轮投入汽车零部件市场之前的迫切工作。国外疲劳试验机价格昂贵且技术封锁；国内试验机产品自动化程度不高、精度较低以及工作频宽不高，远远满足不了飞轮试验需求，所以开发研制高性能飞轮疲劳试验机是有意义的尝试。

2. 基本原理及方法

飞轮工作时除了受到扭矩还有轴向窜动；为了精确模拟汽车发动机飞轮工作力学环境，本文采用液压传动方式对飞轮施加载荷。通过液压摆动缸将力矩经由传动轴加载到飞轮上；同时，利用液压直线缸模拟飞轮的轴向窜动，通过机械台架的设计实现两个方向运动的解耦和两通道的独立控制。采用有限元分析法，对飞轮加载台架进行静力学和模态分析，保证所设计的机械台架在飞轮疲劳试验过程中满足刚度要求和避开系统的共振频率以免引起共振进而造成对系统的破坏。动力机构既要满足系统的驱动要求，同时要求兼顾效率问题，因此本文根据动力机构功率最佳匹配原则选择液压系统的动力机构。根据选择的动力机构建立飞轮疲劳试验机的数学模型：力矩伺服控制环和位置伺服控制环；进而分析系统的动态特性。力矩闭环采用传统的双惯性环节控制策略，目的是控制开环传递函数谐振峰在零分贝以下，保证系统的稳定性；位置控制环则采用比例控制。采用幅相控制策略，针对系统正弦波（三角波也可）试验进行校正，将系统频宽提高至需要的带宽（动力源满足要求的情况下）。电控部分则采用 xPC 快速原型控制策略，实现控制系统的快速实现，主要由上下位机构成，上位机实现系统的监控，而下位机则实现系统的实时控制；上下位机通过网络实现数据通信。

3. 主要设计过程或试验过程

由于汽车发动机飞轮疲劳试验机要求施加的扭矩为 5000N·m；加载信号频率为 20Hz；故本文给出的传动方案为液压传动。液压系统具有较大的功率 - 重量比、高频响和较高的控制精度。飞轮扭矩的加载通过摆动缸施加；飞轮轴向窜动由直线缸模拟。根据液压系统的动力机构功率最佳匹配原则选择系统的动力机构；主要工作时计算出伺服阀的空载流量和液压缸的活塞直径与活塞杆直径，根据计算数值对缸和阀进行型号的确定。由于飞轮疲劳试验机是液压伺服系统，需要设计合理的伺服油源，根据节能高效的要求系统采用恒压变量泵的油源形式；由于飞轮疲劳试验需要长时间开机试验，需要较好的冷却系统，本文采用水冷同时辅以循环泵的形式；将热油和冷水实现充分地热交换，保证系统油温恒定。通过 AMEsim 软件仿真，验证设计的液压系统满足试验需求。

根据选定的动力机构和飞轮的具体尺寸与形状，设计飞轮疲劳试验机的试验台架、飞轮夹具和传感器的安装形式。考虑系统安装的方便以及扭矩传感器安装和飞轮安装，系统的扭矩传递并非依靠一根整轴来实现，所以传动轴间需要采用胀套式联轴器连接以避免采用键槽等连接间隙对系统带来冲击干扰。由于扭矩加载和轴向窜动分别由两路伺服闭环进行，就需要机械上实现两个运动的解耦。因此，摆动缸的安装箱体可以考虑轴向滑动，将箱体安装在滑槽上。摆动缸和直线缸都通过法兰安装在台架上。飞轮疲劳试验机机械台架设计完后，采用有限元方法对台架进行静力学和模态分析，验证所设计的机械台架满足飞轮疲劳试验的要求。

建立系统的数学模型：力矩控制环和位置控制环采用传统的控制方法，绘制其伯德图。大致估算系统的带宽，结果两种控制环均达不到试验要求；针对该问题，文中引入幅相控制，提高系统对正弦信号的跟踪能力，通过仿真验证，系统能够高精度实现 20Hz 的加载信号复现。

利用 xPC 快速原型控制策略实现疲劳试验机的实时控制；该控制策略分为上位机和下位机，分别实现系统的监控和实时控制。监控软件采用 LabVIEW 编写，完成数据存储、控制参数设置、试验波形实时显示和故障报警等功能；实时控制软件由 Matlab/Simulink 编写，并经过编译生成可执行代码下载到下位机，控制周期为 2ms。经过试验，本文所提的幅相控制满足飞轮疲劳试验的需求。

4. 结论

（1）根据飞轮加载的需求及飞轮自身的尺寸和结构，设计了飞轮疲劳试验机的机械台架，实现了扭转和直线运动的解耦。整个机械台架经过有限元静力学和模态分析后，满足飞轮疲劳试验过程中的刚度要求，且一阶模态频率约为 80Hz，远远大于飞轮疲劳加载带宽。

（2）根据飞轮疲劳试验的力矩、位移和加载速度的要求选择了液压疲劳试验机的动力机构，满足动力机构的功率最佳匹配原则，实现了节能高效的目的。并且设计了以恒压变量泵为主的液压泵站，同时辅以循环泵实现了油液的充分冷却，满足疲劳试验机长时间工作的需求。运用 AMEsim 仿真软件验证液压系统的可行性。

（3）建立疲劳加载系统力矩闭环和位置闭环的数学模型，绘制了系统开环伯德图；分析了系统的动态特性，力环和位置环分别在双惯性环节和比例环节的控制下带宽为 17Hz 和 15Hz 附近；引入幅相控制将正弦跟踪信号频宽拓展至 20Hz 以上。

（4）采用 xPC 快速原型控制策略，实现了疲劳试验机的实时控制，系统控制周期为 2ms。

5. 创新点

（1）根据飞轮疲劳试验功能要求设计的机械台架，实现了飞轮扭矩加载和直线位移加载的机械解耦，实现了两通道独立控制，简化了控制系统的开发过程，提高了系统的加载精度，实现了飞轮在发动机曲轴上运行环境的精确模拟。

（2）液压系统设计节能高效，液压动力机构是根据功率最佳匹配原则进行计算和选型的，满足了驱动能力和节能的要求；油源以恒压变量泵提供液压油，效率较高；另外，冷却系统采用循环泵将热油与冷水充分进行热交换，满足泵站长期工作要求。

（3）针对疲劳试验机伺服系统的动态特性，设计了幅相控制策略，系统正弦跟踪信号带宽得到较大的提高。

6. 设计图或作品实物图

图 1 为泵站、试验机及工控机总图。图 2 为疲劳试验机主体图。

图 1　泵站、试验机及工控机总图

图 2　疲劳试验机主体图

CK250-3 数控机床结构设计

沈　诚

沈阳工业大学　机械设计制造及其自动化

1. 设计目的

本文主要对 CK250-3 数控机床的床身光机和液压伺服刀塔进行设计。通过这次设计，达到对数控机床中换刀机构和床身光机的充分了解，并且积累了很多机械生产实践方面的知识，以便于以后工作的应用。另外，本人受到了一次综合运用所学理论和技能的训练，进一步提高分析问题和解决问题的能力；通过阅读参考文献，收集、运用原始资料以及使用规范、手册、产品目录等，提高了自身的设计计算及绘图能力。

2. 基本原理及方法

CK250-3 数控机床结构设计的方法是将实践和理论相结合，将在工厂所见和自己所学相结合。而在具体的各个零部件的设计上也运用了不同的理论和方法。例如，在对液压伺服刀塔电机的选型设计中，运用到大学物理中转动惯量来估计折算到伺服电机上的所需扭矩，并对电机进行选型；在对刀塔主轴的设计中，先根据扭矩、功率、转速等参数来计算主轴所需的最小直径，再通过选择标准件的方法来确定阶梯轴各段轴径，并运用了 ANSYS 有限元分析的方法对所设计的刀塔主轴进行加载、加约束并校核分析；在对齿轮副的设计中，分别运用了按齿面接触疲劳强度和按齿根弯曲疲劳强度两种方法进行设计计算，并综合两种方法确定齿轮副的主要尺寸参数；在对齿轮轴的设计中，方法与对主轴的设计方法相似，先根据扭矩、功率、转速等参数计算主轴所需的最小直径，再通过选择标准件的方法来确定阶梯轴各段轴径，由于齿轮轴的承载和受力远小于刀塔主轴，因此并未对齿轮轴进行 ANSYS 分析；在对刀塔主轴和齿轮轴上的滚动轴承与滑动轴承的校核中，运用到理论力学中的方法求解轴承受到的力；在对主轴和齿轮轴上平键校核中，由于其连接方式都为静连接，所以运用许用挤压应力进行校核。

3. 主要设计过程或试验过程

本次设计目的主要是为 CK250-3 数控车床床身光机配置刀塔及其液压控制系统。

（1）根据工厂的实际生产情况，通过咨询工人师傅一些关于结构形式和几何量精度等方面的问题，对该机床身光机有了比较全面的了解，并对 CK250-3 数控车床的床身光机进行了绘制。

（2）开始对液压伺服刀塔进行设计，首先对产内生产的液压伺服刀塔的总体尺寸进行测量，从而确定了所设计刀塔的大致整体尺寸。然后通过查阅网上资料，比较全面地了解了现今许多液压伺服刀塔的结构形式，并简单地绘制了所设计刀塔的传动链和大致结构图。之后开始对刀塔各零部件进行具体的设计：①从刀塔所用伺服电机的选型入手，通过计算刀塔主轴、齿轮轴及其上主要部件的转动惯量求出伺服电机所需提供的转速、功率和扭矩，并据此查阅电机产品手册进行选型；②对刀塔主轴进行设计，通过之前对主轴上零部件的设想，进行标准件的选型，确定了主轴各段的轴径和长度，此后根据主轴的受力情况对其进行了 ANSYS 有限元分析，并对刀塔主轴上小的零部件如活塞、套筒、背帽等进行了设计；③对齿轮副、大小同步带轮进行了传动比选择，并重点对齿轮副运用机械设计的知识通过按齿面接触疲劳强度和按齿根弯曲疲劳强度两种方法进行了具体的设计计算；④对齿轮轴运用与设计刀塔主轴相同的方法进行了尺寸设计，并对齿轮轴上的标准件深沟球轴承进行了选型；⑤对之前在刀塔主轴和齿轮轴上选用的标准件进行计算校核：包括根据主轴传递扭矩的要求对胀紧连接套校核，根据使用寿命的要求和理论力学的知识对深沟球轴承进行校核，根据轴承平均比压、发热参数、圆周速度的要求和理论力学的知识对滑动轴承进行校核，根据挤压应力的要求对平键进行静连接分析校核；⑥根据参考文献对动、静齿盘进行设计计算。

（3）对液压系统进行设计，包括对液压管路直径的计算、液压泵用电机的选型计算，还有对刀塔箱体内液压油路的设计。

（4）根据设计过程中总结的内容，进行整理和归纳，并撰写本文。

4. 结论

本次设计目的主要是为 CK250-3 数控车床床身光机配置刀塔及其液压控制系统。本次设计根据实际工程情况不仅绘制了 CK250-3 数控车床床身光机零件图，还绘制了刀塔主轴部件图、刀塔总装配图、刀塔箱体零件图。在机械方面，对刀塔内部主要构件如刀塔主轴、刀塔箱体、活塞、动齿盘、静齿盘、刀盘、大齿轮、齿轮轴进行了结构尺寸设计，并重点对刀塔主轴进行了 ANSYS 分析校核；其次对刀塔主轴和齿轮轴上选用的标准件如滑动轴承、深沟球轴承、平键、胀紧连接套进行了严谨的计算校核；在液压方面，对刀塔箱体内部的液压油路进行了设计计算，对液压泵用电机进行了选型计算，同时绘制了液压原理图，这使数控车床液压伺服刀塔的工艺性和稳定性得到了一定程度的改善。另外，本次设计在部分机械机构和液压控制方法上的创新也使得刀塔的整体结构尺寸得到了缩减。

5. 创新点

本设计在卓越工程师校企联合培养基地完成，并应用于实际生产。

（1）对刀塔主轴部件的设计：将活塞直接放置在主轴前端，有效地减小了主轴轴向尺寸和整个刀塔箱体的结构尺寸，改善了主轴的受力状况。

（2）对刀塔箱体和液压回路的设计：直接将液压油路在箱体上开出，通过外部液压管路直接与箱体上开好的油路相连接，直接对主轴进行轴向位置控制，这样设计不仅减小了液压伺服刀塔的整体结构尺寸，而且使刀塔主轴的结构变得更加紧凑合理。

6. 设计图或作品实物图

图1为设计作品的三维模型。

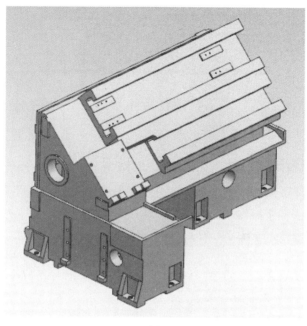

(a)

(b)

图 1　设计作品的三维模型

自动液压绷网机设计

方 聪

长江大学　机械设计制造及其自动化

1. 设计目的

绷网机是丝网印刷行业中用于制作丝网印版的重要设备。目前国内丝网印刷行业发展迅猛，对高质量的丝网印版需求巨大，市场上主要有手动和气动两类绷网机。手动绷网机的生产效率低，网版质量依赖于操作人员的经验；气动绷网机则存在初拉力太大、拉力不均匀的缺点。为解决上述问题，本文提出一种自动液压绷网机设计方案，即利用同步液缸实现丝网的拉伸，利用旋转气缸实现丝网的夹紧，以克服上述两种绷网机的缺点。经改良后的绷网机，绷紧的丝网张力稳定，适合制作各种高质量的丝网印版。

2. 基本原理及方法

根据绷网工艺要求，被绷紧的网布各边张力要相等，液压缸活塞杆的顶出动作就必须同步。本文设计的液压系统回路用到调速回路和同步回路来满足这一动作要求，具体如下。

（1）采用变量泵和调速阀组成的调速回路。减压阀与节流阀串联组成调速阀接入进油路，液压缸的慢进速度由调速阀调节，变量泵的供油量与调速阀调节流量相适应，且泵的供油压力和流量在工作进给与快速行程时能自动变换，以减少功率消耗和系统的发热。要保证该回路正常工作，必须使液压泵的工作压力满足调速阀工作时所需的压力降。

（2）采用同步分流电动机构成同步回路，其基本原理为采用相同规格、等排量的几个液压马达作为等流量分流装置的同步回路。这几个液压马达轴刚性连接，把等量的油分别输入尺寸相同的液压缸中，使液压缸实现同步动作。

由以上两种基本回路组成本文的液压设计回路，如图 1 所示，电动机驱动变量泵作为液压源，其中横向和纵向液压回路组成单元相同，其通过两个三位四通电磁阀控制绷网动作顺序，先顶出纵向液压缸活塞，稳定后再顶出横向液压缸活塞，这样所需的流量比同时顶出横向和纵向液压缸活塞的情况少。

考虑到安装底板是连接丝网夹头和液压缸活塞杆的重要传力部件，受力复杂，采用有限元分析法对丝网安装底板进行应力状态分析，通过有限元分析软件 ANSYS 对所建立的几何模型进行静力分析，检查所设计的结构是否满足要求。

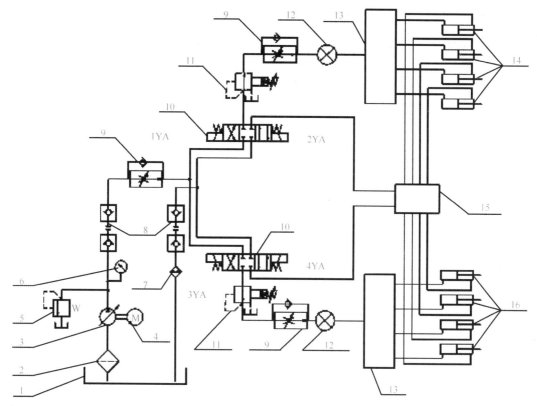

1.液缸；2.过滤器；3.变量泵；4.电动机；5.溢流阀；6.压力表；7.冷却器；8.快速接头；9.单向节流阀；10.三位四通电液阀；11.比例减压阀；12.压力变送器；13.同步分流电动机；14.横向绷网液缸；15.油路块；16.纵向绷网液缸

图 1 液压系统工作原理图

3. 主要设计过程或试验过程

本文先归纳常见的绷网方法，即手工绷网、气动绷网和液压绷网，然后比较各自的优缺点。其中，手工绷网器械仅适用于丝网张力较小的场合，而且逐渐被自动绷网设备所替代，目前自动绷网机主要以气动绷网机为主。为了避免气动绷网机存在的张力不大、施力不均匀、噪声较大等缺点，本文提出一种自动液压绷网机的设计方案，利用液压传动易于控制、传力平稳的优点，同时保留气动绷网机的一些优点，如采用多个旋转气缸作为丝网夹紧装置进行设计。气压传动的工作介质是空气，来源广泛且绿色无污染。

本文设计的自动液压绷网机的原始设计参数如表 1 所示，每次可绷紧 3900mm × 1560mm 的矩形丝网，其材质为最常用的聚酯纤维，根据丝网印版对不同材料的网丝张力要求，本文设计的丝网张力为 20N/cm，采用正绷网方式，即绷网角度 90°。

表 1 设备的原始设计参数

网布尺寸	丝网材质	丝网张力	绷网角度	液压系统工作压力
3900mm × 1560mm	聚酯纤维	20N/cm	90°	≤ 5MPa

矩形丝网各边均由两对液压缸活塞杆反向顶出来绷紧，根据绷紧丝网所需拉力，得到液压缸的工作负载，初选液压系统工作压力，可计算出液压缸内径以及相应的活塞杆直径，并圆整到《机械设计手册》上推荐的直径系列。

丝网夹头采用多个旋转气缸均布在底板上，工作时，每个气缸对丝网压条施加一定夹紧力，且压条与丝网接触部分采用齿状的橡胶设计，确保丝网同一边上受力均匀，夹紧牢固，防止在高张力时，丝网张力不均或滑脱。

4. 结论

本文以液压缸作为绷网动作的执行元件，水平或竖直方向的两对活塞杆同时推出带动对应丝网夹头分开，丝网夹头夹紧的网布就被缓慢地张开、绷紧。在丝网夹头底板上安装两个双联气缸及多个旋转气缸，丝网夹头的压条下端安装有带齿的橡胶条，通过气动系统同时控制这组夹紧气缸来实现自动夹紧和松开丝网的功能。设计的液压系统采用变量泵和调速阀组成的调速回路以及同步液压马达组成的同步回路，绷网动作平稳有序，协调一致，避免丝网被拉破或张力不均匀。通过对丝网的受力分析以及计算得出横向和纵向液压缸内径及活塞杆直径，根据《机械设计手册》对液压缸进行选型，具体选用力士乐的 CDT3MS2 系列单杆液压缸。计算得到需要 1kW 左右电动机带动排量为 $14cm^3/r$ 的变量泵作为液压系统的液压源。本文设计的自动液压绷网机的丝网夹头的安装底板是传递推力的重要零件，这里运用有限元分析的方法得到在工作载荷下其应力分布，横向安装底板最大应力为 47.062MPa，纵向安装底板为 20.708MPa，远小于其材料的许用应力，结构偏安全。

5. 创新点

（1）采用大幅面的绷网尺寸，一次被绷好的网布可根据需要与各种规格的网框粘牢，制成多个丝网印版。该方法效率高，且易于保证同批次的丝网印版的张力相同，模板一致。

（2）结合液压与气压传动各自的优点，使得绷网动作平稳协调，丝网夹紧牢固可靠，且不出现滑网或松脱现象。

（3）该自动液压绷网机采用矩形结构钢材焊接成对称的长条形机架，结构简单，制作容易；选用的液压或气压的元器件比较常见，容易购买，组装容易。综合考虑本文设计的绷网机，不仅具有较好的绷网效果，而且整台设备的成本低廉，若投入生产，则具有一定的竞争优势。

6. 设计图或作品实物图

图 2 为横向丝网夹头。图 3 为自动液压绷网机结构设计。

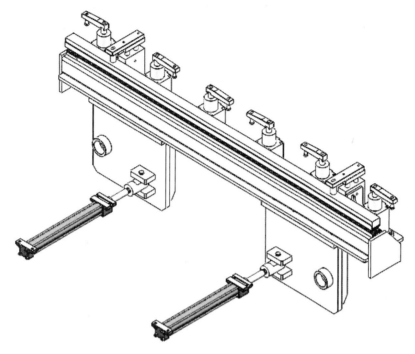

图 2 横向丝网夹头

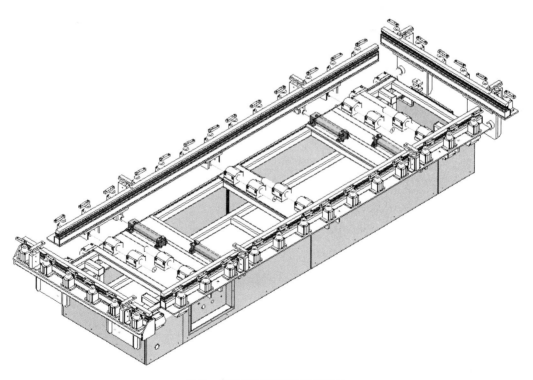

图 3 自动液压绷网机结构设计

清尾纱装置的开发设计

姜 山
天津工业大学 机械工程

1. 设计目的

本文参考国内外最新的设计理念，研究了一种新型的带有打散功能的尾纱清除装置。

2. 基本原理及方法

本文主要通过理论论证与试验中心总结的试验数据来加以说明：新型清尾纱装置采用多电机与气缸作为执行机构代替传统的连杆、齿轮、凸轮等复杂机构，使装置在满足既定功能的前提下，结构更加简单化；每个部分作为一个独立的单元互不影响，同时运用传感器检测技术实现定位、控制、计数等功能，整个装置自动化水平高，尾纱打散部分结构简单实用，具有显著的竞争力。

3. 主要设计过程或试验过程

通过对国内现有产品的分析，并参考了比较优秀的吸嘴设计理念后，进行了优化设计。设计出可以把尾纱打散成棉絮的机构，提高了工作效率，降低了生产成本。在设计过程中得出以下结论。

（1）对升降装置进行对比，从螺杆式变为圆带式，对结构进行优化，结构更加简单，加工成本更低。升降机构的安装和维护更加方便，安全性能得到很大的提高，满足实际使用需求。

（2）根据国外一些先进的设计理念和实际生产条件，选用气流打散方式，通过理论计算，得出负压接头内部结构要求，对负压接头进行结构设计，得到合理的结构。

（3）对负压场进行理论分析，从直吸式吸头变为吹吸式吸头，对负压接头头端进行优化设计，加大了吸棉距离和吸棉范围，提高了尾纱找头率，进而保障了清尾纱装置尾纱清除质量。

4. 创新点

（1）采用空气打散方式。
（2）设计具有尾纱打散功能的吸嘴。

5. 设计图或作品实物图

图 1 为清尾纱装置三维模型。图 2 为清尾纱装置的吸嘴。

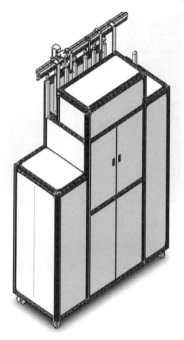

图 1　清尾纱装置三维模型

图 2　清尾纱装置的吸嘴

多节18650锂电芯组合时的安全防护与散热结构的设计分析

李陈陈

东南大学 机械工程

1. 设计目的

针对高电压、大容量电池包存在的安全及散热等问题，本文从结构设计的角度，进行深入研究，以更加科学合理的空间排列方式将几十节甚至更多节18650锂电芯串、并联起来，并加以支架、壳体等相关结构的设计组成电池包，保证电动工具、电动汽车、光伏储能、消费类电子产品等更加安全可靠的工作。同时，尽可能使所设计电池包具备散热通风良好、体积小、重量轻、利于加工生产且成本低等优势，为其后续市场推广奠定基础。

2. 基本原理及方法

本文以18650锂电芯为研究对象，采用理论分析、建模仿真和试验相结合的研究方法，对不同充放电倍率、不同温度等场景下锂电芯单体和电池组的热效应与安全防护进行了研究。本课题来源于东南大学——苏美达卓越工程师计划，根据学校导师和企业相关部门导师对本课题的要求，主要对以下几个方面的内容进行了研究。

（1）对18650锂电芯单体进行了研究。研究了18650锂电芯的基本结构和工作原理，对18650锂电芯的特点进行了分析，并研究了其产热机理和传热模型，并通过试验对18650锂电芯不同倍率放电时的放电容量进行了测试，对多次充放电过程中电芯单体的容量衰减情况和放电过程中电芯的最高温度进行了测试。

（2）对多节18650锂电芯成组设计进行了研究。研究了多节18650锂电芯组合时需满足的条件，确定了电芯组合时采用并行排列方式，两端植入式固定方式，有效地解决了电芯的固定和电芯之间空隙的控制问题。确定电芯之间的最小距离为2mm，通过CATIA软件进行数学模型的建立，利用ABAQUS CAE软件进行仿真分析，得出电池组工作时最高温度为90.8℃。通过试验确定了电池组容量在充放电循环中的衰减规律，以及电池组在高低温变化环境中的耐受情况。

3. 主要设计过程或试验过程

应公司的实际应用要求，以28节18650锂电芯串联的组合为例，分析多节18650锂电芯的串联组合。出于散热要求，电芯之间需要有一定的间隙来加速散热，避免电池组在工作过程中出现过热情况；同时，受空间体积的限制，电芯的排布又要尽可能紧凑。综合以上两个因素，确定电芯之间的最小距离设置为 2mm 进行三维数模的创建。28 节 18650 锂电芯采用 4×7 的组合方式进行排列，具体的建模过程如下。

（1）创建电芯两端固定架。查阅资料，确定电芯之间最小间隙设置为 2mm，经计算支架长度 $L_1=18×7+2×8=142$（mm），支架宽度 $L_2=18×4+2×5=82$（mm），电池的嵌入深度为 8mm。经过确定电芯的具体连接方式，采用"弓"字形连接方式，4 排一次顺序串接起来，确定连接片位置。所得两端固定架的简化结果如图 1 所示。

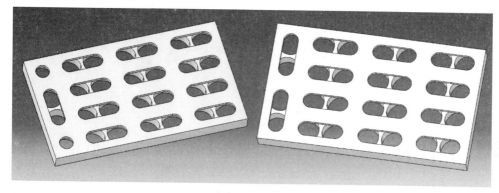

图 1 电芯两端固定架简化图

（2）创建 18650 锂电芯模型。对试验中的 18650 锂电芯进行测绘，创建 18650 锂电芯简化模型，试验用的电芯以及创建的电芯简化数学模型如图 2 所示。

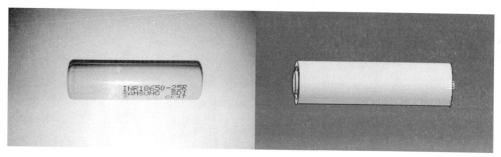

图 2 试验用的电芯和简化数学模型图

（3）建立电 - 热分析模型，采用 CAE 软件 ABAQUS 6.14 进行建模和仿真分析，首先将 CATIA 中创建的三维装配体数学模型以单个零件的格式导入 ABAQUS CAE 软件中分析，这时得到一个个单独的零部件。一般情况下，由于建模软件之间的交互性不是十分完美，导入零部件的命名较乱，为了后面分析时明确地查找和对各个零部件进行属性设置，本文对各个零件进行了重新命名，将 28 节 18650 锂电芯依次命名为"Sell-1"～"Sell-28"，两端固定架分别命名为"UP board"和"Down board"。

（4）创建材料。本次分析中主要用到两类材料，一类是用来代替 18650 锂电芯的材料，这里将使用 C70250TM00 型号的铜材代替 18650 锂电芯，根据电芯实际参数对各参数进行合理化修改，使之更符合 18650 锂电芯真实属性；另一类是电芯两端固定架所使用的材料，这里使用的是型号为 PA6T 的尼龙材料。然后将 C70250TM00 型号的铜材指派给 28 节 18650 锂电芯，将型号为 PA6T 的尼龙材料指派给电芯两端固定架。

（5）创建装配体。将赋予材料之后的各个零件创建成装配体。在 ABAQUS CAE 软件中装配完成后如图 3 所示。

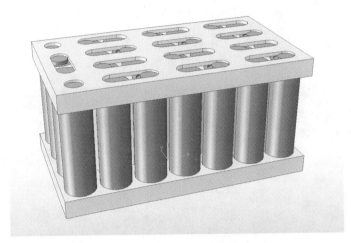

图 3　ABAQUS CAE 软件中的装配图

（6）网格划分。对各个零部件进行网格划分，这里进行的是热电单元网格的划分，为了分析更加准确，划分网格需要尽可能地细化，边划分边检查网格是否有误，最终网格如图 4 所示。

图 4　数学模型网格划分结果示意图

（7）设置边界条件。在模拟电池组的正极端加载集中电流时，首先模拟常用工况，加载电流 20A。将模拟电池组的负极端设置为零电势位，以便控制电流的流向。初始温度设置为 35℃。试验结果如图 5 所示，电池组内部最高温度为 90.8℃。

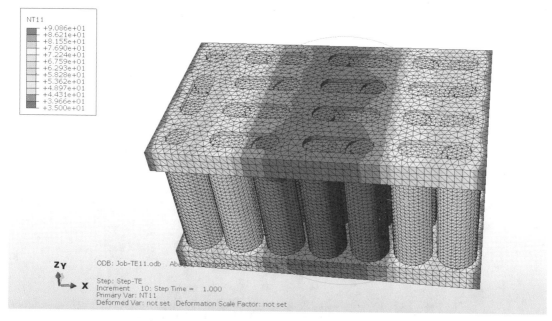

图 5　试验仿真温度分布图

4. 结论

（1）对 18650 锂电芯单体进行了研究。研究了 18650 锂电芯的基本结构、工作原理，对 18650 锂电芯的特点进行了分析。研究了 18650 锂电芯产热机理和传热模型，并通过试验对 18650 锂电芯不同倍率放电时的放电容量进行了测试，对多次充、放电过程中电芯单体的容量衰减情况和放电过程中电芯的最高温度进行了测试。

（2）对多节 18650 锂电芯成组设计进行了研究。研究了多节 18650 锂电芯组合时需满足的条件，确定了电芯组合时采用并行排列方式，两端植入式固定方式，有效地解决了电芯的固定和电芯之间空隙的控制问题。确定电芯之间的最小距离为 2mm，通过 CATIA 软件进行数学模型的建立，利用 ABAQUS CAE 软件进行仿真分析，得出电池组工作时最高温度为 90.8℃。通过试验确定了电池组容量在充放电循环中的衰减规律，以及电池组在高低温变化环境中的耐受情况。

5. 创新点

（1）采用理论分析、建模仿真和试验相结合的研究方法，对不同充放电倍率、不同温度等场景下锂电芯单体和电池组的热效应与安全防护进行了研究。本研究对单体进行了不同倍率放电容量测试试验、大循环测试试验，对电池组进行了大循环测试试验以及高低温耐受试验，同时对电池组热效应进行了数模的建立与仿真。

（2）研究了 18650 锂电芯的基本结构、工作原理，对 18650 锂电芯的特点进行了分析；研究了 18650 锂电芯产热机理和传热模型。

（3）确定了电芯组合时采用并行排列方式，两端植入式固定方式，有效地解决了电芯的固定和电芯之间空隙的控制问题。

6. 设计图或作品实物图

图6所示为设计模型图。

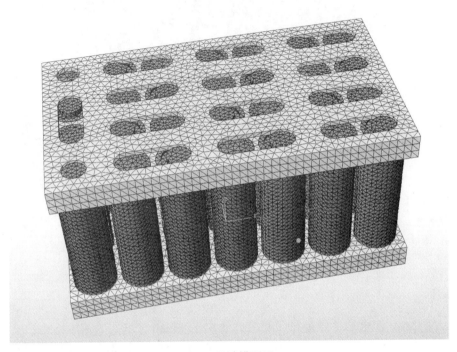

图6 设计模型图

汽车零部件装配快速夹取机构机械结构设计

李 杰

南京工程学院 机械设计制造及其自动化

1. 设计目的

自动化装配线操作的对象包括组成产品的各种零件、部件。对于一些设计成熟、市场需求量巨大、装配工序多、长期生产的产品，自动化装配线具有性能稳定、所需人工少、生产效率高、单件产品的制造成本低、占用场地最少等优势。因此，自动化装配是未来的大趋势，也是本文研究的重点。

未来汽车零部件自动装配技术的发展趋势如下。

（1）机器手在汽车自动装配线中被广泛应用。

（2）电子计算机技术在生产中被广泛采用。

（3）采用柔性装配线。

（4）自动装配线向柔性化装配线方向发展。部装和整装有机结合布局。

（5）机械设备向智能方向发展。

（6）汽车装配线的试验检测设备向微机控制、数字化、高精度等自动化方向发展。

（7）专用装配设备向高精度、高适应性、自动化方向发展。

2. 基本原理及方法

本文内容包括装配台夹具、变速箱垫片夹具、顶升机构和气动吸盘四个部分。由顶升机构将变速箱垫片及纸片送至指定位置；再由机器人气动吸盘吸取装配元件送到装配台进行装配，整个节拍8s。其中各个部分的基本原理如下。

1）夹具设计的主要理论

（1）六点定位原理。

（2）尺寸链的基本原理。

2）顶升机构设计的主要理论

（1）交流伺服电机的工作原理。

（2）带传动基本原理。

（3）螺旋传动基本原理。

（4）光电传感器的基本原理。

3）气动吸盘设计的主要理论

（1）真空泵的工作原理。

（2）真空吸盘的基本原理。

本文在设计过程中遇到以下几个难题。

（1）纸片在上料时经常会出现气动吸盘吸取好几张纸的情况。

最终的解决方法是：在相应夹具的上方加上毛刷；在气动吸盘下方加压块；让机器人吸取纸片完成后在毛刷区域上下抖动等。

（2）装配板处于高温状态且易热胀冷缩而变形，不容易定位。

最终的解决方法是：本体钻定位孔用圆柱销定位，四周用四个圆柱销侧定位，侧定位的销留有一部分余量；用螺丝支撑整个装配板，便于散热。

3. 主要设计过程或试验过程

（1）对汽车零部件的尺寸以及配合要求进行分析，选取合适的装配方案。保持纸片1不动，机械手将钢板送到放置好纸片1的一号装配区进行装配，再将纸片2送到1号装配区与装配好的装配体进行装配，最终将完成装配的零件送到摆放区域。

（2）对汽车零部件装配夹取机构总体结构进行设计，并确定要设计的具体机构。该机构分为零件上料区域、纸片上料区域、装配台装配区域和机器人区域等四个基本区域。要设计的具体机构包括：零件和纸片的顶升机构、零件和纸片的定位夹具、气动吸盘夹具、装配台装配夹具和机器人的选型。由于要考虑通用性的要求，零件和纸片夹具、气动吸盘夹具、装配台装配夹具都要模块化，便于快速替换。本文通过对装配好的汽车零部件进行分析，设计同时符合零件和纸片定位要求的夹具，从而简化设计时间和成本。

（3）对装配台夹具的具体设计。由于要符合该零件的使用特性及客户的相关要求，该夹具通过配合孔用圆锥销定位装配零件，整个夹具台阶螺丝支撑夹具（既可以抬高方便后续工艺机器人抓取夹具放入热压磨具，又可以隔热），小头锥角型内螺纹型定位销定位。

（4）气动吸盘的具体设计。对气控原理进行设计；对真空泵、真空吸盘进行选型；对具体的夹具整体结构进行设计；考虑到装配台垫片上有黏合剂会影响下料，在该夹具上添加弹簧装置。考虑到纸片上料时可能吸取多张纸片的情况，在真空吸盘下面添加压块，在气动吸盘上安装压力表（带压力反馈）来检测机器人是否成功吸取零件。

（5）零件和纸片的夹具的具体设计。由于零件和纸片要升降到固定高度来方便机械手选择落点，所以要对零件和纸片进行限位，最终采用组合面的方式，钢板和圆柱的高度为225片零件或者纸片高度之和的3/2。

（6）顶升机构的具体设计。采用交流伺服电机驱动，通过带传动带动滚珠丝杠，实现零件的上下移动，对电机、皮带、皮带轮、滚珠丝杠、导轨等标准件进行选型，在相应位置安装光电传感器确定零件抬升的高度。在丝杠相应位置安装接近传感器对丝杠的升降的行程进行控制和保护。

（7）对设计好的夹具机构进行节拍分析和运动仿真。

4. 结论

本文完成了汽车零部件装配快速夹取机构机械结构设计，该机构能够自动实现零件和纸片的上料、吸取、下料的装配过程。通过接近传感器、负压表、电传感器等，能够对零件和纸片进行位置状态识别和相关装置的保护，从而保证装配过程的精度要求。考虑到整个机构的通用性，本文所有的夹具都采用模块式。该夹具能够实现夹具的快速换型，扩大了机构的使用范围。

该机构完成一个装配工序要 8s，一天能够 24h 不间断工作；可以完成 10800 组零件的装配工作，约是人工装配的 7 倍，显著提高了生产效率，减少了零件的装配成本；该机构还有性能稳定、地面积小等优点。

同时由于时间关系，本文还有很多不尽人意的地方。如果有足够的时间，可以进行以下进一步的设计研究。

（1）将放置零件的圆台换成可以转动的转盘，能够在机械手完成半小时工作量的装配任务后，自动旋转180°，完成下一个单元工作的上料。

（2）将装配台改成分度转盘或者线体，完成一个 8s 节拍的装配工作后，能自动转到下一个装配点。

（3）在装配分度转盘旁再放置一个专门下料的工艺机器人，设计夹取装配板的机械手来夹取装配好零件的装配板放入热压模具进行下一工序，使得整个机构形成一个完整的工作循环，能够实现 24h 不间断工作。

5. 创新点

（1）纸片上料：由于纸片在上料时经常会出现气动吸盘吸取好几张纸的情况，所以本文通过在相应夹具的上方加上毛刷、在气动吸盘下方加压块、让机器人吸取纸片完成后在毛刷区域上下抖动等方式来避免这种情况的发生，极大地提高了装配的准确性和效率。

（2）气动吸盘夹具快换：考虑到机构通用性，当装配零件发生变化时，机器人能够通过快换接头快速换取相应的气动吸盘夹具，保证装配过程顺利进行，提高了机构的使用范围和装配效率。

（3）零件和纸片夹具：选取零件和纸片的共同部分进行定位分析，从而进行设计，将两种夹具合并为一种，显著缩减了设计的时间和成本。

6. 设计图或作品实物图

图 1 为设计作品的三维模型。

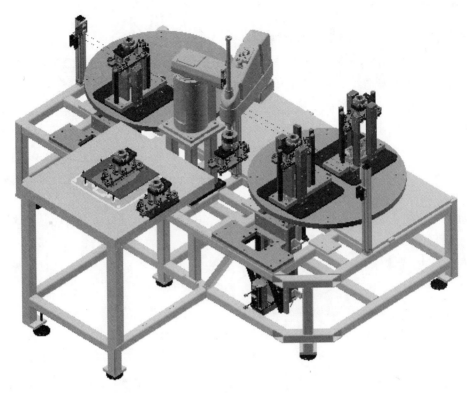

图 1　设计作品的三维模型

轴承环锻压机器人控制系统软件设计

张 强

沈阳工业大学 机械设计制造及其自动化

1. 设计目的

本文设计的目的是改变现有轴承环加工的方式，设计出适合的机器人来代替工人锻造加工轴承环；设计出轴承环锻压机器人控制系统软件对机器人进行实时控制，达到现场工人操作的效果。在轴承环锻压行业中，长期以来一直采用操作工手动夹钳高温的加工物料，不仅劳动强度大，同时也有被烫伤的危险，所以采用机器人代替工人完成轴承环锻压工作的方法可以有效地解决这些问题，并且可以保证产品质量、提高生产效率、提高产品量、减少工人数量。

2. 基本原理及方法

本文根据软件工程学中开发软件的方法，将轴承环锻压机器人控制系统设计分成问题定义、可行性分析、需求分析、概要设计、详细设计和编码。

（1）问题定义：分析现场轴承环锻压加工过程，对机器人的种类、结构、台数进行分析设计，对轴承环锻压机器人的工作环境、工作技术原理以及面临的问题进行研究。

（2）可行性分析：查阅了解机器人控制系统方案研究现状，从经济可行性、技术可行性、运行可行性、法律可行性和开发方案等方面进行研究可行性，熟悉各个控制系统方案的优缺点并进行比较。

（3）需求分析：包括从业务需求、用户需求、功能需求等方面对轴承环锻压机器人控制系统软件的需求进行描述和分析，了解分析机器人常用的功能，对轴承环锻压机器人的特殊需求进行分析，将所有的需求功能进行模块化划分，在此基础上反复进行问题分析和方案的综合。

（4）概要设计：设计系统方案，在系统方案中选取一组合理的方案进行功能分解，计算分析并选择所需硬件，设计软件功能总体结构，编写概要设计文档并进行复查。

（5）详细设计：分析软件功能结构图，对主要功能模块进行工作流程设计，确定每个模块接口的设计，分析每台机器人的动作并设计工作流程图，对机器人工作界面进行设计。

（6）编码：选择程序设计语言，学习机器人的动作功能指令并对主要动作进行编程。

3. 主要设计过程或试验过程

（1）经过分析轴承环锻压加工的过程，对机器人的种类、结构、台数进行分析设计，其中机器人本体结构主要包括底座、立柱、大臂、小臂、手腕、伺服电机、减速器等（其中取料机器人有气缸、手柄、手爪，操作机器人 A、B 有双工位机械手），选择采用三台类 SCARA 机器人协同操作，以代替五名工人进行半自动工作，并对三台机器人各自需要完成的动作进行划分，分别为取料机器人、操作机器人 A 和操作机器人 B。

（2）查阅了解机器人控制系统方案研究现状，包括单片机控制系统方案、PLC+ 位置控制模块控制系统方案、机器人专用控制系统方案和 IPC +I/O 卡＋运动控制卡的控制系统方案，从经济可行性、技术可行性、运行可行性、法律可行性和开发方案等方面进行研究，选择采用西门子 S7-1200PLC+ 位置控制模块对机器人实现自动化控制。

（3）对轴承环锻压机器人控制系统硬件进行需求分析，设计机器人控制系统硬件结构图；根据设计要求进行计算，选取伺服驱动器、伺服电机、减速器等硬件的型号；根据计算及分析设计结果，采用 SolidWorks 三维软件进行机器人本体结构设计，生成二维图并用 AutoCAD 进行完善。

（4）对软件需求功能进行分析，并对所有功能模块进行模块化划分，设计软件总体功能结构图；分析软件功能结构图，对主要功能模块（示教、再现模块）进行工作流程设计，确定每个模块接口的设计；分析每台机器人（包括取料机器人、操作机器人 A、操作机器人 B）动作并设计工作流程图；设计计算三台机器人协同动作一次循环所需时间，达到生产要求的周期时间；程序设计语言选择梯形图，对机器人的主要动作功能指令（运动轴启动、停止、回零、绝对运动、复位等指令）学习并进行编程。轴承环锻压机器人人机界面采用西门子 SIMATIC Wincc flexible 组态软件进行设计，人机界面面板选择采用 MP277 多功能 10 寸面板，RS-485 接口采用 Profibus-DT 协议与 S7-1200PLC 进行通信。根据软件所需功能进行界面组态，工作界面达到界面友好、操作使用方便等要求。

（5）对设计成果进行总结，分析轴承环锻压机器人所需软件功能是否齐全、能否实现功能目的，并进一步完善来达到系统要求。

4. 结论

由于轴承环锻压过程危险、温度过高、劳动强度大且人工的生产质量不稳定，用机器人代替人工完成可解决这些问题，为了能够让机器人完全代替人进行半自动操作，设计一种三台机器人协调工作的控制系统软件，可使轴承环锻压的生产效率和产品合格率有所提升。本文主要研究工作如下。

（1）为实现轴承环锻压过程，调研了解轴承环锻压生产过程，对三台机器人本体结构进行设计，对三台机器人的工作进行分配，达到协调动作流畅，一个循环周期在 25s 左右。

（2）为三台机器人实现协调控制，选用 PLC+ 位置控制模块的控制系统方案。

（3）为实现机器人控制系统软件功能齐全，对软件需求进行分析，分析所需的功能模块，进行模块化划分，并对主要功能模块进行详细设计。

（4）为实现机器人动作流程，对三台机器人的动作流程图进行详细分析与设计，并对主要流程指令进行设计。

（5）为使操作人员方便使用触摸屏，对轴承环锻压机器人设计专门的工作界面，达到界面友好的效果。

5. 创新点

（1）长期以来轴承环锻压行业都是采用人工进行徒手操作，本次的设计改变原有的观念，将机器人代替人工操作，实现自动化生产，顺应了"中国制造2025"的理念。

（2）本文设计的轴承环锻压机器人控制系统以 PLC 为主控装置，使 PLC 与相关器件的功能融合到理想的程度。所设计的轴承环锻压机器人控制系统具有很好的稳定性和可扩展性，其中最重要的是，该控制系统性价比很高，适合于轴承环锻造的场合。除此之外，机器人的每一个加工循环过程是固定不变的，十分适合 PLC 进行控制。

（3）本文设计的人机界面采用西门子 SIMATIC Wincc flexible 组态软件进行设计，之所以选用 Wincc flexible 组态软件，是因为它集成了 Protool 的简易性和 Wincc 的开放性，再加上创新技术应用灵活，适用于各种人机界面。

6. 设计图或作品实物图

图 1 为轴承环锻压机器人的三维模型。

图 1　轴承环锻压机器人的三维模型

八开单张纸凹版打样机印刷单元设计

黄勋波

北京印刷学院 机械工程

1. 设计目的

小幅面单凹机在烟包以外的精品包装有很大的市场，如印数较大的酒盒、化妆品、药盒等。本文针对目前的市场需求，设计出与之相适应的八开单凹打样机的印刷单元。该打样机可用于烟包生产企业的打样，亦可以用于实验室进行印刷适性研究的印刷打样，也适合在展会展示。同时，在设计时考虑到要适合数码单张纸印刷机的走纸方式，该打样机可为以后数码单张纸平版、凹版印刷打样机的模块化设计打下了良好的基础，将会有广阔的市场前景。

2. 基本原理及方法

整体设计采用先进模块化设计理念，模块化产品设计方法的原理是：在对一定范围内的不同功能或相同功能、不同性能、不同规格的产品进行功能分析的基础上，划分并设计出一系列功能模块，通过模块的选择和组合构成不同的顾客定制的产品，以满足市场的不同需求。这是相似性原理在产品功能和结构上的应用，也是一种实现标准化与多样化的有机结合及多品种、小批量与效率的有效统一的标准化方法。这种方法可以使本设计单独运转也可以与其他单元多样性组合。

3. 主要设计过程或试验过程

合理设计打样机结构，分析、选择合理给纸单元、印刷单元和收纸单元方案。本设计主要对印刷单元进行设计。用三维软件 SolidWorks 虚拟建模，然后进行虚拟装配、主要部件的校核分析，最后用二维制图软件 AutoCAD 绘制工程图纸。

图 1 为设计流程图。

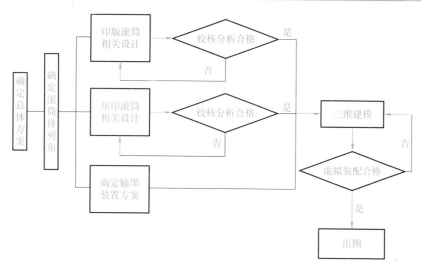

图1　设计流程图

4. 结论

在充分调研与分析的基础上，查阅大量资料及相关专利，了解单张纸凹版打样机的工作原理，从而设计其滚筒排列方式，确定大体布局；然后合理设计供墨装置、印版滚筒结构、压印滚筒结构、离合压结构；接着完成各机构设计，计算并校核各零件强度，对设计加以改进优化；其次借助 AutoCAD、SolidWorks 等软件完成对改进设计后的部分零件绘制二维装配图、部分零件图和三维建模装配图。

本设计产品有以下优点。

（1）设计的凹版打样机采用倍径滚筒结构，有效印刷面积大，由于压印滚筒旋转一周，印版滚筒旋转两周，着墨和刮墨各两次，着墨效果好。

（2）分体式印版滚筒制版成本低，易换版。

（3）目前八开单张纸凹版打样机在市面上还没有，所以此次设计产品也将填补这一空白。

由于时间和知识有限，本设计产品还有待提高，主要有以下不足之处。

（1）滚筒设计时，只针对其轴刚度进行了校核，没有对其轴结构进行校核，有待进一步详细计算校核验证。

（2）由于时间关系，没有对供墨装置等一些其他相关装置进行详细设计。

（3）印版滚筒装置可能会出现径向串动误差，这会影响印刷效果，有待进一步改善。

以上问题希望后来者能进一步改进、完善，最终使得该设计产品能应用到实践当中。

5. 创新点

（1）填补了小型单张纸凹版打样机在国内的空白。

（2）采用无轴传动设计印刷单元的传动系统，使得传动链简单，控制准确，抗干扰能力强。

（3）采用模块化设计理念，使得该打样机可以手动给纸，成为半自动打样机；也可以连接给纸机，组成全自动打样机。

6. 设计图或作品实物图

图 2 为设计作品的三维模型。

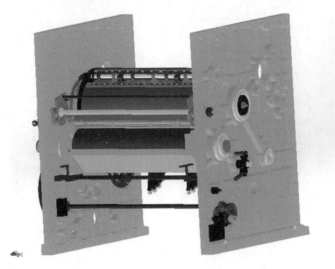

图 2　设计作品的三维模型

70mm 厚叠层机织碳布缝纫机设计

钟宏民

天津工业大学　机械工程

1. 设计目的

碳纤维复合材料以其优越的性能广泛应用于航空航天领域。三维立体织物作为复合材料的骨架材料通常被称为预制体。目前，国内预制体成形技术比较落后，大部分还停留在手工或者半机械、半手工阶段，不能满足复合材料工业应用的需求。目前碳纤维角联织机仅能够织造最大厚度约 30mm 的三维织物，且准备工作时间长、成本高，不能满足更厚复合材料的需求。为满足复合材料厚度为 70mm、幅面尺寸约 100mm × 100mm 的碳纤维复合材料的小批量生产需求，本研究设计了 70mm 厚叠层机织碳布缝纫机，能实现复合材料骨架织物的自动化生产，降低织物成形的成本。

2. 基本原理及方法

该缝纫机采用单线链式缝合方法，其成缝原理大致为：由机针带着缝合线刺入碳布，钩针从机针上勾取缝合线形成线环，机针退回，碳布移动，机针再次刺入并从钩针上的线环穿过，钩针再次从机针上勾取线环进入下一个循环。

根据以上缝合轨迹成缝原理，将该缝纫机分为三大核心部分：引纱装置、锁扣装置和送料装置。

（1）引纱装置中的核心构件是机针，采用曲柄滑块机构实现其往复运动，以实现其引纱功能。而细长的机针容易变形，故在引纱装置中加入抱针块，采用直动从动件盘形凸轮机构实现其运动规律。

（2）锁扣装置中的核心构件为钩针，为实现钩针的缝合锁扣，钩针需要实现摆动和直动两种运动。其摆动由摆动从动件盘形凸轮机构实现，直动由空间圆柱凸轮机构实现。

（3）送料装置中包括夹布平台、移动平台和压布机构。夹布平台用于夹紧碳布，由上下两套夹具构成。两套夹具间的距离可以调整，以适应不同幅面的碳布。移动平台用于实现碳布的准确移动，主要由两套正交放置的丝杆螺母机构实现碳布两个方向的移动。压布机构的作用是：当机针刺入碳布时，较大的穿刺力将使碳布沿着机针刺入方向下凹，使织物出现变形、缝合密度不均。压布机构正是为了防止碳布下凹而设计的。该机构主要由上、下两个压条构成，每个压条安装两个气缸，以实现在机针刺入时，压条对碳布的夹紧。

3. 主要设计过程或试验过程

在比较了各种缝合方法后，选定了简单高效并适合于缝合 70mm 厚碳布的缝合方法——单线链式缝合方法。然后分析了链式缝法的原理及轨迹形成过程，根据其缝合原理将该缝纫机分为三大部分：引纱装置、锁扣装置和送料装置。

（1）引纱装置的主要目的是将纱线引入碳布，其核心构件是机针。机针需要进行大动程往复直线运动，且要求机构简单、灵活，故采用曲柄滑块机构实现机针的运动。曲柄滑块机构设计步骤如下：首先确定机针动程，然后根据动程确定曲柄长度和连杆长度，最后完成结构设计并优化。由于机针属于细长件，且受到较大的碳布阻力，故在机针上加装抱针块。由于其运动规律较为复杂，采用直动从动件凸轮机构实现其运动。该机构设计步骤如下：首先根据力学原理确定抱针块在机针上的最佳位置，也就是确定抱针块与机针的位置关系；然后对机针进行运动分析，确定机针位置相对于主轴转角的关系，也就是确定机针的运动规律；根据抱针块与机针的运动关系确定抱针块的运动规律，并修正运动规律以消除刚性冲击；再根据抱针块的运动规律确定凸轮廓线；最后完成抱针机构的结构设计，进而完成整个引纱装置的结构设计。

（2）锁扣装置的核心构件是钩针，主要通过钩针的摆动和移动，并与机针配合，完成缝合锁扣的功能。根据其运动复杂的特点分别采用摆动凸轮和圆柱凸轮实现钩针的摆动与移动。该装置主要设计步骤如下：首先根据缝合过程确定钩针与机针的配合关系；其次根据这种配合关系分别确定钩针的摆动及平动规律；然后根据其运动规律确定凸轮廓线；最后完成该装置的结构设计。

（3）送料装置要实现的功能是：在缝合过程中，每完成一个线环的锁扣，该装置准确地将碳布移动一个线环的距离。对于该装置的设计，首先确定其碳布固定方法，即采用夹布平台夹紧碳布，碳布竖直放置。夹布平台由两套夹具构成，并可以调整两夹具间的距离以适应不同幅面的碳布。而夹布平台的移动由两套丝杆螺母机构实现，并且为了增加起运动稳定性，在丝杆两侧加装滑块，以移动平台的方式，将夹布平台固定于移动平台上。

在完成各装置结构设计的基础上，进行整机的结构设计并建立整机的虚拟样机。并对其关键部件进行力学分析，校核机针的刚度及强度，校核主轴的强度，对压布机构中的压条进行刚度校核。最后，设计系统的控制方案，完成对各元件的选型，并设计其控制流程。

4. 结论

为满足 70mm 厚碳纤维复合材料预制体的成形，设计了专用缝合设备，即 70mm 厚叠层机织碳布缝纫机。现对本次设计主要完成工作的总结如下。

（1）选定该缝纫机的缝合方式为单线链式缝法，并根据其缝合轨迹形成过程将该缝纫机分成三大部分：引纱装置、锁扣装置和送料装置。

（2）确定了各部分的总体方案。即采用曲柄滑块机构实现引纱；分别由平面凸轮和圆柱凸轮实现钩针的摆动与移动，以实现缝合锁扣；送料装置中，由夹布平台夹紧碳布，由丝杆螺母机构移动夹布平台以实现碳布的移动。

（3）完成了对各装置的详细结构设计，并根据需求设计了辅助机构，包括：为防止机针变形，设计了凸轮抱针机构；为防止织物变形及缝合密度不均，设计了压布机构。

（4）为了顺利完成对各装置的详细结构设计，对引纱装置、锁扣装置进行了运动分析。

（5）完成了整机的结构设计并建立了虚拟样机，并对其引纱装置中的机针、主轴以及压布机构中的压条进行了力学分析。并在此基础上完成了控制方案的设计。

5. 创新点

（1）为防止细长的机针失稳变形，在机针上设置了抱针块。机针刺入碳布的过程中，抱针块总是处于近似的最佳位置，使得机针能够承受的临界压力达到最大值。机针的运动通过凸轮机构实现。

（2）采用摆动凸轮和圆柱凸轮分别实现钩针的摆动与移动，且两个凸轮"串联"于一根轴上，结构紧凑。

（3）采用分离式夹布平台夹住碳布两端。两套夹具之间的距离可以调整，以适应不同幅面的碳布。同时，碳布竖直放置，利用重力使碳布自然下垂，以保持碳布平整。

（4）采用两套丝杆螺母机构实现夹布平台的两个方向的移动，运动准确且灵活。

（5）采用随动式压布机构，使用长条式压板夹紧碳布，在同一行的缝合中，压布机构随碳布一起移动，高效、可靠。

6. 设计图或作品实物图

图 1 为 70mm 厚叠层机织碳布缝纫机三维模型。

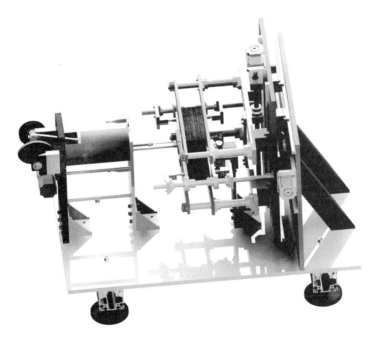

图 1　70mm 厚叠层机织碳布缝纫机三维模型

大型矿井提升机承载实时在线智能监控系统设计

吕 鑫

中国矿业大学 机械工程

1. 设计目的

本设计对提升钢丝绳的张力，以及箕斗的装、卸载情况进行实时在线动态监测，以便随时掌握提升载荷的情况，并在发生故障时，及时做出相应的报警与事件记录，有效防止事故发生。

本设计将着重于提升钢丝绳载荷在线动态监测装置的监测功能、原理，模块组成及应用效果。通过准确、实时地采集并处理提升钢丝绳的张力数据，高效完成提升载荷的监测，使得发现故障时能及时处理，避免重大事故的发生，有效保证矿井提升的安全生产，保护矿井工作人员和提升设备的安全。

2. 基本原理及方法

鉴于离线静态钢丝绳张力检测的局限性，以及在线动态实时监测提前预警的优点，本设计将力求实现钢丝绳载荷在线实时监测。系统主要由传感器数据采集模块、基于 CC2430 芯片和 Zigbee 通信协议的无线传输模块、可编程控制器 PLC 的下位机和基于组态王 6.55 的上位机模块、本安防爆模块、通信模块等部分构成。

PLC 可实现对所采集信号的处理分析以及各工况故障下的报警等功能，下位机 PLC 程序通过微机中的 STEP 7 MicroWIN 软件编写并下载，可实现张力信号采集、故障判断、报警及停机等功能；上位机组态王软件一方面接收下位机信号，另一方面采集定量斗关闭、箕斗到位等行程开关量，综合这些参数与检测到的钢丝绳张力值，可实现对过载、卡罐、张力不平衡等故障的判断，在需要时进行报警并控制下位机 PLC 进行停车。上位机软件包含载荷曲线显示故障报警、数据库存储及查询、报表打印等模块，以真正实现钢丝绳张力在线实时监测。

本设计针对矿井中常用的两类提升机容器吊挂装置分别进行传感器的选用、设计和安装。在提升机液压螺旋调绳装置中安装了环形测力传感器，在张力平衡装置上安装压块式测力传感器或者油压传感器，各个传感器将相对应的提升钢丝绳的载荷（张力）值取出，送入安装在箕斗上的 Zigbee 无线通信模块发射装置内调制发出，由设置在井口地面上的 Zigbee 无线通信模块的接收装置接收无线传输来的张力信号，进行相应的处理后，经串口送入下位机 PLC 和上位机组态王 6.55 组态软件，进行数显、曲线显示、故障诊断和报警输出等，以此构成一个完整的在线监测系统，充分保证多绳提升钢丝绳在线监控系统设计的可靠性和合理性。

3. 主要设计过程或试验过程

根据矿井提升机的工作环境和特点,本设计研究了一种可靠性高的多绳提升钢丝绳载荷在线实时监控系统方案。设计过程可归结为以下部分:钢丝绳载荷动态测量、数据无线发射和接收模块的设计、数据监控处理模块的设计、电源和电控柜模块的设计等。在线监测要进行的工作主要包括:传感器的选用、设计和安装、载荷数据的发射和接收、电源和电控柜的设计以及软硬件处理部分。设计要完成的模块主要包括以下几个模块。

1)传感器数据采集模块

通过分析钢丝绳提升动力学,算出钢丝绳的最大张力出现在爬行阶段结束时,T_{max}=10845N,则选用传感器时必须要考虑到传感器所能测量承受的力是否满足要求。传感器使用时,要根据用户的实际需要对传感器的参数进行相应的初始化设置。所设计的软件中的参数设置应该包括传感器初始参数设置、各工况下对应于箕斗行程开关量的钢丝绳张力上下限参数设置和蓄电池电流、电压值上下限等。若传感器为自行设计,则其参数设置包括零点和传感器系数等。

2)数据处理与无线传输模块

将测力传感器采集到的钢丝绳张力数据进行放大、滤波等处理后,由CC2430芯片支持的Zigbee无线通信模块将数据从箕斗上传输到井口的可编程序逻辑控制器和上位机组态软件中,井口的无线接收装置接收到载荷信号是PLC和上位机组态程序所用到数据源。

上位机组态软件组态王6.55从西门子S7-200系列PLC中读取数据并进行张力值实时数据、曲线显示,并将数据存储到数据库中以备查询。同时,PLC和上位机组态王会结合箕斗的行程开关量判断钢丝绳张力值是否在允许范围之内,如果超过限定值,则发出报警并进行相应紧急处理。

3)报警和数据库模块

当提升系统发生包括卸不净、过载(某一钢丝绳的张力值超过限定值)、卡罐、松绳、张力不平衡、断绳等情况时,监测系统应能及时发出声光报警,以便引起相关工作人员的注意。本设计可以通过对下位机PLC程序和上位机组态王6.55软件的设计,结合箕斗的行程开关量和钢丝绳张力完成故障判断,并组建了钢丝绳张力值数据库和报警事件数据库,钢丝绳的张力值和报警事件都会记录在相应的数据库中,用户可以根据报警时间查询相应的事件和当时钢丝绳的张力值。

4)载荷数据曲线显示模块、报表打印模块等

本设计通过对上位机组态王6.55软件的画面设计,调用相关控件,编写相应脚本程序,所设计的组态王软件画面使用了几种数据显示方式,其中包括载荷实时曲线显示,以便显示各根钢丝绳的在线张力测定值并判断各个工况下提升机钢丝绳是否存在安全隐患。

5)本安兼隔爆外壳、电控箱模块的设计

本设计在井下的传感器和无线发射模块拟采用电池供电,必须对电路的性能参数(电流、

电火花等）进行本安设计，对电池和无线发射模块加装隔爆外壳。为了充分保证安全，井口的防爆电控柜、无线接收模块也采用本安、隔爆措施。

6）通信模块的设计

传感器与无线发射模块之间、无线发射模块与无线接收模块之间、无线接收模块与下位机、上位机之间，以及下位机 PLC 与上位机组态王 6.55 软件之间均需要进行通信。为了协调通信，需要考虑各部分的通信协议、波特率、奇偶校验等，以保证数据传输的准确性。

数据信号即时准确地传送到上位机和下位机是本设计实现在线监测的关键，为了保证信号传输的质量和可靠性，本设计采取多种硬件和软件抗干扰措施，保证信号不失真，系统不会误判断、误动作。

4. 结论

本设计中采用模块化的设计思想，整个监控系统可分为传感器数据采集模块、张力信号无线发射和接收模块、下位机 PLC 控制模块和上位机组态王 6.55 监控等几个大模块，对于每个大模块还可以具体分成更小的模块。模块化设计相对独立，要特别考虑模块之间的通信连接。本设计传感器信号要从井底传到井口的下位机和上位机，通信比较复杂，距离也比较长，所以本设计也对模块之间的通信连接进行了具体的设计，以满足各模块正常通信的要求。

本系统设计工作量较大，加上时间和条件的限制，本系统并没有在实际工况中验证其功能是否能满足要求，也没有相关模拟设备工作的试验条件，上位机组态王的仿真只能针对内部的仿真 PLC 设备，在连接实际设备时，按照组态王仿真 PLC 设备的安装方式安装实际设备，通信满足要求，若对仿真 PLC 可以实现监控，则说明上位机监控系统在实际运用中也能达到相应效果。

5. 创新点

（1）避免传统的离线监测方法的局限性，本设计采用在线实时动态监测，力求实现钢丝绳载荷在线实时监测。

（2）本设计对两类提升机容器吊挂装置分别进行传感器的选用、设计和安装，在提升机液压螺旋调绳装置安装了环形测力传感器，在张力平衡装置上安装压块式测力传感器和油压传感器。

（3）无线通信模块使用支持 Zigbee 的 CC2430 射频主控芯片，集成度很高，与以往的研究中使用较多的放大、滤波、A/D 转换、单片机、天线等单独分开的设备相比，其集成度更高，模块更紧凑，尺寸和重量更小。

（4）通过下位机 PLC 实现对所采集信号的处理分析以及各工况故障下的报警等功能。

（5）上位机软件包含载荷曲线显示故障报警、数据库存储及查询、报表打印等模块，以真正实现钢丝绳张力在线实时监测。

（6）本设计采取多种硬件和软件抗干扰措施，保证信号不失真，系统不会误判断、误动作。

6. 设计图或作品实物图

图 1 为提升机承载实时在线监控系统设备组成。

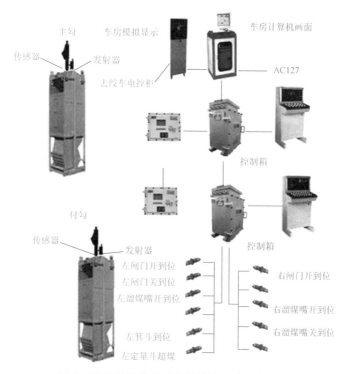

图 1　提升机承载实时在线监控系统设备组成

图 2 为液压螺旋调绳装置。图 3 为张力自平衡装置。

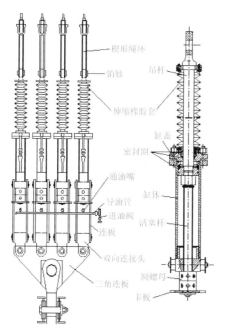

图 2　液压螺旋调绳装置

图 3　张力自平衡装置

链轮双机器人协同焊接及视觉检测控制系统研制

方泽华

浙江大学 机械工程

1. 设计目的

履带式行走系采用齿盘作为驱动轮和导向轮，通过齿盘与履带之间的啮合实现机械传动。因此，对履带式行走系而言，齿面的优良耐磨性能至关重要。本文在链轮齿盘堆焊自动化生产线的基础上，针对现阶段堆焊后的齿盘仍需要人工进行检测，以及自动化、智能化程度低的问题，研制了一套齿盘堆焊后的视觉检测系统，以提高生产线的自动化水平和质量检测的可靠性。

2. 基本原理及方法

本文硬件平台设计是按照齿盘双机器人协同堆焊生产线的具体要求，根据齿盘的基本特点和参数进行设计的。根据视觉检测系统的基本原理，对光学元器件进行选择和搭建，包括工业相机、镜头、光源的基本参数，如工业相机的传感器工作原理、传感器芯片的尺寸、双远心镜头的成像原理、光源的类型等。

关于软件系统的设计，采用 OpenCV 跨平台开源计算机视觉库作为软件编写的基本库函数，所以用到的算法及原理包括：RGB 的基本成像原理；图像滤波的基本算法（在此采用均值滤波法）；反二进制的阈值化方法；轮廓提取的基本算法。根据图像的基本特征进行特征匹配，最后进行图像比对，而后利用 QT 平台进行对软件系统的界面开发，使软件变得易用可操作。

3. 主要设计过程或试验过程

本文根据齿盘外形加工要求及检测要求，完成视觉检测系统的软硬件设计，并搭建视觉检测平台，进行试验验证，最终形成一套智能、高效、稳定的视觉检测系统。本文的主要研究内容和设计过程如下。

（1）阐述了本文的研究背景与研究意义，综述了焊接质量检测技术的研究现状以及视觉检测技术的研究现状，综合分析了各种技术的优缺点，提出了采用计算机视觉测量技术来完成齿盘焊接质量在线检测的解决方案。

（2）分析了视觉检测系统的设计要求，总体设计了视觉检测系统的硬件平台，包括主要元器件的位置的总体设计和总体外观的设计，对其中主要光学元件（工业相机、镜头、光源）的基本参数进行了详细的分析，然后根据实际情况，进行了合适的选型，最后完成整个视觉检测系统的三维建模仿真。

（3）简述了软件的开发环境，提出了总体设计思路，利用 OpenCV 开源计算机视觉库开发了视觉检测系统的图像处理软件，包括图像预处理、轮廓提取、图像特征匹配、图像比对和输出检测结果五部分，采用了许多关键性的算法，如 RGB 的基本成像原理、图像滤波的基本算法（在此采用均值滤波法）、反二进制的阈值化方法、轮廓提取的基本算法等，而后利用 QT 平台进行软件系统的界面开发。

（4）完成了视觉检测系统搭建，并进行了视觉检测系统的试验研究，分析了所检测齿盘的焊接质量，最终进行了系统误差分析。

4. 结论

齿盘焊接质量的在线检测是齿盘双机器人协同焊接生产线中十分关键的一环。本文根据齿盘外形加工要求及检测要求，完成视觉检测系统的软、硬件设计，并搭建视觉检测平台，进行实验验证，最终形成一套智能、高效、稳定的视觉检测系统。本文设计的视觉检测系统稳定、可靠，已成功应用于齿盘表面堆焊成形生产线中。

5. 创新点

（1）实现了质量检测过程的自动化，摆脱了传统使用人工进行检测，以及检测质量不稳定等问题。

（2）采用了计算机视觉检测的方法对焊接质量进行检测，速度快，且不需要接触工件。

（3）采用 OpenCV 做开源计算机视觉库，减少了许多编程方面的障碍，而且可以进行跨平台使用。

6. 设计图或作品实物图

图 1 为视觉检测系统外观图。

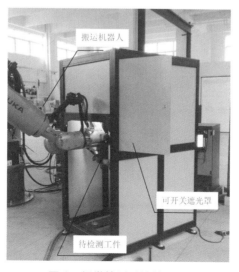

图 1　视觉检测系统外观图

图 2 为视觉检测软件程序。

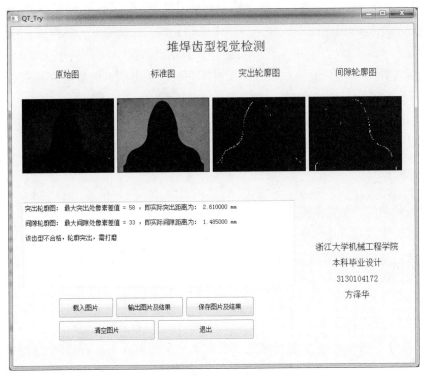

图 2 视觉检测软件程序

高层玻璃清洗装置设计与分析

王 健

浙江理工大学 机械设计制造及其自动化

1. 设计目的

现代都市随处可见高楼林立，这为高楼外表面的清洗带来了问题。高楼外壁面的传统清洗方式基本由人工完成，不仅劳动强度大，而且工作危险。因此，设计一种高层玻璃清洗装置，能够代替人完成对玻璃幕墙的清洗，解放劳动力，使人脱离这种高劳动强度、高危险的工作环境，做到"机器代人"。

2. 基本原理及方法

本文利用电磁铁对靠吸附，设计有车轮移动的双面玻璃清洗装置。该装置适用于点式玻璃幕墙和家庭式窗户玻璃的擦洗。装置本体上设有清洗系统，利用红外线遥控技术进行清洗路径控制，从而使清洗路线有序化，提高清洗效率和质量。高层建筑外玻璃表面主要是大气中尘埃，在设计高层玻璃清洗装置的清洗系统时要考虑工作环境和工作要求，所以为了更好地清洗具有污渍的玻璃表面需要清洗液淋浴降低污渍在玻璃表面的附着力，同时还需要滚刷主动刷洗，对于留在清洗玻璃表面的液滴要有刮板进行洁面，最后对液滴回收过滤二次利用。整个清洗流程是淋浴、刷洗、刮洗联合作用。其中刮板可以刮净和回收残留在壁面的液滴，通过污水管流淌入污水箱。污水的回收和二次再利用实现清洗装置的自给供水，有利于增加清洗装置的效率，也可以减轻清洗装置的整个质量。

3. 主要设计过程或试验过程

通过查阅相关资料发现，在城市化迅速发展的进程中，各式各样的摩天大楼在现代都市中随处可见。在建筑行业中，由于玻璃这种装潢材料的优越性，绝大多数高楼外表面都采用玻璃幕墙结构，这也衍生出繁重的幕墙清洗任务。为了解决这一难题，可以利用专业知识设计一种高层玻璃清洗装置。

（1）对于清洗装置的清洗系统的设计，整个清洗作业系统包括滚刷刷洗、喷头淋浴滚刷、清洗污水回收、污水过滤并循环使用、刮板洁面等过程，采用冲洗、刷洗、刮洗联合作用的清洗方式。对污水的回收、过滤二次再利用，降低了对清洗装置装载清洗液容量的要求，这有效地减轻了高层玻璃清洗装置的整体质量，也提高了水的利用率，符合当前环保概念，一举多得。

（2）对其进行爬壁系统设计，为了能对高楼玻璃进行双面同时清洗，故采用双面电磁铁对吸结构，这既能让高层玻璃清洗装置有效、可靠地吸附在工作玻璃表面，又能让整个高层玻璃清洗装置根据工作要求进行整体的负载能力、移动速度、转弯移动、逾越一些凸起的障碍物等要求。

（3）对整个装置的系统设计，采用可编程控制器（Arduino）完成对清洗装置的主体的磁铁对吸、本体转弯、横跨水平窗户。为了操控方便，可以把 Arduino 控制芯片固定在高层玻璃清洗装置的本体上随清洗装置的移动而移动，而真正控制清洗装置的是地面人们的红外遥控，以此来调整清洗的移动和工作状况，做到最大程度地适应各种工作环境和工作要求。

（4）利用 SolidWorks 三维软件对所设计的高层玻璃清洗装置建立三维实体模型和仿真动画，验证设计的高层玻璃清洗装置确实可行。

4. 结论

本研究设计出一种电磁对吸、四轮独立驱动、自主清洗、遥控控制的高层玻璃清洗装置。

（1）本研究设计出高层玻璃清洗装置的清洗系统。为了保证清洗的效率和质量以及工作环境，整个清洗作业系统包括滚刷刷洗、喷头淋浴滚刷、清洗污水回收、污水过滤并循环使用、刮板洁面等过程。该设计采用冲洗、刷洗、刮洗联合作用的清洗方式。

（2）本研究设计出高层玻璃清洗装置的移动和吸附系统。利用玻璃两侧的电磁铁对吸在玻璃表面，再由四个独立驱动的车轮进行整个清洗装置的移动。每个车轮组都可在直推式电磁铁的直推杆作用下进行上下伸缩，以此进行避障和越障。

（3）本研究设计了清洗壁面机器人的控制系统。利用 Arduino 红外遥控技术以及人们手中的遥控进行控制清洗装置的移动、转弯、越障等功能。

（4）本研究利用 SolidWorks 三维软件对所设计的方案进行三维实体模型建模和仿真动画，以此验证所设计方案的可行性。

5. 创新点

（1）利用电磁铁在玻璃两侧对吸，使玻璃两侧同时吸附上高层玻璃清洗装置，实现了对玻璃的双面同时清洗。

（2）采用滚刷刷洗、喷头冲淋滚刷，刮板洁面并回收清洗液滴、污水回收过滤二次利用组成清洗装置的清洗系统。

（3）采用四个独立驱动和控制的车轮满足清洗装置在玻璃上的各种运动要求。

（4）清洗装置整个移动系统分为前后两个车轮组，而车轮组受与之相连的直推式电磁铁推杆作用，可实现上下伸缩，让玻璃清洗装置距离玻璃壁面的距离可以调节并以此来越过壁面凸起的障碍物。

（5）高层玻璃清洗装置采用控制端与装置本体分离，当清洗装置工作过程中遇到复杂工况，可利用地面人们手中红外遥控对清洗装置做出控制，简化了控制系统流程，变得简洁而高效。

6. 设计图或作品实物图

图 1 为高层玻璃清洗装置模型。图 2 为滚刷的传动结构图。图 3 为高层玻璃清洗装置越过凸起物。

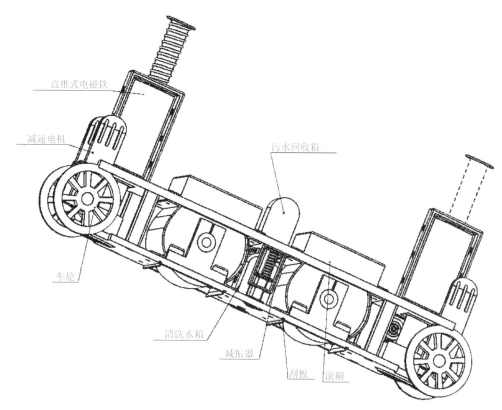

图 1 高层玻璃清洗装置模型

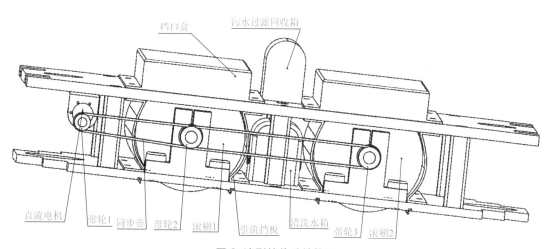

图 2 滚刷的传动结构图

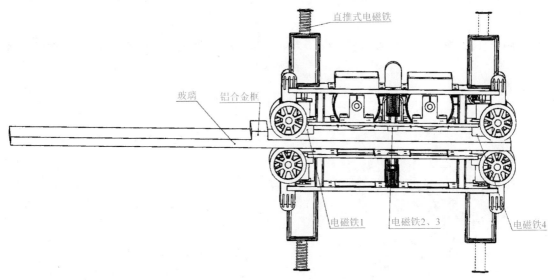

图 3 高层玻璃清洗装置越过凸起物

秸秆锅炉自动上料系统设计

刘儒祥

沈阳工业大学　机械设计制造及其自动化

1. 设计目的

本文基于辽宁众缘环保设备制造有限公司的技术需求。由于锅炉燃料包大、上料频繁、作业环境差等特点，设计秸秆锅炉自动上料系统，改良现有的链式半自动推料机，提高推料系统的稳定性，设计出全自动的上料系统，实现秸秆燃料搬运、推料的一体化、自动化，使秸秆锅炉在无人操作的状态下可以长时间地自动运行，从而显著减少人工送料的劳动强度，提高效率，改善工作环境，实现秸秆锅炉的自动化运行。

2. 基本原理及方法

为了更好地完成设计，从而全面地、正确地了解掌握所要研究问题的特点以及存在问题，本人根据研究课题，查阅了大量的国内外文献，了解了秸秆锅炉的技术现状与发展趋势。

为了使设计出的上料系统更符合实际要求，来到辽宁众缘环保设备制造有限公司，在这里进行为期两个多月的毕业设计生产实践，并且了解了具有代表性的秸秆锅特点，根据实际产品信息设计出相应的自动上料系统。

在此期间，本人与辽宁众缘环保设备制造有限公司锅炉技术部的技术人员进行沟通，了解了公司产品的现有情况以及产品需求信息，获得具体技术参数要求、设计产品限制条件。本人还在技术人员的带领下实地考察了秸秆捆的打包现场，了解了燃料的具体尺寸、重量以及外形质量。此外，本人还到安装了大型供暖秸秆锅炉运行现场观察人工上料的工作流程以及现有的推料系统的安装尺寸和秸秆堆放情况，了解其存在的缺陷。

在明确了秸秆锅炉设计要求之后，进行了实际构思，并用三维制图软件进行辅助设计，使产品在设计过程中具有较大的灵活性。

在进行产品结构设计的同时，考虑到生产的便捷性以及产品的通用性和互换性，在满足产品功能的前提下，尽量使用了标准件。

3. 主要设计过程或试验过程

首先明确设计要求，根据锅炉运行需求确定上料系统的各项参数，根据热量计算可知，上料系统每次上料 4 包燃料，每 3min 送料一次。

将整个自动上料系统的设计划分为四个设计部分，分别为推料机部分、抓料机械手部分、机械手架部分和送料机部分。

1）推料机的设计

推料机的功能是将秸秆料包推送进锅炉炉膛进行燃烧。

在考虑秸秆料包尺寸的同时根据炉口外形尺寸设计与其相对接的推料仓，根据推送行程设计推料机头以及推杆长度，通过计算得出推动秸秆料包所需的推力，根据以往秸秆锅炉运行经验和秸秆料包的压缩情况选择合适的推速，根据推速和推力选择合适的电机以及减速器，最后设计减速器架与整体外壳，进行部分校核。

2）抓料机械手的设计

抓料机械手的功能为抓取秸秆垛，放置在推料机上；抓取叉车板，随机械手架移动，将叉车板放置在一旁。

首先根据夹取秸秆料包的尺寸设计夹持板，设计出平行四杆夹持机构，通过比较液压动力与电动推杆的优缺点最终确定使用电动推杆直接驱动平行四杆机构的方式；主结构体采用两根铝型材，根据实际尺寸设计两端行走架，同时选用合适的直线导轨实现行走架在主体结构上的移动；选用减速电机带动双旋丝杠实现两端行走架之间距离的调节，最后设计机械手与机械手架之间的连接部分，进行部分校核。

3）机械手架的设计

机械手架的功能是为抓料机械手提供必要的运动。由于秸秆锅炉的体型较大，秸秆料包的运动路径较长，所以机械手必须使用机械手架以达到较大的位移，而非采用机械臂的方式。这样节约了制造成本的同时也避免了机械臂运动范围的局限性，该机械手架还采用三工位设计实现了秸秆料包与叉车板在不同方向上的搬运。

首先根据整体布局以及机械手所需的工位确定机械手架的整体尺寸；计算机械手架的提升力，根据机械手架的提升力以及机械手在上下方向上的位移速度选择合适的减速电机，选用相应的齿轮齿条，设计连接机构；根据左右方向的位移参数选用合适的减速电机以及相应的齿轮齿条，设计连接机构，最后进行组装，进行部分校核。

4）送料机设计

送料机的功能为将原本堆好的秸秆料包向前逐步推送，总体功能的实现需要几个送料机前后串联使用，通过限位开关及相关检测装置逐级向前推送秸秆料包，补缺空位。

首先通过比较各种传送方式的优缺点，最终确定摩擦轮为最合适的传送方式；设计摩擦轮以及传动轴、传动链条的尺寸及布局；根据传送速度以及摩擦力选用合适的减速电机，最后设计外形，进行部分校核。

5）组装

将各部分组装到一起，进行建模仿真，确定各部分运动无干涉，秸秆搬运过程流畅无卡顿。

4. 结论

本文针对辽宁众缘环保设备制造有限公司生产的秸秆锅炉设计了一套完整的自动上料系统，包括推料机、抓料机械手、机械手架和送料机。设计的理念就是实现秸秆锅炉上料的自动化，降低工作人员的劳动量，改善锅炉的运行环境，易于实现锅炉运行的规范化，实现自动化控制。

本设计的主要工作如下。

（1）进行半自动化推料机构的设计，用双齿条推进的方式代替原本的链式推进机构，增加了机构运行的稳定性。

（2）根据实际情况设计了抓料机械手取代人工搬运，降低人工劳动量，提高了工作效率。

（3）配合机械手的运动，设计出了机械手架，实现了机械手的长距离搬运秸秆燃料和叉车板的功能。

（4）设计了自动补给式送料系统。该系统与运行现场的叉车配合工作，一次上料可以供锅炉燃烧半小时以上。

（5）将各部分连接起来组成整体的上料系统，实现了秸秆锅炉的自动化上料功能。

5. 创新点

（1）集输送、搬运、推料为一体的自动化上料系统。
（2）使用送料机模块串联的方式实现送料系统的间歇与自动补位上料。
（3）采用机械手三工位动作实现燃料与叉车板搬运。

6. 设计图或作品实物图

图 1 为设计作品的三维模型。

(a)

(b)

图 1　设计作品的三维模型

锯铣复合电主轴单元设计

张 帅

沈阳建筑大学 机械设计制造及自动化

1. 设计目的

本文在综合分析国内外电主轴装备技术现状的基础上，通过对多种工况条件进行分析，设计出一种用于工业生产的锯铣复合电主轴。该主轴不仅能够实现低速大扭矩锯切加工，还能够实现高度铣削加工，也能够实现自动换刀和刀具冷却，更能适应石材加工等恶劣环境。在主参数方面，设计的电主轴在锯切转速为 1500r/min 的条件下，最大切削扭矩为 110N·m；在铣削速度为 12000r/min 的条件下，最大切削扭矩为 8N·m。

2. 基本原理及方法

(1) 运用电机设计的基本原理，确定了电主轴主电机功率、型号；

(2) 运用电机损耗基础理论，计算出主轴极限工况下的散热量；

(3) 应用流体力学和热平衡基础理论，进行了冷却水系统图设计；

(4) 利用经典力学的基础理论，核算了主轴拉刀、打刀载荷；

(5) 利用最优化方法，借助 ANSYS 软件，对轴承支撑跨距进行了设计和优化；

(6) 利用经典强度理论，进行了弯扭合成条件下的主轴强度校核。

3. 主要设计过程或试验过程

(1) 方案设计，对国内外的电主轴产品进行分析，以及对锯铣复合加工工艺进行学习，初步了解设计所需要的知识，在综合分析国内外现状的基础上，研究电主轴的发展趋势，制定工作计划，进行方案设计。

(2) 电机系统设计，根据所给的切削工艺调减，核算了电主轴功率、扭矩和转速，进行内装式电机的选取，最后确定了北京超同步科技有限公司的 DZM74 系列的 CTB-4018DZM74 型内装式电机。对电机的机械损耗、电损耗、磁损耗和附加损耗进行了核算，获得发热功率为 8369.5W。在此基础上进行了冷却回路参数计算和冷却水套设计，设计冷却水进口温度 0°，出口温度 35°，冷却水流量 0.014m³/h。

(3) 主轴系统设计。首次在分析锯铣复合加工工艺参数的基础上，综合考虑锯切加工时的高偏转扭矩和高振动特性，最后选择 BT40 刀柄；碟簧最后选用 B 系列的普通碟簧 14 组共 28 片，总拉力 33.6kN。打刀缸选择 3.5T 系列的打刀缸，据此选型使用上海言为精密机械有限公司的 3.5T×13mm 型打刀缸。然后进行主轴结构设计与校核，选取了 45 钢作为主轴的材料，根据弯扭强度复合计算，获得主轴的最小直径为 25.2mm。结合所选电机内套直径和 BT40 刀柄尺寸，进行了轴系结构设计，初选前置两对 NSK7013C 角接触球轴承，后置一对 7011C 角接触球轴承，采用背对背安装方式，进行了轴承寿命校核，极限条件下连续工作寿命达 3×105 转，满足使用要求。根据轴承说明书，脂润滑极限转速为 9000r/min。为简化系统结构，特别设计强制水冷系统，选用脂润滑的润滑方式，降低了使用成本。最后进行主轴支撑跨距的设计和优化。运用 ANSYS 有限元分析软件对主轴支撑跨距进行参数化设计，设置静刚度为优化目标，材料极限应力和轴距限制为约束调减，进行仿真计算；根据计算结果，综合考虑生产工艺性和标准化要求，确定了最优轴距。根据弯扭强度复合校核，所设计主轴满足强度要求。

（4）在完成电主轴结构设计的基础上，同时针对石材加工过程中的恶劣工况条件，设计内置冷却水路、前置高压吹风通道和迷宫式密封轴套，提高电主轴恶劣工况条件下的可靠性和主轴寿命，进行了电主轴零部件的设计和选择，综合考虑了零部件的制造工艺性和经济性，绘制了零部件图纸和总装配图。

（5）进行技术经济性分析，对锯铣复合电主轴装配工艺、效率和经济性进行了核算，其综合成本是否处于国内外中高端电主轴产品的合理价格区间，是否具有良好的市场化应用前景。

4. 结论

（1）本文在综合分析国内外电主轴装备技术现状的基础上，通过对多种工况条件下的锯铣复合加工工艺及参数的分析计算，确定选择 DZM74 型号的内装式电机，满足锯铣复合加工的工艺参数条件。

（2）本文建立了主轴力学数学模型，提出多点支撑的结构形式，设计前置两对一对角接触球轴承（7013C）、后置一对角接触球轴承（7011C）。建立了轴承支撑轴距数学模型，运用 ANSYS 软件，获得最优轴距，使主轴支撑静刚度达 815.9N/μm，动态力学特性满足加工工艺要求。

（3）本文选用 BT40 标准刀柄，设计了压簧拉刀、打刀系统。针对恶劣工况条件，设计内置冷却水路、前置高压吹风通道和迷宫式密封轴套，提高电主轴恶劣工况条件下的可靠性和主轴寿命。

（4）设计锯铣复合电主轴单元强制水冷系统，冷却水流量 0.014m³/h，选择轴承脂润滑方式，降低锯铣复合电主轴使用维护成本。经济技术性分析表明，该锯铣复合电主轴综合成本处于国内外中高端电主轴产品的合理价格区间，具有良好的市场化应用前景。

5. 创新点

（1）设计开发一种锯铣复合电主轴，采用多点支撑结构布局，运用最优化计算方法，获得了最优化轴距，为同类产品开发提供了依据。

（2）通过采用轴承强制水冷系统，提高轴承脂润滑临界转速，降低电主轴维护成本。

（3）针对石材恶劣工况条件，设计内置冷却水路、前置高压吹风通道和迷宫式密封轴套，提高电主轴恶劣工况条件下的可靠性和主轴寿命。

6. 设计图或作品实物图

图 1 为锯铣复合电主轴结构图。

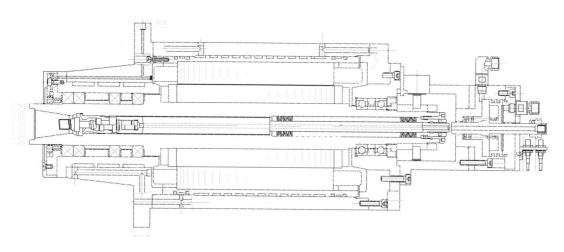

图 1 锯铣复合电主轴结构图

并联喷涂机器人设计与仿真

曹鸿鹏

山东大学　机械设计制造及其自动化

1. 设计目的

现有的喷涂机器人大多采用串联式结构形式。本文拟设计的并联喷涂机器人是一种新型结构，较传统的串联式结构具有结构简单、工作效率高等优点。本文拟针对汽车车身生产线，设计一种新型的串、并联混合式喷涂机器人，其中姿态控制采用并联结构，大范围移动采用串联结构，以充分发挥两者的优点。并联式结构由于是闭环系统，其运动学及控制分析较串联结构复杂得多，拟通过 ADAMS 软件开展逆运动学分析，以确定并校核关键尺寸参数。

2. 基本原理及方法

（1）驱动的实现：伺服电机广泛应用于各种控制系统中。通常，伺服电机的转速由电压信号控制，随着电压信号的变化，转速也会跟着变化。伺服电机一般具有反应快、体积小、功率小的特点。其主要在各种运动控制系统，尤其是随动系统中应用广泛。伺服电机有直流伺服电机和交流伺服电机两大类，直流伺服电机主要用在控制精度不高的场合，而在控制精度较高的场合主要使用交流伺服电机。

（2）运动的实现：底部运动机构的主要作用是让竖直支撑相对于底座实现水平直线的运动。实现直线运动最常用的部件是直线运动导轨，直线运动导轨又有多种类型可供选择。竖直运动机构的主要作用是保证定平台相对于竖直支撑部分能在竖直方向做直线运动，考虑到此部分的结构和底部运动的结构没有太大区别，故此处和底部采用同样的滚动摩擦导轨作为直线运动装置。

（3）运动的验证：利用 ADAMS 软件进行运动学仿真。首先介绍把 SolidWorks 模型导入 ADAMS 的方法，然后介绍利用 step 函数进行的逆运动学仿真，以及相关数据处理的步骤，最后介绍正运动学仿真的步骤。通过进行相关的运动学仿真，证明本文所设计产品的功能是可以实现的。

3. 主要设计过程或试验过程

（1）收集、整理、阅读参考资料及相关文献，熟悉 ADAMS、SolidWorks、ANSYS、AutoCAD 等软件的使用。确定好喷涂对象，汽车行业是现代社会的一个十分重要的行业，汽车的生产制造离不开喷涂工作。随着汽车行业的发展越来越快，人们对于汽车的质量要求越来越高，普通的人工喷涂作业已无法满足汽车行业对喷涂速度和质量的要求。然而，目前市场上现有的喷涂机器人大多是串联机器人，其存在累计误差等无法避免的缺点，导致串联喷涂机器人具有喷涂精度低、控制系统复杂等一系列缺点。

（2）针对并联喷涂机器人的工作对象及性能要求，开展总体方案的设计及比较论证，提出合理的传动方案、动力供给方案和控制系统方案等，绘制总装配图。

（3）确定传动方案，对主要传动部件进行选型及校核，完成传动系统设计并绘制相应的部装图和典型件的零件图。

（4）建立整机虚拟样机模型，开展正、逆运动学仿真分析及性能优化。在 SolidWorks 中建立的三维模型无法直接导入 ADAMS 进行仿真，需要进行进一步的处理。首先，SolidWorks 中的装配体不能直接导入 ADAMS，因为如果直接导入 ADAMS，在 SolidWorks 中的装配关系会消失，这样模型就会被分散成各个零件，此时就需要添加更多的约束才能使整个仿真继续进行，然而添加更多的约束，会使软件的计算量骤然增大，有可能导致仿真无法进行。因此，必须对 SolidWorks 模型进行必要的处理。利用 ADAMS 软件进行运动学仿真，把 SolidWorks 模型导入 ADAMS，利用 step 函数进行逆运动学仿真，通过相应的数据处理，实现正运动学仿真。证实本文设计产品的功能可以实现。

（5）针对主要承载构件进行有限元强度分析。对于本次设计，完成仿真后进行应力分析和形变分析，相当于对零部件进行强度校核，确保本文所设计的零部件是安全、合理的，从而保证产品的安全性。出于以上考虑，经过初步的分析，此次进行有限元分析的主要零部件为连接底部丝母与竖直支撑的底座连接件、安装同步带轮的轴等。

4. 结论

本研究在了解并联机器人以及喷涂机器人的基础上，设计了基于并联结构的喷涂机器人。整个的设计过程主要做了以下工作。

（1）确定设计方案。选定了本文设计的题目之后，我就与老师做了详细的交流，明确了本次设计的具体要求以及工作量。查找相关文献，从中获取设计思路，得到自己的设计方案。

（2）结构设计。确定了设计方案之后，开始进行具体的结构设计。把自己设计的每一个零部件用 SolidWorks 软件进行三维建模，最后装配成一个完整的装配体，使自己的设计在软件上展示出来。

（3）绘制图纸。首先把自己的设计绘制成二维图，然后把总的装配图、部装图以及主要的零件图都用二维图的形式表达出来，便于他人了解与检查。

（4）运动学仿真。利用 ADAMS 软件把自己设计的产品模型进行运动学仿真。设定一条可以展现本产品所有功能的曲线，进行正逆运动学仿真。随着正逆运动学仿真的完成，证明自己设计的产品的预想动作是可以实现的。

（5）有限元分析。针对相关零部件进行了简单的有限元分析，证明自己所设计的相关零部件是安全可靠的。

（6）撰写论文。把自己设计的产品用论文的形式展现出来。在论文中详细介绍本次设计的整体思路、相关的计算以及运动学仿真和有限元分析的结果等，使得相关人员可以通过论文了解自己所设计的产品。

5. 创新点

(1) 虚拟样机设计，通过机构学及力学性能的仿真分析，提高产品质量，降低研发成本。

(2) 结构简单易于控制。

(3) 精度更高、刚度更大。

6. 设计图或作品实物图

图 1 为设计作品的三维模型。

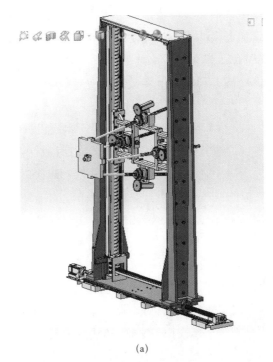

(a)

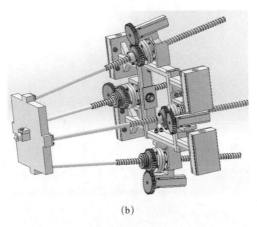

(b)

图 1　设计作品的三维模型

重型数控机床垫铁 - 基础结合部动力学建模及动态特性分析

谭修源
北京工业大学　机械工程

1. 设计目的

一台大型的数控机床都是由大量的关键零部件组装而成的。在重型数控机床里就存在许多不同结构、不同的接触方式和不同接触材料的接触面。在重型数控机床的设计过程之中，各个结合面对整机的影响是十分明显的。一台机床 60% ~ 80% 的刚度和 90% 以上的阻尼都来自机床结合部。结合部的两个接触面之间的接触变形是微观的，无论是试验测量，还是理论建模分析，都不能直观研究其变形和规律，因此，本文提出一种相对比较直观地体现重型机床垫铁 - 基础结合部的动力学建模及动态特性分析方法。

2. 基本原理及方法

（1）重构频响函数法。频响函数识别法是将整体结构离散为若干个子结构或子系统，分别建立每个子结构的运动方程。根据子结构之间相互连接的实际情况，确定连接界面处的约束条件，适当地选取若干个连接点或结合点，并通过连接点的运动坐标和作用力之间的关系来表达约束条件。通过子结构之间的约束条件，将各个子结构的运动方程综合起来，从而得到整个系统的运动方程和动态特性。每个子结构的动态特性，均用子结构之间连接点的频响函数来表示，而组合结构的运动方程，也是通过各节点的作用力与运动来综合反映总体结构的动力特性和各个子结构动力特性之间的内在联系。频响函数法的全部数据均来自试验，不受解析模型的影响，通过模态试验获取频率响应数据，应用辨识方程和重构频响函数最终获取结合部的动态特性及其参数。

（2）结合部动力学模型的辨识理论。由辨识方程，通过试验方法获取子结构及整体结构的频响函数，即可辨识出结合面等效动力参数，而避免了测量整体结构结合处的频响函数。

（3）有限元分析方法。采用有限元分析方法，对重型龙门数控机床的室内缩尺模型进行分析，得到其前五阶的振型、固有频率和阻尼比。

3. 主要设计过程或试验过程

（1）采用频响函数法对重型机床垫铁 - 基础结合部进行动力学建模，建立子结构与结合面的整体模型；通过试验方法获取子结构及整体结构的频响函数，来辨识出结合面等效动力参数，完成结合部动力学模型的辨识理论；针对运算过程中试验数据不完整性和杂乱信号带来的误差，采用重构频响函数法建立和优化结合部的动力学模型。

（2）由于重型数控机床的特点，开展相应的动力学现场试验研究比较困难。因此，建立了一种考虑结合面影响的重型龙门数控机床 - 地基基础系统耦合作用的试验缩尺模型装置。重型龙门机床模型自上而下为连接梁、立柱、横梁、床身，各构件的结合面处设计均为 3mm 的凸台，在模型仿真的过程中需要接结合面处节点一一对应，试验系统与仿真模型结构要吻合，本试验系统将垫铁处简化成 3mm 高的凸台，这样只需要在结合面局部处一一对应即可，降低了网格划分的难度，立柱在 z 方向上加工四组与横梁连接的孔，通过每组孔定位横梁，可实现横梁相对立柱四个位置的定位，为此完成横梁在不同位置的动力学分析，混凝土基础为 C40 标号混凝土，外形尺寸为 1m × 0.5m。试验装置具有通用性，可针对不同机床结构模型、不同形式基础、不同土壤实现互换性的试验装置。

（3）应用三维软件 PTC CERO 完成整个试验系统的三维建模，建立上部试件和下部混凝土基础块的三维模型。应用 ANSYS16.0 中的 APDL 语言，设置材料参数上部材料为 C45，将其密度设为 7850kg/m³，弹性模量设为 2.1×10^{11}Pa，泊松比设为 0.31。基础材料为 C30 混凝土，密度设为 2420kg/m³，弹性模量设为 3×10^{10}Pa，泊松比设为 0.2，完成试件模型的网格划分。然后对混凝土试块底面施加固定约束，设置单元类型为试件和混凝土试块部分均采用 soild185 单元，混凝土和试块接触表面利用 TARGE170 与 CONTACT174 单元建立接触对，利用 Matrix27 单元建立刚度阻尼矩阵，模拟基础 - 垫铁结合部的等效动力学特性并进行模态分析，得到试件模型振型图、固有频率和阻尼比的理论值。

（4）采用 LMS Test. Lab 设备对室内模型进行模态分析试验。首先在 LMS Test. Lab 软件中建立对应试件模型，并将传感器的布置位置在软件的模型中建立关联，以便能够将试件的振动和响应得到有效反馈，并记录和分析试验结果。

（5）将有限元分析的仿真值与试验模态频率值进行对比，分析得出最终结果。

4. 结论

本文利用子结构综合法建立整体动力学模型，并用频响函数进行参数辨识。针对运算过程中试验数据不完整和杂乱信号带来的误差，本文采用残差补偿法对试验频响函数进行了重构，有效地提高了辨识精度。

在室内机床模型试验台上，本研究进行了基础 - 垫铁 - 床身系统的动态试验，将动态试验结果与考虑基础 - 垫铁 - 床身系统结合面特性的有限元仿真结果对比，两者误差不明显。

通过本文所述的动力学模型，分析了面压和接触面积对结合面参数的影响规律，分析表明：随着上述参数的增加，结合面接触刚度有所增加。

5. 创新点

（1）采用频响函数法对重型机床垫铁 - 基础结合部进行动力学建模，建立子结构与结合面的整体模型；通过试验方法获取子结构及整体结构的频响函数，来辨识出结合面等效动力参数，完成结合部动力学模型的辨识理论；针对运算过程中试验数据不完整性和杂乱信号带来的误差，采用重构频响函数法来建立和优化结合部的动力学模型。

（2）建立了一种考虑结合面影响的重型龙门数控机床 - 地基基础系统耦合作用的试验缩尺模型装置。

6. 设计图或作品实物图

图 1 为试验用缩尺模型装置三维模型。

图 1　试验用缩尺模型装置三维模型

一种新型水平井延伸工具设计

郑正鼎

长江大学　机械设计制造及其自动化

1. 设计目的

　　水平井勘探开发能够最大程度地裸漏油气藏，大幅度地提高油气开采效率和最终采收率，水平井技术已经成为全球勘探开发的主流工程技术。但是随着水平井水平位移和水平段的增加，管柱的摩擦阻力也随着增大，导致井下工具不能准确地依靠自身重力前行，目前该问题已经成为制约水平井作业能力的关键技术和瓶颈。为了克服现有技术的不足，本文设计了一种基于齿轮齿条传动机构，以单向轴承传动为核心的滚轮式液压驱动井下延伸工具，旨在为长距离水平井延伸提供一种技术和工具选择。

2. 基本原理及方法

　　本文所设计的牵引工具是利用两组简单的齿轮齿条机构，结合单向轴承的单向传动的特点设计出来的一种单向滚轮式液压驱动的井下延伸工具。该牵引工具未到达指定工作地点时，整个牵引工具不运动，轴总成里面的滚轮缩在工具外管内，这样可以避免在未到达牵引工作区域前套管壁对摩擦轮的磨损。当到达指定工作地点后，牵引工具后端的液缸作为牵引工具的动力源，驱动楔形齿条，使轴总成径向张开到一定程度，安装在其上的滚子紧贴油管或套管内壁，从而将牵引器支撑在油管或套管内壁上，并沿油管或套管内平稳、等间隔周期性连续地牵引。其具体工作过程为：当活塞往左推动楔形齿条时，动力通过齿轮齿条机构传到四个单向传动总成，轴总成的滚轮转动带动牵引工具运动；当活塞往右推动楔形齿条时，由于总成中单向轴承的单向传动的特点，所以滚轮不转动，牵引工具不运动。依次活塞往复运动，带动牵引工具单向往前运动，满足水平井井下测井仪器和井下工具通过牵引器的作用准确到达作业位置的需求，具有结构简单、经济适用、使用方便的特点。

3. 主要设计过程或试验过程

　　本文所设计的牵引工具整体结构呈细长状。主要由楔形齿条、单向传动机构、工具外管、管接头、支撑接管、缸体、活塞和弹簧等组成。其主要设计过程与试验过程如下。

　　(1) 通过对国内外研发的牵引器的结构与原理进行比较，在基于导师的一项发明专利的原理上，设计了一种结构简单、经济适用、使用方便的水平井井下单向传动式牵引工具。该工具创造性地利用楔形齿条、齿轮和单向传动结构，采用轮式与往复式相结合的牵引方式的单向往复的驱动牵引机构。

（2）结合国内外主流牵引器的性能参数对所设计出的牵引工具的性能参数进行初步确定，进而明确工具的作业工艺和延伸能力。根据设计的参数对齿轮齿条机构进行具体结构设计。轴总成是牵引工具传动的关键部件，所以对其进行了具体的载荷分析，确保传动的稳定与准确。依据设计的参数要求，结合现有的往复执行机构液压原理，初步设计计算了动力液压端的结构参数。

（3）应用机械设计方法，对牵引工具中的齿轮齿条、轴总成中的轴、单向轴承和键的结构强度进行了校核，通过计算上述结构满足强度要求。

（4）完成了工具的二维图和三维图的绘制。根据牵引工具的工作原理及结构，绘制出主要零部件的二维图，使得牵引工具的结构更加清晰明了。在绘制二维图的基础上绘制出了工具的三维图，并通过对三维图的装配分析验证了牵引工具方案的可行性，且利于直观地观察牵引工具的结构和工作原理。

（5）完成了牵引工具原理样机制作。更进一步构建液压驱动的地面模拟试验平台，设计了节流调速的液压回路，并根据牵引工具的工作要求，对液压系统的液压元件进行了计算与选型，构建液压系统实物。利用所设计的液压系统驱动牵引工具，进行地面模拟牵引试验，对牵引力、牵引速度等运动参数进行了测试。

4. 结论

本文设计了一种基于齿轮齿条传动机构，以单向轴承传动为核心的滚轮式液压驱动井下延伸工具，确定了所设计的牵引工具的性能参数，进而明确了工具的作业工艺和延伸能力。对牵引工具传动的关键部件进行了具体的载荷分析，表明该牵引工具传动稳定而准确。应用机械设计方法对重要零件进行强度校核，可知牵引工具的安全性较高，满足强度要求。经过模拟试验测试出该牵引工具的实际牵引力，根据实际水平井井下延伸对牵引力的要求，该牵引工具提供的牵引力可以有效完成井下牵引工作，适用于水平井井下工具与测井仪器的牵引。

5. 创新点

与其他水平井牵引工具相比，本文所设计的牵引工具的创新点如下。
（1）结构简单，经济适用，使用方便。
（2）采用液压驱动，运动稳定性较高。
（3）采用纯机械结构，可靠性较高。
（4）具有较大的牵引力和较强的井下环境适应性。

6. 设计图或作品实物图

图 1 为新型水平井延伸工具的三维结构图。

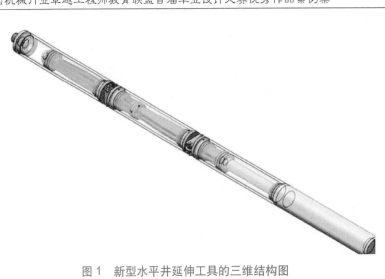

图 1　新型水平井延伸工具的三维结构图

图 2 为新型水平井延伸工具的试验测试图。

图 2　新型水平井延伸工具的试验测试图

工艺品裱花数控加工系统设计研究

黄在品

江苏大学　机械设计制造及其自动化

1. 设计目的

传统的手工工艺品制作，虽然能体现个性化，但由于工人技能、天赋、生产效率等原因，工艺品、装饰品品质参差不齐，尤其对有些批量大的装饰品，如表面绘有各种精美图案的用于装点圣诞树的 PE 球，具有很大的市场需求。效率低、次品率高的工人手工操作无法满足生产量高达上千万件的出口批量需求。迫切需要开发一种可实现高效生产的自动化数控装备，对于产品出口创汇、减轻工人劳动强度、降低生产成本具有重要意义。

2. 基本原理及方法

本文设计的装置为典型的机电一体化产品，研究内容涉及机械结构设计、运动控制设计与实现、液压与气动等方面，需要综合运用关于机械原理及设计、液压与气压传动、机电传动与控制等机械类核心课程知识，结合物理、力学、数学的基础知识开展项目研究。本项目主要基于多轴运动控制器，通过对关键轴的运动控制及协同工作，实现对产品的加工。本文设计以设计为主，主要采用理论与实践相结合的方法开展，以实际为主，具体运用 AutoCAD 软件进行硬件结构及液压控制回路设计，运用电子 AutoCAD 软件对电气控制部分进行设计与模拟，在对比几种运动控制器性价比的基础上实现对关键部件的选型与加工装配调试。最后进行了几种图案的裱花加工。

3. 主要设计过程或试验过程

本文主要设计内容：①借鉴机械加工数控系统，结合具体工艺品类型，确定数控系统的总体技术方案，明确数控运动自由度及其控制方案；②根据生产能力，设计系统结构，完成数控系统、电机、夹具部件的设计与选型，完成气动控制系统的图纸，完成电器元件接线图纸，制造样机；③完成几种典型结构的数控程序编制与实现。具体设计指标：①加工尺寸，设计的机床可实现对回转体直径 80 ~ 120mm 的工艺品表面装裱加工；②生产能力，实现每小时 50 件的生产能力，全天 24 小时不间断工作；③生产纲领，为小批量生产专用设备，年生产 100 台。

围绕项目研究内容及指标要求，首先进行了机械结构设计，在设计过程中创新运动形式，以两个电机的协同运动实现工作台的多自由度运动，通过对点胶台与摆臂之间运动关系的分析，确定了点胶台工作过程中不发生碰撞的最大工作角度。同时考虑成本、环境等影响因素，实现基于多轴运动控制器的自动裱花设备的低成本研制，最后经加工调试与试生产。通过对两种表面图案的设计、编程与加工测试，可以实现复杂图案的高效加工，表明所研发的裱花数控系统可以满足有一定复杂图案的、需求量大的回转体表面高效加工，达到设计要求。

4. 结论

本文针对圣诞节装饰球的传统手工裱花工艺的生产效率及成品率低等问题，采用理论与实践相结合，以实践为主的方法开发了一种自动裱花装备。采用了两轴同步垂直运行的结构设计，简化了设备结构，实现对回转体工艺品表面的多自由度加工。通过点胶台与回转运动部分的位置分析，获得回转运动的最大角度约为153°，通过对机械、控制、电路等部分的设计，成功研制出一台加工设备，采用描点法编制两种图案的数控程序，实现1.5个球每分钟的生产能力，提高了该类产品的生产效率，为类似多轴运动控制设备的设计与制造提供参考与借鉴。

5. 创新点

（1）创新开展了工艺品裱花自动控制产品的设计及制作研究，基于运动控制器实现对工艺品的高效加工。

（2）创新设备的运动方式，两轴同步垂直运行的结构设计，实现对回转体工艺品表面多自由度加工。

（3）通过在点胶台上安装液压控制模块，提高设备的工作柔性和工作可靠性。

6. 设计图或作品实物图

图1为设计作品的实物图。

图1 设计作品的实物图

0.1mm 电火花微细孔加工送丝机构设计

赵言吾

北京工业大学 机械工程

1. 设计目的

现有的精密微细倒锥孔电火花加工机床在实际进行送丝的情况下，由于运动中产生的振动，加之诸如送丝方式等问题产生的影响，包括电极在内构成的简支梁模型，可能会出现失稳的情况，造成电极在一定情况下易出现折断现象。通过计算及试验验证，得到电极丝的临界摩擦力、摩擦系数以及得到 R 轴的临界转速，并以此为设计基础，设计一种新的送丝机构，其能够满足装夹直径 0.1mm 及以下的截面为圆形的电极丝自动连续进给、最小进给量为 1μm、一次装夹后连续加工一批工件的要求。

2. 基本原理及方法

1）电极丝模态分析及 ANSYS 软件

模态是指机械结构的固有振动特性，每一个模态都有特定的固有频率、阻尼比和模态振型。分析这些模态参数的过程称为模态分析。由有限元计算的方法取得的为计算模态分析。有限元分析的基本思想是将研究对象的连续求解区域离散为一组有限个且按照一定方式相互连接在一起的单元组合体，对单元进行力学分析进而得到整体力学分析。

2）电极丝工况受力分析及 Matlab 软件

受力分析是将研究对象看作一个孤立的物体并分析它所受各外力特性的方法。分析力的特性主要是为确定这些外力的作用点、方向等。通过受力分析，能够更加清晰主观地了解电极丝的受力情况，通过受力分析计算得到临界摩擦力的大小。其中需要运用 Matlab 对公式及方程组进行求解计算。Matlab 软件将数值分析、矩阵计算、科学数据可视化等诸多强大功能集成在一个易于使用的视窗环境中，为必须进行有效数值计算的众多科学领域提供了一种全面的解决方案。利用 Matlab 计算得到的结果将协助之后的设计计算。

3）计算机辅助设计及 SolidWorks 软件

三维实体建模是时下产品设计的主流，无论是机床的模态分析还是了解电极丝的受力状态时，为了对现有状态进行了解方便分析，都可以利用对机床的实体进行建模。这样能够更加直观地使研究人员了解所需分析计算部件的装配关系，方便研究。同时，这也极大程度上方便了设计人员根据计算得到的数据直接反映到模型上，提高了设计效率。在诸多三维设计软件之中，SolidWorks 具有易学易用、二次开发技术创新等优点。

3. 主要设计过程或试验过程

微细孔电火花加工过程中，电极丝与导向器间摩擦力控制不合理极易导致电极丝断丝和电极丝振动加剧，影响加工效率和加工精度。因此，确定实际情况下的摩擦力及临界转速就显得尤为重要。

W轴进给机构由丝杠、导轨和滑块组成。电极丝由夹丝管夹持，夹丝管固定连接在W轴滑块上，进行电极丝的间歇、往复进给运动。

当W轴滑块运动到行程极限位置时，通过气动装置按压夹丝管上的进丝法兰，使夹丝管松开，此时通过数控程序控制W轴滑块向反方向运动，由于电极丝与导向器之间摩擦力的存在，电极丝保持不动，W轴滑块连同夹丝管进行相对于电极丝向上的运动；当运动到指定位置后，通过控制系统控制气动装置松开进丝法兰，在弹簧回弹力作用下，夹丝管再次夹紧电极丝，然后就完成了一次进丝的循环。

将加工过程中的电极丝位姿简化为电极丝在夹丝管夹持力作用下处于全约束状态(图1)，A处为夹丝管下端面，电极丝处于固定端约束状态，B处为电极丝与导向器接触部分，只有沿X轴移动的自由度，并且在相对移动过程中有摩擦力的存在。

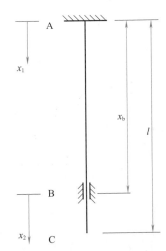

图1　电极丝在夹丝管夹持力作用下的结构简图

通过计算，可以得到当夹丝管下端面到导向器之间的电极丝长度为15mm，即l=15mm时，临界摩擦力为0.13N。

梁的振动可以通过各阶固有振型的线性组合来表示，其中低阶固有频率振型较高阶对梁的振型影响较大，越低阶影响越大，低阶振型对梁的动态特性起决定性作用，所以接下来的分析以电极丝基频为主要参考对象。对摩擦力大小与电极丝频率之间的关系进行分析，对比电极丝长度变化对电极丝频率的影响。通过ANSYS分析得出当电极丝两端受0.13N压力的时候频率基频出现最小值，为15Hz。之后即可得到R轴的临界转速为900r/min。

设计试验装置及试验流程，验证了之前计算得出的临界摩擦力符合实际情况。

通过计算和试验得出了电极丝的临界摩擦力，同时也通过仿真分析得到了R轴的临界转速。结合试验结果，通过分析可以发现，原有机床采用的是夹丝管夹持方式，最小可夹持直径为 0.15mm 的电极丝，不能满足夹持直径小于 0.15mm 的电极丝的要求且采用蠕动式进给方式，无法实现连续送丝的设计要求。综上，需要对现有结构进行改进。

本文在原有基础上，重新设计了送丝机构，以完成原有结构的既定目标，即进行倒锥孔加工；能够实现电极丝自动连续进给，每次电极最小进给量为 1μm，满足一次装夹后能够连续加工一批工件。

4. 结论

（1）观察记录精密微细倒锥孔电火花加工机床在加工中的实际运行状态，分析所遇到的包括电极损耗大、加工精度不达标等问题的可能影响因素。

（2）通过将电极丝简化为 Euler-Bernoulli 梁，建立了电极丝受压失稳的临界摩擦力计算模型和电极丝固有模态计算分析模型。利用所建模型分析得到了避免断丝的临界摩擦力，并结合有限元方法分析了电极丝长度、摩擦力对电极丝横向振动固有频率的影响规律，进一步确定微量进给旋转轴的临界转速。然后对摩擦系数进行测算，验证计算结果。所得结论可以从理论上指导微细孔电火花加工工艺参数的选择和优化。

（3）结合测试计算得到的数据，针对之前存在的不能持续稳定地实现在线补偿的问题，设计一种以摩擦轮形式为基础的新的送机机构，能够在仍能完成倒锥孔加工的情况下，实现连续稳定的送丝功能。并通过计算校核，选择合适的零件进行安装，保证结构的可行性和合理性。

5. 创新点

（1）在进给方面，原有设计需完成一个流程的循环才能够完成一次进给，而本设计能够在加工过程中实时对电极丝进行补偿，且丝杠的往复运动会产生不必要的误差，步进电机直驱主动轮，避免了产生不必要的误差。

（2）通过电磁铁驱动的从动轮能够在更换电极的时候松开主动轮与从动轮，且结构简单，方便更换电极丝。

（3）原有压嘴虽能够夹持不同直径的电极丝，但并不能够调整前端压力大小，压力过大会导致电极丝失稳而断丝，压力过小会导致加工精度受到影响。改进后能够在原有完成夹持的任务后实现调整压力，保证了加工的精度和加工的连续性。

6. 设计图或作品实物图

图 2 为 0.1mm 电火花微细孔加工送丝机构的三维模型。

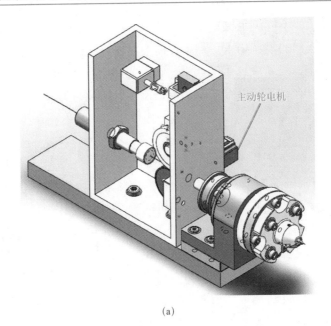

(a)

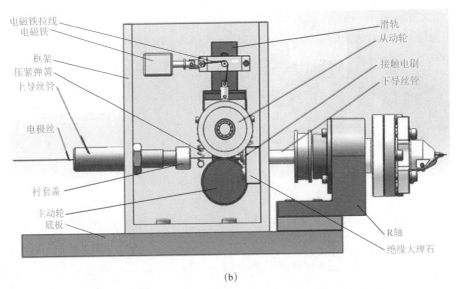

(b)

图 2　0.1mm 电火花微细孔加工送丝机构的三维模型

某型货车轮辋疲劳可靠性试验方案设计

徐海东

合肥工业大学　机械设计制造及其自动化（车辆工程）

1. 设计目的

随着汽车的普及和汽车产业的发展，人们对汽车安全性能的需求也越来越高。而车轮作为汽车上承受全车质量并传递牵引力、制动力、驱动力矩、制动力矩等的关键零部件，在汽车行驶过程中将不断地受到各种载荷的影响，因此也特别容易发生疲劳破坏。车轮的安全可靠性对整车的安全性、操稳性等具有不可忽视的影响。因此，对车轮轮辋进行疲劳可靠性试验具有重要的工程实际意义。本文以江淮汽车公司某型货车轮辋为研究对象，根据相关标准，进行车轮轮辋径向疲劳试验机的设计，并提出了相应的试验方案。

2. 基本原理及方法

车轮按照要求安装在试验机上，由旋转着的转鼓通过两者之间的摩擦力带动车轮旋转，以此模拟车轮在地面上行驶时的工况。并通过液压缸对车轮加载一定数值的载荷来模拟行驶过程中承受的垂直载荷。其试验原理如图 1 所示。

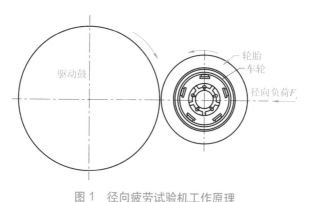

图 1　径向疲劳试验机工作原理

试验时，车轮的强化试验系数 K 和最低循环次数如表 1 所示，试验过程中加载给车轮的径向载荷值为

$$F_r = F \cdot K \tag{1}$$

式中，F_r 为径向载荷；F 为由车辆或车轮制造商规定的车轮额定负载值；K 为强化试验系数（表 1）。

试验过程中如果出现以下现象：轮辋上原有的裂纹扩大；出现新的可见裂纹；轮辋无力

承受负载或轮胎压力而导致车轮变形等，则将判定为轮辋失效，都将认定车轮轮辋无法满足强度要求。

表1　动态径向疲劳试验的强化试验系数和最低循环次数要求

材料	辐板式车轮参数（所有装配）		性能要求	
	轮辋直径代号	内偏距或外偏距 /mm	强化试验系数 K	最低循环次数
钢	13、14、15、16、17 （5°深槽轮辋）	所有	2.2	500000
	15、16、17、18、20、22、24 （5°平底轮辋）		2.0	500000
	17.5HC、19.5、22.5、24.5 （15°深槽轮辋）		1.6	1000000
轻合金	16	127 或更大	2.0	1000000
	17.5 或更大	所有	2.0	1000000

本文将根据此试验原理结合机械设计等学科的相关知识，设计出该疲劳试验机并提出试验方案。

3. 主要设计过程或试验过程

1）主要设计过程

（1）确定了本试验机的整体框架和技术要求，拟定了试验台架的外形、尺寸等性能要求后，根据试验机的技术要求和试验原理设计整个驱动系统，具体内容如下。

① 电动机的选型：选取 Y315S-4 型交流异步电动机，其性能参数见表2。

表2　电动机主要技术参数

型号	额定功率 /kW	满载时				堵转转矩 / 额定转矩 / (N·m)	堵转电流 / 额 定电流	最大转矩 / 额定转矩 / (N·m)
		转速 / (r/min)	电流 /A	效率 /%	功率因数			
Y315S-4	110	1480	201	93.5	0.89	1.8	6.8	2.2

② 变频方式的选取：采用变频调速，即连续地改变电源的频率，从而实现连续调节电动机转速，其具有应用范围大、调节范围广、机械特性硬、能实现恒转矩或恒功率调速的优点。

③ 传动方式的确定：采用多楔带传动，其兼有 V 带和平带的优点，且柔性好，各带受力相对均匀，多用于大功率传动，并将传动比设置为 3.5∶1。

（2）对加载系统进行设计，具体内容如下。

① 确定采用液压系统作为该试验机的加载系统，并选择双作用单出杆活塞缸作为执行元件。

② 计算液压系统中的关键性能参数。

③ 设计加载轴的结构，并进行静力学分析计算以校核其强度。

（3）对电气系统进行设计，根据试验机的工作原理选用了胎压监测系统、光电式转速传感器、霍尔计数器等电子元件，并提出控制思路。

（4）对试验机的核心部件，如台架、转鼓、加载轴等采用 ANSYS Workbench 软件进行静力学分析或者模态分析，检测其机械强度，以确保在试验过程中机器不会发生损坏。

（5）试验方案拟定。

在进行车轮轮辋疲劳可靠性试验之前要进行如下准备。

① 使用汽车轮胎动平衡机，使车轮实现动平衡状态，以避免由于车轮的动不平衡导致车轮受力不均而造成的试验误差。

② 将与车轮配套的轮胎装在车轮轮辋总成上。

③ 车轮在使用载荷下的充气压力一般为 0.6MPa，试验时应使用车轮充气泵对该车轮充气至 0.9MPa。

2）试验过程

（1）使用与车轮配套的螺栓，按对角线拧紧的方式，将车轮合理地安装在试验机上，车轮螺母应拧紧到由车轮或车辆制造商根据所使用的紧固件而确定的最大扭矩值。

（2）启动试验机，让电动机带动转鼓以最低转速转动起来，并在控制面板上输入车轮外径尺寸、胎压、测试圈数等相关参数。

（3）启动加载装置，使车轮向转鼓方向移动，接触后，逐渐提高载荷值，根据设计者对车轮的性能要求，应将对车轮施加的径向载荷设置为69651N。

（4）将车轮转速设定为以 20km/h、40km/h、60km/h、80km/h、100km/h 五个挡且每挡速度旋转 30min 的方式交替循环，以模拟汽车以各种转速在路上行驶的工况。

（5）当车轮旋转 1000000 圈转鼓停止转动后，观察车轮，如出现如下情况：①轮辋无力承受负载或轮胎压力而导致车轮变形；②轮辋上原有的裂纹扩大，或出现新的可见的裂纹；③自动传感装置偏移增量超过 15%；则视为车轮失效，轮辋无法满足疲劳可靠性要求，若在车轮试验结束前，因轮辋提前发生大变形导致试验无法继续进行，也视为车轮失效。

4. 结论

在借鉴国内外车轮径向疲劳试验机的基础上，依照 GB/T 5334—2005、GB/T 5909—2009 等相关标准，设计了试验机。主要设计内容如下。

（1）确定了整个试验机的整体框架和技术要求，设定了试验台架的外形、尺寸等相关性能参数。

（2）根据试验机的技术要求和试验原理设计了整个驱动系统，包括电动机的选型、调速方式的确定，以及传动比和传动方式的选取。

（3）根据相应要求设计了加载系统，包括液压缸、液压泵、液压系驱动电机参数的计算和拟定。

（4）根据试验的需要阐述了试验机所需要的电子元件，如霍尔计数器、转速传感器、胎压监测系统等，并简单介绍了试验机的控制策略。

（5）在试验机设计完成后，对试验机台架、转鼓、轴等关键零部件进行了有限元分析仿真和疲劳寿命仿真，其仿真结果表明试验机的机械强度符合要求。

（6）根据国家相关标准和本试验机的性能，针对某型货车轮辋提出了整个的试验方案，其包括试验设备、试验准备、试验流程和注意事项等相关内容。

5. 创新点

（1）在试验机上装有胎压监测系统，能实时监控车轮在试验时的压力，避免因胎压不足等原因导致试验结果的不准确。

（2）在电动机上装有变频调速器，能根据试验者的需求连续地改变电源的频率，从而实现连续地调节电动机转速。

（3）车轮安装盘便于拆卸，能使试验者根据所要进行试验的车轮尺寸自行设计后安装在试验台架上，从而能对多种车轮进行试验。

6. 设计图或作品实物图

图 2 为设计作品的三维模型。

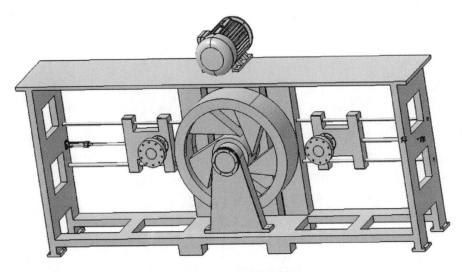

图 2   设计作品的三维模型

矿用多功能车辆快速换装机构设计

任智军

太原理工大学 机械设计制造及其自动化

1. 设计目的

随着煤炭开采量的不断增加，矿井深度亦将不断延伸，所造成的巷道维护量将大幅度增加。机械化作业不仅提高了巷道修复的速度，更增加了矿井作业的安全性，而目前的煤矿巷道修复工程，绝大多数还是以人工作业为主，效率低，安全隐患大，因此大力发展矿用多功能车辆进行巷道修复已成为煤炭工业发展的必然。我国多功能巷道修复机的研究开发仍然是近几年的事，但与国外同类型设备相比，功能上不能满足生产现场需要，设备可靠性存在问题，因此研究开发多功能快速换装机构对提高多功能巷道修复机的工作范围与适应性具有重要意义。

2. 基本原理及方法

矿用多功能车辆快速换装机构主要分为液压系统和机械系统两部分。在液压系统中，为了保证机构运动时的安全性，液压系统中安装了两个溢流阀，由于这两个溢流阀的组合实现了液压系统的双向保护，因此称其为安全阀。在液压系统中，为了防止执行机构在非液压力的驱动下运动，液压系统中安装了两个单向阀，由于这两个单向阀的组合能够实现执行机构的双向闭锁，因此将其组合称为液压锁。在机械系统中，为了能够改善快速换装机构的受力，采用相似设计的方法，将装载机快速换装机构的双出杆液压缸转换为摇臂滑块机构，不仅实现了双出杆改善机构受力的目的，还扩大了液压系统执行机构行程，有利于快速换装机构的小型化、轻量化。在机械系统中，为了提高机具与快速换装机构定位的准确性，设计了一双曲面型定位板，当机具与快速换装机构连接时，机具先经过定位板的大圆弧面，利用大圆弧面的导向作用，将机具导向至定位板定位圆弧面，实现机具与快速换装机构的准确定位。

为了使快速换装机构更加完善，设计还以传力比为目标函数，综合考虑快速换装机构的强度、几何外形、运动、可靠性约束，建立快速换装机构的数学模型，应用 Matlab 优化工具箱中的 Fmincon 函数对快速换装机构的铰点位置进行了优化设计，使得传力比最大，各铰接点受力减小。

3. 主要设计过程或试验过程

在设计初期，根据课题的研究目的，查阅了大量有关快速换装机构的文献资料，从这些资料中了解到快速换装机构在矿用多功能车辆上应用比较少，而在地面液压挖掘机上应用较多。因此，在分析大量地面液压挖掘机快速换装机构的基础上发现，现有这些快速换装机构存在着功能偏少、受力不佳、定位不准确、自动化程度不高的问题，需要进一步解决，从而应用到矿用多功能车辆上。

针对功能偏少，本设计采用了快速换装机构与主机分离的设计方案，这样主机斗杆上的安装空间就不会限制所用到的机具的数量，只要开发与快速换装机构适配的机具即可扩展主机的应用范围。针对受力不佳，本设计采用了双出杆的连接方式，使机具施加给快速换装机构力全部施加于销轴上，不会对液压系统产生影响，此时销轴相当于一根悬臂梁，闭锁所需要的力十分微小。针对定位不准确，本设计采用了双曲面型定位板定位的方式。将定位板焊接于需要定位的地方，当机具与快速换装机构连接时，机具先经过定位板的大圆弧面，利用大圆弧面的导向作用，将机具导向至定位板定位圆弧面，实现机具与快速换装机构的准确定位。针对自动化程度不高，本设计采用液压缸作为执行机构，执行连接机具的任务。为了使液压系统安全可靠，液压系统还需安装安全阀，因此设计中将两个溢流阀组合起来作为安全阀使用；为了使执行机构在其他力的驱动下不运动，还在液压系统中安装了液压锁。将上述解决方案综合起来，就成功地设计出了全自动双曲面定位型快速换装机构。

在进行完上述结构设计后，接着进行了结构中具体零件的设计，在设计的过程中，分别对零件进行了强度的计算（校核）、刚度的计算（校核）。为了更进一步论证结构的准确性，设计中还对结构进行了建模，并进行了有限元分析，为进一步改进零件的强度提供了依据。

为了使快速换装机构更加完善，本设计还以传力比为目标函数，综合考虑快速换装机构的强度、几何外形、运动、可靠性约束，建立快速换装机构的数学模型，应用 Matlab 优化工具箱中的 Fmincon 函数对快速换装机构的铰点位置进行了优化设计，使得传力比最大，各铰接点受力减小。

4. 结论

本课题选用典型巷道修复机作为快速换装机构的研究载体，以其他用途快换装置为研究对象，对矿用多功能巷道修复机快速换装机构的结构、工作原理、结构可靠性和优化方法等进行了分析研究，得到如下结论。

（1）对比分析快速换装机构液控式、机械式驱动方式的优缺点，确定本设计采用液控式快速换装机构。在对快速换装机构典型结构形式进行了对比分析后，研发了摇臂滑块液压自锁式快速换装机构。

（2）在分析巷道修复机典型工况及外载荷的基础上，对快速换装机构进行了力学分析，得到快速换装机构铰点 B、C、D、E 受力情况，为快速换装机构的优化设计提供理论依据。

（3）建立快速换装机构铰点位置优化的数学模型，利于 Matlab 进行结构优化。

（4）建立快速换装机构的三维模型并进行仿真分析，验证机构运动的可行性。

（5）进行结构的有限元分析，得到应力、位移、变形趋势的分布云图，验证快换装置满足强度要求。

5. 创新点

（1）研发了双出杆式快速换装机构，这种形式的快速换装机构与其他类型的相比受力状况良好。

（2）研发了摇臂滑块机构，使得一个液压缸同时驱动两根销轴成为可能，还使液压缸的行程得到进一步的扩大。

（3）研发了双曲面型定位板，而且将定位板焊接于机架的特定位置。特定的焊接位置使加工误差不会进一步扩大；双曲面型定位板的大圆弧面具有导向作用，小圆弧面具有定位作用。

（4）应用 Matlab 优化工具箱中的 Fmincon 函数对快速换装机构的铰点位置进行优化设计，使得传力比最大，各铰接点受力减小。

6. 设计图或作品实物图

图 1 为快速换装机构三维模型。图 2 为快速换装机构爆炸图。

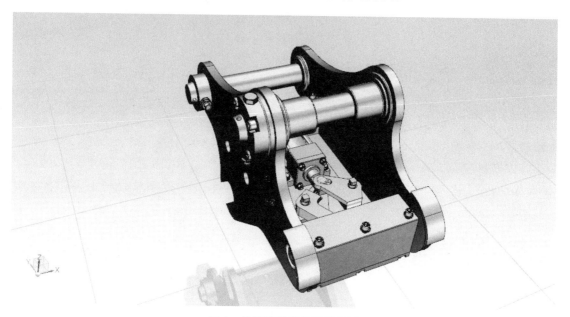

图 1   快速换装机构三维模型

图 2　快速换装机构爆炸图

PER10000N·m 电动执行机构的设计与研发

闫保山

宁夏大学 机械工程

1. 设计目的

吴忠仪表有限责任公司 PER 系列 PER10000N·m 角行程电动执行机构，其功能是输出转矩为 10000N·m，输出的形式为角度，可用于控制各类转角为 0° ~ 90° 的阀或门，如蝶阀、球阀、百页阀、风门、旋塞阀、挡板阀等。本次设计针对 PER 系列输出转矩为 10000N·m 的设计要求，开展对电动执行机构整体机械传动部分的设计，完成设计的角行程电动执行机构最终输出扭矩为 10000N·m 的技术要求，进而不仅可以填补企业 PER 系列大扭矩角行程电动执行机构的空白，同时也可以为后续同系列的电动执行机构的设计和研发奠定一个良好的基础。

通过本次设计的训练，能够进一步巩固加深对大学四年所学的基本理论、基本技能和专业知识的理解，使之系统化、综合化；培养独立思考，并应用已学知识解决实际工程问题的能力，加强计算、绘图、使用设计规范手册等能力。希望通过对国内外发展现状的了解，树立符合国情和生产实际的正确设计思想和观点，培养创新意识以及加强与校内和企业导师合作的能力。

2. 基本原理及方法

本次设计所采用的基本原理主要是标准直齿圆柱齿轮传动的设计、标准直齿圆柱齿轮传动的强度计算及强度校核，直齿轮传动设计与校核的基本方法：①选定传动方案（直齿轮传动）；②选择齿轮的精度等级；③齿轮材料的选择；④齿轮齿数的确定；⑤按照齿面接触强度进行齿轮基本参数的设计；⑥按照齿根弯曲强度进行直齿轮传动的强度校核；标准斜齿圆柱齿轮传动的设计、标准斜齿圆柱齿轮传动的强度计算及强度校核。斜齿轮传动设计与校核的基本方法：①选定传动方案（斜齿轮传动）；②选择齿轮的精度等级；③齿轮材料的选择；④齿轮齿数的确定；⑤选取斜齿轮的螺旋角；⑥按照齿面接触强度进行齿轮基本参数的设计；⑦按照齿根弯曲强度进行直齿轮传动的强度的校核。蜗轮蜗杆传动的设计、强度计算及强度校核，其基本方法：①选择蜗杆的传动类型；②选择蜗轮蜗杆的材料；③按齿面接触疲劳强度进行设计；④蜗轮与蜗杆的主要参数与几何尺寸的计算；⑤按齿根弯曲疲劳强度进行强度校核；以及机械原理当中直齿轮、斜齿轮基本参数的计算，行星齿轮系的设计。

利用 CAD 进行二维图的绘制；利用 SolidWorks 进行三维建模；利用 ANSYS 进行齿轮传动的强度分析。

3. 主要设计过程或试验过程

本次设计的主要设计过程：由于本次设计是基于企业PER系列大扭矩角行程电动执行机构的短缺，设计本次输出扭矩为10000 N·m的大扭矩角行程电动执行机构，因此在设计初期首先查阅了企业一些有关执行机构的基本相关资料以及PER同系列小扭矩电动执行机构的基本资料，对执行机构有一个初步的认知和了解，然后在企业的现场了解到执行机构的实物，进而加深了对执行机构的了解，对企业执行机构有了一个体系的了解，为本次大扭矩角行程电动执行机构建立一个基础。了解企业执行机构的生产现状机构，查阅相关资料了解电动执行机构的国内外研究现状。在对电动执行机构有了基本的了解之后，进行本次PER10000N·m角行程电动执行机构总体传动方案的设计。由于本次设计的角行程电动执行机构是基于企业以往同系列小扭矩角行程电动执行机构的设计理论基础之上，更为了企业以后同系列角行程电动执行机构的设计与研发奠定基础，因此本次设计采用的传动机构主要有标准斜齿圆柱齿轮啮合传动、标准直齿圆柱齿轮啮合传动、蜗轮蜗杆传动和行星齿轮系，主要的传动过程是电机齿轮带动电机减速箱内齿轮传动，电机减速箱齿轮轴带动大齿轮转动，大齿轮带动偏心轴转动，偏心轴带动行星齿轮系转动，行星齿轮系的出轴齿轮通过键连接带动减速箱的齿轮轴转动，减速箱的齿轮轴带动减速箱内扇形齿轮传动，最终减速箱通过法兰与阀体连接调节阀体开度；手动调节通过蜗轮蜗杆传动，最终也将扭矩传递到减速箱调节阀体开度。对执行机构的总传动方案设计完成以后，确定传动系统中各个传动机构的传动比，进而利用机械设计和机械原理的相关知识对各传动机构：标准直齿圆柱齿轮传动、标准斜齿圆柱齿轮、行星齿轮系和蜗轮蜗杆传动的各零件进行设计，并计算出基本尺寸，绘制二维图和三维建模；然后利用相关参数对设计出来的传动机构进行强度校核，并利用ANSYS软件进行部分传动机构的强度分析，进而验证强度校核的准确性。最后把绘制的零件图利用SolidWorks进行装配，并对本次设计进行总结。

4. 结论

本文主要介绍了角行程电动执行机构的工作原理、应用领域，给出了针对本次10000 N·m扭矩输出的角行程电动执行机构的设计计算过程、相关的二维图、三维模型以及用ANSYS对相关齿轮、蜗轮传动过程中的应力分析，最终达到了预期的设计效果和技术指标。主要完成的工作如下。

（1）根据相关的技术参数以及传动关系，确定电机功率。

（2）利用行星齿轮系的优点，选择行星齿轮系应用到本次设计中并对其进行设计计算及强度校核。

（3）根据相关指标及功能要求，对蜗轮蜗杆传动比进行设计计算及强度校核。

（4）根据相关的传动比关系，完成减速箱的设计计算及强度校核。

（5）根据相关的传动比关系及空间结构，完成电机减速箱内斜齿轮传动的设计计算及强度校核。

5. 创新点

（1）本次设计的 PER10000N·m 的角行程电动执行机构采用行星齿轮系，该结构传动比范围大，在一定的转动比范围内可有较高的传动效率，结构相对其他行星传动较简单，便于加工、安装，传动效率高，具有自锁功能，保证了自动控制系统的高可靠性和高安全性；结构简单，零件数目少。

（2）本次设计的 PER10000N·m 的角行程电动执行机构相对于以往小扭矩电动执行机构增加了减速箱部件，从而扩大了输出转矩，减小传动速度。

6. 设计图或作品实物图

图 1 为设计作品的三维模型。

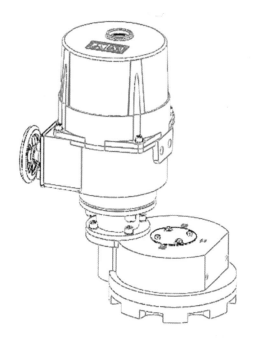

图 1　设计作品的三维模型

扁形茶振动式自动理条机设计开发

代培建

重庆科技学院　机械设计制造及其自动化

1. 设计目的

扁形茶制作一般需要摊青、杀青、理条、压扁等不同工艺，但市场上的理条机一般只能实现制茶的单一工艺，促使茶农制茶需要购买多个设备，导致茶叶制作成本上升。为降低茶农制茶成本、减少制茶设备数量，实现制茶工艺的自动化，改变市场上振动式茶叶理条机人工放置加压棒缺陷，降低劳动力成本，满足市场对茶叶品质、数量上的需求，设计了一款能实现多种制茶工艺的复合型多功能茶叶理条机。

2. 基本原理及方法

振动式茶叶理条机是目前市场上最常使用的一种多功能茶叶理条机，其理条的工作原理是电机经皮带轮减速后将转动传递到作为曲柄的偏心皮带轮上，然后利用曲柄滑块机构的往复特性驱动滑块多槽锅做往复直线运动，实现茶叶杀青、理条、干燥等制茶工艺。在往复运动的过程中，安装在滑块多锅槽上的自动加压系统通过控制步进电机转速和转角来实现对梯形丝杠的转动速度、角度的控制，然后通过安装在横梁上丝杠螺母与梯形丝杠的配合来带动焊接在横梁上的吊环上升和下降。吊环下降时，加压棒在重力的作用下随吊环一起下降到工作位置，从而实现对锅槽内茶叶的自动做形。完成压扁做形工艺后，由步进电机驱动吊环上升，使得加压棒上升到固定位置，与锁紧挡块接触，在锁紧力、重力的共同作用下实现加压棒的锁紧。其中加压棒上升和下降的速度、距离由步进电机的转速与步进角来控制。扁形茶全部工艺完成后，装有蜗轮蜗杆减速机的电机在PLC系统控制下，驱动摇杆转动一定的角度，通过双摇杆机构使多锅槽倾斜一定的角度，从而实现茶叶的自动倾倒。本设计通过PLC控制，实现茶叶的杀青、理条、压扁和自动倾倒等所有工艺过程。设计过程中其主要使用NX进行三维建模和运动仿真，使用AutoCAD绘制二维工程图。

3. 主要设计过程或试验过程

本设计主要包括对国内外理条机、手工茶叶做形和理条机加压系统资料的收集与整理；对扁形茶振动式自动理条机加压系统的方案设计并论证该方案经济性、可行性；对扁形茶振动式自动理条机加压系统进行详细的结构设计；对该理条机所有零件进行三维建模、装配和二维工程图导出。对该理条机进行运动仿真和后处理，获得该理条机理条时运动参数和加压系统工作时的运动参数，并验证扁形茶振动式自动理条机运动参数的合理性等过程。

在本设计过程中首先需要在了解理条机的基础上对方案进行设计，其扁形茶振动式自动理条机加压系统的方案设计参考国内专利"气动式自动加压理条机"和"电磁式自动加压理条机"，吸收"气动式自动加压理条机"专利吊环提升装置和"电磁式自动加压理条机"专利垂直上升的优点；摒弃"气动式自动加压理条机"需要额外的气压装置、加压棒没有锁紧装置和气体受热容易膨胀使加压棒行程不受控制，以及"电磁式自动加压理条机"锁紧时需要对电磁线圈一直通电（浪费能源）的缺点。最终选择使用电机作为动力，提出了一个用梯形丝杠螺母作为锁紧和传动的机械式加压系统的方案。然后对该方案进行经济性、可行性分析，其分析参考国内标准件平均价格和加工非标准件平均价格，对比其他加压方案成本、可行性，得出该方案可行的结论。之后对扁形茶振动式自动理条机加压系统进行详细的结构设计，其结构设计首要是计算各部分受力情况和了解多槽锅的结构尺寸，通过梯形丝杠螺母处的受力、结构尺寸与实际工况要求计算出丝杠和螺母的主要结构尺寸；通过测量理条机多槽锅实际结构尺寸和个数设计横梁、吊环、轴承端盖的相关参数；通过计算其梯形丝杠的螺纹升角并查阅相关手册验证其自锁性。之后利用 NX 对理条机进行三维建模、装配和二维图导出，其三维建模过程是通过加压系统结构设计的参数和振动式理条机相关尺寸对所有零件进行三维建模的，根据加压系统安装尺寸要求和实际情况对理条机多锅槽进行改装；其装配过程通过 NX 自带装配功能对所用零件进行装配；其二维图导出是通过 NX 二维图生成功能并在 AutoCAD 辅助下完成的，将三维图纸导出到二维图并对二维图纸进行修改生成工程图纸。最后进行理条机运动部件的运动仿真和后处理，并获得和验证该理条机部分运动参数，检验其设计的合理性。

4. 结论

本设计通过实地观察名优茶茶叶理条机组自动加工茶叶工况，了解茶叶机械自动化加工原理，结合国内外发展现状，参考了一定的文献资料，设计了一款能实现自动加压的茶叶理条机。该理条机使得茶叶加工工人从高温的工作环境中解放出来，提高了茶叶加工效率和茶叶品质，实现了茶叶的自动化生产，减少了制茶所需要的设备数量，降低了茶叶制作的成本。通过对该理条机数字样机的运动仿真和后处理获得了该理条机工作过程中多锅槽的理论参数。通过对该理条机加压系统的运动分析和对比扁形茶制作工艺得到了该理条机加压过程中加压棒上升和下降的行程图。该振动式扁形茶理条机满足市场需求，其能实现的制茶工艺多且功能运行稳定，安全性高，操作简单，拆装维护方便。

5. 创新点

（1）传统扁茶机械设计一直没能突破模仿手工制茶的思维模式。手工制茶主观性很强，茶叶制作过程中质量控制的许多参数无法量化。本设计改变传统扁形茶理条机机械设计思路，将扁形茶制茶工艺参数进行了量化，并解决了扁形茶加工不能自动化、茶叶品质不能标准化、茶叶产量过低的问题。

（2）本设计使用清洁能源并在一定程度上节约了能源。传统锁紧的方式一般是采用电机自锁或外加锁紧装置的方式来实现的，本设计是通过梯形丝杠和螺母来实现自锁的（因为梯形丝杠和螺母在升程角达到一定条件下能实现自锁）。加装该套加压系统的理条机解决了理条机单机上一直无法完成整个制茶工艺及制茶成本过高的问题。

6. 设计图或作品实物图

图 1 为扁形茶振动式自动理条机三维模型。

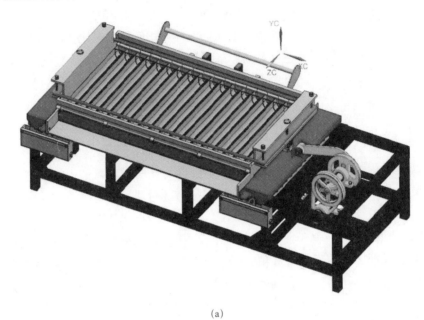

(a)

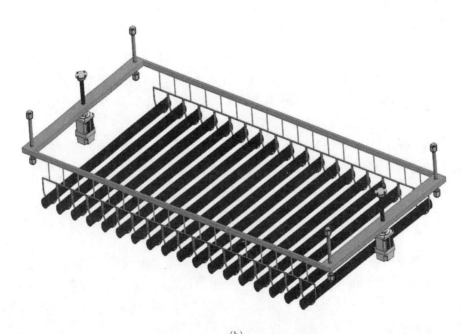

(b)

图 1　扁形茶振动式自动理条机三维模型

电动固定平台搬运车液压转向系统优化设计

张 岩

合肥工业大学 机械设计制造及其自动化

1. 设计目的

通过对电动固定平台搬运车转向梯形机构的优化设计，使车辆在转向时内、外轮的轴线交点更贴近车后轴的延长线，车辆前轮做纯滚动或有较少的滑移，以减小车辆的转向阻力及轮胎的磨损，并且使得转向梯形具有更大的转角。对液压转向油缸进行重新设计，通过对转向油缸容积及活塞杆行程的计算，使其与转向梯形相匹配。对液压转向器和齿轮泵进行相关的匹配研究与选型，有效提高了车辆转向的灵敏性。

2. 基本原理及方法

本设计在转向梯形优化过程中采用转向梯形理论特性曲线，车辆转向时，其前内、外转向轮的轴线交点应位于后轴延长线上（其内、外转向轮的转向角交点位于该车转向特性曲线上），才能实现车轮转向的纯滚动，否则轮胎将发生打滑，加剧磨损。因此，内转向轮的转向角应当大于外转向轮的转向角。为了实现内、外转向轮转向角的上述关系，设计了转向梯形杆系，通过由横拉杆和左右转向梯形臂组成的这种梯形杆系，可以非常近似地满足上述要求，本次设计选用的是双曲柄滑块式的转向梯形模型。但是现有的车辆转向梯形杆系还不可能完全满足理论特性曲线的要求。所以本设计优化的目的是使转向梯形机构能尽可能符合转向特性曲线。梯形设计时 在常用的范围 15° ~ 20° 内偏差应尽量小，以减小车辆在高速行驶时轮胎的磨损；而转向轮在大转角时，车辆速度较低，偏差影响并不大。

转向梯形机构各杆件尺寸通过 Matlab 软件优化，采用全局最优算法，使转向轮轴线的交点尽可能位于后轴延长线附近，减少轮胎在转向时的摩擦。

转向油缸和活塞杆通过最大活塞杆推力和系统压力范围，选择合适的缸内径和活塞杆外径，然后计算出转向系统的压力。

液压转向器通过计算排量与工作压力，进行转向器选型；对于齿轮泵的选型，先进行压力计算，根据转向器最大流量，选择合适的排量和转速。

3. 主要设计过程或试验过程

（1）转向梯形机构的优化设计：由最小转弯半径估算出前车轮的内、外最大转向角 α、β 的大小，通过转弯半径的校核最终确定内、外最大转向角度 α、β 的值。然后通过计算对转向梯形机构各个尺寸进行初步确认，再在 Matlab 软件的优化下求出各项优化系数，代入进一步计算优化后的转向机构的尺寸。

(2) 液压转向油缸的优化设计：在确认转向梯形结构的尺寸后，可求得液压缸活塞杆的最大行程 S_{max}，通过转向油缸二维结构图，计算出转向油缸的轴向尺寸；计算系统的转向阻力矩，进而由 Matlab 软件求解活塞杆的最大轴向力 F，选取合适的油缸内径尺寸与活塞杆外径尺寸，在保证系统灵敏度的前提下，压力尽可能维持在低压状态。在选定合适的内、外径尺寸后，进而计算出系统压力并校核。

(3) 液压转向器的选型：通过液压油缸的缸腔截面积与活塞杆的行程及转向圈数，计算出转向器的排量，结合已经算出的系统压力选择合适的液压转向器，通过查手册最终选择型号为 BZZ-80 的转向器。

(4) 齿轮泵选型：首先根据系统安全阀开启压力及系统压力进行压力计算，确定齿轮泵的最小额定压力，然后通过已选型的转向器的流量进行齿轮泵排量与转速计算，根据计算得出的齿轮泵压力范围与最小流量值，选取型号为 CBB 型的齿轮泵。

(5) 方向盘设计：根据车型选定合适的方向盘直径，通过转向扭矩对方向盘直径进行校核，然后确定握柄位置与方向盘结构，参考现有的方向盘结构进行设计，设计过程中要着重考虑方向盘与转向轴的连接部分。

(6) 油箱的设计：首先根据齿轮泵的额定流量与经验系数计算出油箱的有效容积，进而计算出油箱的实际容积，结果发现油箱体积过大，与整个转向系统不协调。最后设计出一个新方案，通过管道与六通接头、安全阀，将进油管与出油管间接相接，减少油箱的过油量，油箱尺寸可按经验取 0.5L。

(7) 转向系统总成：转向系统各部件设计完成后，绘制转向系统及其各部件的总装配图，解决各部件设计上的问题，同时在细节上进行补充和完善。

4. 结论

转向梯形结构合理，有效减小了转向阻力矩，优化了最小转弯半径，而且转向时内、外转向轮的转角基本符合转向梯形特性曲线，能有效地减少轮胎的磨损。优化设计的油缸结构可以保证系统在低压状态下稳定工作，满足转向梯形结构的运动要求。转向器和齿轮泵的选型能够与转向油缸相匹配，可以提供合适的系统压力和转向灵敏度，共同满足转向系统的工作要求，且价格适宜，节约成本。方向盘的设计符合企业设计的标准，让驾驶员操作更舒适，具备良好的人机关系。油箱的设计使油箱具有较小的体积，方便安装，占用空间小，并能及时补充系统消耗的油量。三维的建模计算有效地检查出系统设计过程中出现问题，并给予解决。

5. 创新点

(1) 转向梯形机构的优化设计：车辆转向时，左右转向轮的转角要符合一定的规律，以保证所有车轮在转向过程中都能够绕一个圆心以相同的瞬时角速度运动。优化后的转向梯形机构可以使车辆在转向过程中所有车轮都为纯滚动运动或有极小的滑移，从而提高轮胎的使用寿命，保证车辆操纵的轻便性和稳定性。

（2）液压转向油缸的重新设计： 转向油缸是液压转向系统中的执行机构，也是车辆转向的关键，而油缸的内径与活塞杆的外径会直接影响系统的压力和转向灵敏度。重新设计后的转向油缸在尺寸上符合国家缸内径、杆外径的优先选用尺寸，且能保证系统有合理的压力与转向灵敏度。

6. 设计图或作品实物图

图 1 为三维打印转向桥实体模型。图 2 为液压转向系统三维总装图。

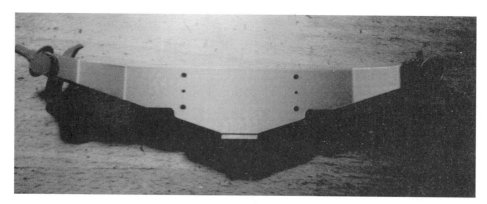

图 1　三维打印转向桥实体模型

图 2　液压转向系统三维总装图

打磨机器人本体与 J6 传动系统设计

刘佳音

重庆科技学院 机械设计制造及其自动化

1. 设计目的

本设计针对大型水轮机过流部件（导水机构、水轮机转轮等）的智能修复的关键科学问题，设计满足空间复杂结构破坏表面智能修复过程中，对堆焊后的表面进行打磨和精密加工系统的机器人。建立了机器人操作机构设计模型，完成了该机器人的本体设计、本体关键零件设计、腕部关节设计、J6 传动系统的机构设计、装配设计、零件设计和关键零件的强度校核。设计的打磨机器人具备刚度大、工作范围大、结构紧凑、精度高、运行可靠性高、使用维修方便等特点。

2. 基本原理及方法

（1）采用机构设计、机械设计、工程数学、理论力学、材料力学、机器人学和工程图学的基本原理，根据所修复的水轮机过流部件的几何尺寸和修复工艺，提出机器人工作范围与极限工作位置，建立涵盖机器人操作机构参数（机器人大臂、小臂长度，机器人底座转角、大臂摆角、小臂摆角等）的机器人操作机构设计模型，利用建立的模型进行机器人本体机构的几何尺寸计算；利用机械设计、CAD/CAM 技术、现代设计方法、现代加工技术、材料学、工程图学等理论进行机器人大臂的结构设计。

（2）根据机器人腕部功能要求，采用机构设计、机械设计、机器人学、CAD/CAM 技术、工程图学等的理论进行腕部的方案设计和结构设计。

（3）针对拟修复的工件对打磨机器人的功能要求，利用机构设计理论进行 J6 传动系统的机构设计；根据传递载荷、速度、工作范围要求，利用机械设计理论进行 J6 系统的装配设计和零件设计；利用材料力学理论进行 J6 系统传动轴的强度计算和校核；利用机械设计理论、强度计算理论进行齿轮（圆柱齿轮、圆锥齿轮等）的强度计算和强度校核。

3. 主要设计过程或试验过程

本设计是以满足大型水轮机过流部件高质量的智能修复工艺对打磨机器人的功能要求，设计复杂结构曲面修复过程中，对堆焊后的曲面进行打磨和精密加工的机器人。主要设计过程分为以下几方面。

（1）通过阅读参考文献，对水轮机过流部件的结构、水轮机过流部件的破坏形式等有了更深刻的认识，对机器人设计理论、机器人的国内外现状等有比较详细的了解，对基于增材再制造技术进行破坏后的复杂空间曲面的智能修复工艺、关键技术有一定的理解,提出了完成本设计的技术路线。

(2)在进行设计过程中,为了更好地了解工业机器人的结构、零部件装配定位关系、机器人各零件的制造工艺等,在重庆广数机器人有限公司进行了一周的实训,并完成了一台6轴焊接机器人拆装成零件、并将零件装配为机器人的任务。通过实训掌握对机器人执行机构、机器人驱动装置、检测装置、控制系统有比较清晰的认识,对机器人本体零部件的结构、装配关系有比较清楚的了解,为机器人的设计奠定了基础。

(3)根据水轮机过流部件复杂曲面柔性增材再制造的工艺要求、待修复过流部件的几何尺寸,确定了机器人操作机位置机构形式,建立了机器人操作机构参数计算模型,完成打磨机器人主要结构参数的计算和机器人本体的设计;确定了机器人的工作区域;通过对设计的机器人的驱动系统、机器人的结构形式、机器人关节驱动方式等进行分析比较,确定了水轮机过流部件复杂曲面打磨机器人的结构形式。

(4)分析水轮机过流部件复杂曲面打磨特点、过流部件几何尺寸对打磨机器人的要求,提出结构紧凑、灵活度高、能实现三个连续转动的自由度、可在工作空间内实现任意姿态、末端可连接各种打磨工具的三自由度手腕结构,完成了手腕的结构设计。

(5)根据打磨机器人 J6 系统的功能要求,进行 J6 系统从伺服电机到末端打磨工具的传动系统的方案设计、功能设计,根据机器人的工作负荷,进行传动系统各个传动机构的负荷计算,完成伺服驱动电机的计算与选型、RV 减速器的选型、各个齿轮的设计计算、传动轴的设计计算。

(6)完成了 J6 传动系统各个零件的三维实体设计、各个零件的详细设计、零件图设计和传动系统的装配设计。

(7)完成了 J6 传动系统中各个齿轮、传动轴的强度计算。

图 1 为本设计的技术路线图。

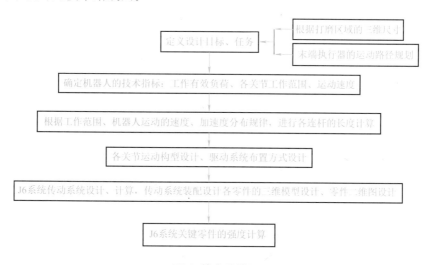

图 1 技术路线图

4. 结论

本设计以指导教师科研团队开发的大型水轮机过流部件复杂曲面柔性增材再制造系统中打磨工艺需要，设计满足水轮机过流部件高质量修复过程中打磨机器人，完成了设计任务书中要求的各项设计任务，取得以下成果。

（1）对水轮机过流部件复杂曲面的智能增材再制造技术有更深入的了解，获得了机电产品的设计过程从概念设计、机构设计、机械设计、强度计算等完整的训练。

（2）通过在机器人制造企业进行的实训，完成了一台6轴焊接机器人拆装成零件、并将零件装配为机器人的任务。通过实训对机器人各个部分的组成有比较清楚的了解，为机器人的设计奠定了基础。

（3）根据水轮机过流部件复杂曲面柔性增材再制造的工艺要求、待修复过流部件的几何尺寸，确定了机器人的工作区域；通过对设计的机器人的驱动系统、机器人的结构形式、机器人关节驱动方式等进行分析比较，确定了水轮机过流部件复杂曲面打磨机器人的结构形式。

（4）分析水轮机过流部件复杂曲面打磨特点、过流部件几何尺寸对打磨机器人的要求，提出结构紧凑、灵活度高、能实现三个连续转动的自由度、可在工作空间内实现任意姿态、末端可连接各种打磨工具的三自由度手腕结构；确定了机器人操作机位置机构形式，建立了机器人操作机构参数计算模型，完成了打磨机器人主要结构参数的计算和机器人本体的设计。

（5）根据打磨机器人J6系统的功能要求，进行J6系统从伺服电机到末端打磨工具的传动系统的方案设计、功能设计，根据机器人的工作负荷，进行传动系统各个传动机构的负荷计算，完成伺服驱动电机的计算与选型、RV减速器的选型、各个齿轮的设计计算、传动轴的设计计算。

（6）完成了J6传动系统各个零件的三维实体设计、各个零件的详细设计、零件图设计和传动系统的装配设计。

（7）完成了J6传动系统中各个齿轮、传动轴的强度计算。

通过本设计，将大学四年学到的知识进行了综合应用，知道了各门课程间的联系。对如何利用所学知识进行工程设计有了初步认识。由于所学知识有限，并且缺乏工程经验，设计中存在很多不足，希望以后进一步完善。

5. 创新点

（1）建立了机器人操作机构参数计算模型。根据所打磨的工件、工装尺寸，确定机器人的工作范围及其极限位置，利用建立的模型完成机器人操作机构的设计。

（2）对表面被破坏的空间复杂曲面，提出基于机器人的柔性增材再制造技术，并进行智能修复。在复杂曲面增材再制造实施过程中，对堆焊后的曲面进行智能打磨、精密切削加工等需要的重负载机器人，将机器人腕部3个转动关节驱动电机安装在机器人小臂的后端（与大臂连接处），采用间接驱动方式有利于提高重负荷机器人系统的动态性能、驱动电机散热。

（3）对机器人 J6 传动系统，利用圆柱齿轮进行平行轴系传动、锥齿轮系统可以改变传动方向的特性，提出由分锥角为 45° 的锥齿轮构造适合于重负荷作业、可实现连续回转运动、且为中空结构的非球型机器人腕部；进行从伺服电机至 J6 轴与打磨工具连接处整个系统的传动设计，以及各个零件的设计计算、结构设计、强度计算等。

6. 设计图或作品实物图

图 2 为手腕单元的总体结构图。

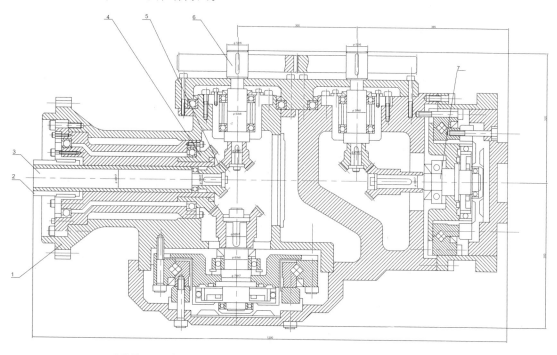

1. 连接体；2. B 输入轴；3. T 输入轴；4. B/T 传动轴组件；5. B 轴减速摆动组件；

6. T 轴中间传动组件；7. T 轴减速输出组件

图 2　手腕单元的总体结构图

搅拌摩擦焊接头析出相分析

胡亚洲

北京工业大学　机械工程

1. 设计目的

铝合金中经常添加一些铜、镁、硅等合金元素，添加的合金元素能够在搅拌摩擦焊作用下形成一些弥散分布的析出相，这些析出相能够通过绕过机制和切过机制有效阻碍位错的运动，从而使材料的强度得到增强。本文针对 5A06 铝合金搅拌摩擦焊接头产生的析出相进行了相关研究，为改善 5A06 铝合金焊接接头的力学性能提供依据。本文的目的主要包含以下两个方面。

（1）观察分析搅拌摩擦焊接头析出相，研究搅拌摩擦焊接头析出相的形成机理。

（2）结合接头的力学性能测试结果，研究析出相对接头力学性能的影响规律。

2. 基本原理及方法

本文采用搅拌摩擦焊设备对 5A06 铝合金板进行搅拌摩擦焊接，然后对焊接接头进行显微硬度测试和拉伸性能测试并通过电子背散射衍射和透射电子显微镜等观察焊接接头的微观组织，最后综合试验结果研究析出相的形成机理及其对接头力学性能的影响规律。

搅拌摩擦焊是一种固相连接技术，其原理是高速旋转着的搅拌头缓慢插入待焊工件，并沿着工件的待焊界面以一定的速度向前移动，使得待焊材料在待焊部位金属与搅拌头的轴肩及搅拌针的摩擦作用下加热至热塑性状态，并且处于热塑性状态的金属材料在焊接压力以及搅拌头轴肩的挤压下环绕搅拌头流向搅拌头的后方，从而形成金属间连接。

电子背散射衍射的原理：由扫描电子显微镜发射并入射到样品上的电子束在试样表面的各个晶体或晶粒内按一定规律排列的晶格面上产生衍射。从晶体内所有的原子面上产生的衍射叠加在一起组成带有晶体内部信息的衍射花样，通过摄像仪和计算机采集、分析衍射花样就能得到晶体的取向、取向差、应变等信息。本文主要用电子背散射衍射观察分析接头各区域晶粒的尺寸。

透射电子显微镜以电磁场作透镜，波长极短的电子束作光源穿透样品成像。电子枪发射出来的电子束在真空通道中穿越聚光镜汇聚成一束尖细、明亮而又均匀的光斑，照射在样品室内的试样上，试样内部组织致密的地方透过的电子量非常少，而稀疏的地方透过的电子量较多，透过的电子通过物镜的汇聚调焦以及初级放大后，进入下一级的中间透镜以及投影镜中进行综合放大成像，最后被放大了的像投射到观察室内的荧光屏上供使用者进行观察。本文主要用透射电子显微镜观察分析接头各区域析出相的类型、分布和析出机理。

3. 主要设计过程或试验过程

本文主要在 5A06 铝合金搅拌摩擦焊接的基础上进行了力学性能试验、电子背散射衍射试验和透射电子显微镜试验。

1）力学性能试验

力学性能试验包括搅拌摩擦焊接头的拉伸试验和显微硬度试验。拉伸试验是以焊缝为中心，垂直于焊缝方向进行拉伸。拉伸试样采用线切割按标准尺寸切下，并用碳化硅砂纸磨去焊缝表面的飞边及试样腰部的线切割痕迹。采用 CSS-1110 型电子万能试验机对试样进行拉伸，拉伸速率设定为 3mm/min，为减小误差，每种参数试样均测试 3 次并取其平均值。显微硬度试验采用 DHV-1000 显微维氏硬度仪对焊缝截面进行测试，焊缝截面尺寸为 22mm×5mm，厚度为 8mm，从后退侧母材区到前进侧母材区选取约 50 个位点进行测量，每个位点间距 0.4mm，从距焊缝上表面 1～4mm 位置进行 4 排测试，每排间距 1mm。试验中使用的载荷力均为 200gf（克力），即 1.96N，载荷力加载时间均为 15s。为满足测试面的光整度，测试前将试样测试面朝下放入 XQ-1 型金相试样镶嵌机中进行镶嵌，然后在金相试样预磨机上依次用 800#、1000#、1500#、2000# 的碳化硅砂纸打磨并依次用粒度为 1μm 和 0.5μm 的金刚石研磨膏抛光至无划痕。为划分区域，用浓度为 0.5% 的氢氟酸溶液腐蚀约 20s 后即可进行显微硬度测试。

2）电子背散射衍射试验

本试验选取的样品尺寸为 20mm×8mm×5mm，采用线切割的方法切割试样，切割时尽量避开有缺陷的地方，选择有代表性的部位。试样切下后用酒精、丙酮溶液在超声波清洗机中清洗以去掉试样表面的油污及其他杂质。对样品进行打磨和抛光后，采用 12V 直流电压在 -14℃、30mL 硝酸 +70mL 甲醇溶液中进行 60s 的电解抛光试验。抛光完成后分别选取焊核区、前进侧热机影响区、后退侧热机影响区和母材区组织进行观察，放大倍数为 400 倍，步长为 2μm。

3）透射电子显微镜试验

透射电镜试验主要工作为样品的制备，用线切割垂直于焊接方向截取约 0.5mm 厚的焊缝截面，截面尺寸为 22mm×5mm，为区分焊接试样的前进侧（AS）和后退侧 (RS)，可切去前进侧一角作为标记。使用胶水将试样粘到 Φ25mm 柱形钢块的一端，并依次用 800#、1000#、1500#、3000# 的碳化硅砂纸进行研磨。磨完一面后将试样放入丙酮中浸泡 2～3h，待试样从钢块上脱落后翻面用同样的方式磨另一面，直至试样厚度为 80μm 左右。磨好后的试样用冲样机冲取 Φ3mm 的圆片，冲下的圆片厚度均匀，边缘无明显毛刺即可。冲好的圆片先用电解双喷的方法进行减薄，电解液的成分选择 30% 的硝酸和 70% 的甲醇（体积分数）溶液，电解电压为 15V 左右，电解温度为 -30℃ 左右，采用液氮作为冷却剂。由于所用的电解双喷仪报警装置不灵敏，且样品厚度存在差异，为提高成功率采用电解双喷减薄 2.5min 左右再用离子减薄仪进行最终减薄。样品制备完成后采用 JEOL JEM 2100 型透射电镜进行观察。

4. 结论

(1) 焊接过程中焊核区发生了动态再结晶，形成了细小的等轴晶，热机影响区的晶粒发生细化但尺寸大于焊核区的晶粒，前进侧热机影响区的晶粒在搅拌头的搅拌作用下扭曲变形且尺寸比后退侧热机影响区晶粒大。400～700r/min，搅拌头转速的增加引起热输入的增加，焊接接头晶粒在热的作用下粗化；700～800r/min，转速的增加使搅拌头的搅拌作用更加明显，从而使动态再结晶过程细小的晶粒在长大前发生破碎。

(2) 接头的析出相有圆形和短棒状两种，圆形析出相在转速为400r/min时搅拌摩擦焊的焊核区和后退侧热机影响区数量较多，在转速为700r/min和800r/min时搅拌摩擦焊焊核区和热机影响区的数量较少，并且圆形析出相在位错区聚集。数量相对较少的棒状析出相在焊核区和热机影响区分布较均匀，随着搅拌头转速的增加，焊接热输入增加，圆形析出相发生溶解，棒状析出相数量变化不明显。

(3) 焊接接头断裂处均出现在前进侧热机影响区附近，可能与该区域大量的位错以及棒状析出相的偏析聚集有很大关系；焊接接头的析出相对显微硬度分布的影响不明显，而晶粒的大小对显微硬度分布的影响更加显著，晶粒细小的焊核区的硬度明显高于晶粒粗大的母材区的硬度；不同转速焊接接头的焊核中心均出现明显的软化区，软化区的产生是由焊核区中心晶粒的粗化引起的。

5. 创新点

(1) 目前国内外已有的关于搅拌摩擦焊接头力学性能研究的文献大部分都是从焊接工艺参数入手，研究工艺参数对焊接接头力学性能的影响规律，并给出某种金属搅拌摩擦焊的最佳工艺参数范围。但是，只通过改变工艺参数来改善焊接接头的力学性能有明显的局限性，即通过改变工艺参数达到的强度极限在最佳工艺参数确定后也就基本确定，想要进一步增强接头的力学性能就必须另辟蹊径。本文从焊接接头的析出相入手，研究析出相的形成机理及其对接头力学性能的影响规律，为改善接头力学性能提供依据。

(2) 虽然目前存在部分文献对搅拌摩擦焊接头的析出相进行了相关研究，但不同型号的铝合金所添加的合金元素不同，在搅拌摩擦焊作用后接头析出相的产生机理以及析出相对接头力学性能的影响规律也不尽相同。关于5A06铝合金接头的析出相，目前几乎没有文献对其进行研究，本文以5A06为基材进行研究，推进了5A06铝合金接头析出相的研究工作。

6. 设计图或作品实物图

图1为5A06铝合金搅拌摩擦焊接头两种类型的析出相。

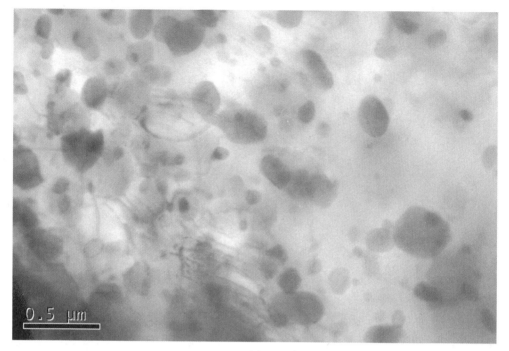

(a)

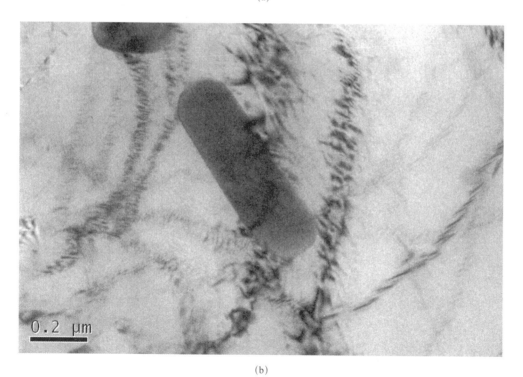

(b)

图 1 5A06 铝合金搅拌摩擦焊接头两种类型的析出相

基于 Leap Motion 的多功能体感遥控小车

卢佳伟

江南大学 机械电子工程

1. 设计目的

本课题来源于北汽集团新能源汽车研究院，由北京工业大学提出作为"首届机械行业卓越工程师联盟毕业设计大赛参赛"的一个题目。其目的在于设计一款应用于工厂车间的移动智能小车，使工人在工作台前可利用简单的动作／手势与小车沟通，实现对小车运动状态的远程遥控，以达到缩小作业半径、节省工作时间、提高工作效率的目的。Leap Motion 是典型的手势体感传感器，通过该传感器可将捕捉到的动作手势转化为控制指令，在通过工厂内的 Wi-Fi 网络实现与载物小车之间的通信，已达到远程控制的目的。小车的运动状态包括启动、停止、前进、后退、左右转动以及在上述状态下的速度调控。

2. 基本原理及方法

采用理论联系生产实际的研究方法，以理论知识为依据，以生产实际为目标，将两者紧密结合。根据具体的使用环境与功能要求，设计基于 Leap Motion 的多功能体感遥控小车。该作品主要由三部分组成：①Leap Motion 传感器上层控制系统的数据处理与分析；②体感遥控小车的机械结构设计与控制系统设计；③上层控制系统与底层控制系统的通信方式的建立。

（1）需要确定合适的体感传感器。Leap Motion、PS Move、Wii Remote、Kinet 等都是当前主流的体感传感器，其结构和工作原理也存在着差别。Kinet 的识别对象是全身；Leap Motion 的识别对象只能是双手或者是杆状物体，且采集频率更快、扫描精度更高，而且是非接触式的；PS Move 和 Wii Remote 等体感器上配有按键和摇杆，内部装有三轴加速度传感器，因此必须手握设备进行操作。控制遥控小车的运动状态需要考虑到可操作性与控制精度的问题，显然 Leap Motion 传感器更适合于此项应用。

（2）需要根据使用要求与工作环境设置遥控小车的机械本体与控制系统，对于遥控小车，最重要的部分就是承重能力、运行精度和稳定性。必须严格把控机器人的质量，全面综合考虑各种因素，设计时需必须考虑系统的稳定性、机动性和可控性。

（3）需要建立上层控制系统与底层控制系统的通信方式。目前，常用的通信方式有红外通信、蓝牙通信和无线 Wi-Fi 通信等。通信方式的确定需要考虑信号传输的稳定性、快速性和抗干扰性。无线 Wi-Fi 通信的综合性能较强，是目前使用较为广泛的一种无线通信方式，本文采用无线 Wi-Fi 传输方式。

总之，上述整体方案的确定需要考虑多方面的因素，还要对各种方案进行比对，最终确定最优方案。

3. 主要设计过程或试验过程

（1）开发 Leap Motion 体感传感器。正式开发前，首先需要下载 Leap Motion 的 SDK。Leap Motion 支持 Windows、Linux 和 Mac 等多种操作系统，同时 Leap Motion SDK 支持 C++、Java、C#、Python、Objext-C 等多种编程语言，本文选择 Visual Studio 2015 作为开发环境，以 C++ 作为开发语言，官方为 Windows 用户提供了两个动态链接库：Leap.dll 和 Leapd.dll，利用这两个动态链接库，用户开发的难度会降低很多。

按照工厂的控制要求，遥控小车必须具有启动、停止、前进和后退等基本功能。因此，需要根据遥控小车的控制要求为每个功能设计相应的手势、动作，由上层控制系统来处理 Leap Motion 获取到的手势数据。图 1 为 Leap Motion 的工作原理。

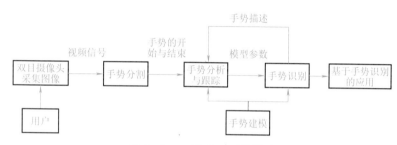

图 1　Leap Motion 工作原理

（2）初步拟定遥控小车的设计方案，根据使用环境确定整体机械结构，并构建相应的控制系统。遥控小车的机械结构主要由动力机构和主体框架两部分组成。其中，主体框架的搭建与连接、框架材料的选型等直接影响遥控小车的承重与使用寿命。移动平台的动力机构为整个遥控小车提供驱动力，图 2 为遥控小车驱动结构。该部分由驱动电机、L 形支架、减速器、联轴器、传动轴、定位底板和全向轮组成，需要对以上部件进行选型和加工设计。

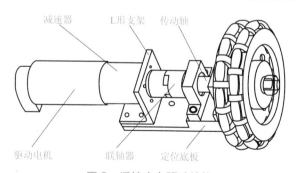

图 2　遥控小车驱动结构

（3）对底层控制系统进行设计，并进行大量试验，对采集的试验数据进行分析，根据分析结果，对算法进行优化。

按照工厂的控制要求，遥控小车必须具有启动、停止、前进和后退等基本功能。因此，需要根据遥控小车的控制要求为每个功能设计相应的手势、动作，由上层控制系统来处理 Leap Motion 获取到的手势数据，采用无线网络传输将对应的控制信号发送给底层控制系统，由下位机执行相应的执行任务，实现对遥控小车的远程控制。

在遥控小车行走的过程中会发生行走轨迹与目标轨迹偏离的现象，位置的变化包括自身旋转角度与中心坐标的变化，为有效解决该问题需要建立姿态角闭环和位置闭环控制算法。姿态角闭环就是在行走的过程中，为遥控小车添加一个旋转速度来克服其姿态发生的偏转，使姿态角回到初始值。该旋转速度需要与前进速度进行叠加。

在底盘前进的过程中为了保持行进的轨迹为一条直线，所以引入位置闭环来克服行进过程中的干扰。位置闭环如图 3 所示，假定 V_x 为给定的前进速度，V 为底盘的总速度，V_y 为调节量，此时底盘的中心点距离目标直线（图中虚线）的距离为 D。

闭环直线算法需要获取目标速度、目标直线角度、目标姿态角度、实际坐标与实际角度等参数。根据以上参数可计算得到实际位置到期望直线的距离，通过 PID 算法，计算得到对距离及姿态的调节量，将最终计算结果分解到三个电机的转速上，最后通过调用驱动层函数向电机发出命令，实现到直线距离和底盘角度的负反馈。

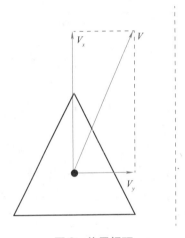

图 3　位置闭环

4. 结论

为保证遥控小车的运动精度，本文设计了基于位置和姿态角的 PID 补偿算法，确保遥控小车的前进方向和姿态角的偏差在可接受的范围内。因此，在构建闭环算法的过程中进行了大量的试验，最终确定了最佳 PID 参数。图 4 为遥控小车在行走过程中理想轨迹与实际轨迹的拟合程度，图中红线表示理想轨迹，蓝线为实际轨迹。由图 4 可知遥控小车的行驶轨迹为正三角形，遥控小车的中心点坐标 (x, y) 与理想轨迹的偏差在 0.01m 以内，角度偏差在 1° 以内。

由于遥控小车的工作环境为工厂车间，所以对精度的要求相对宽松，上述试验数据中的误差均在工作环境接受的范围内，因此可以确定该遥控小车的机械结构设计合理、运动学算法正确，同时也验证了该遥控小车可以应用于工厂车间。

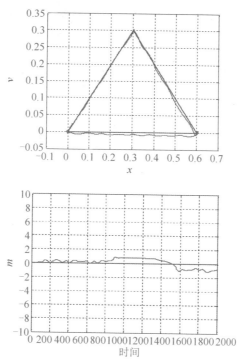

图 4　位置与角度曲线

5. 创新点

（1）采用 Leap Motion 控制器代替遥控器，实现对 Leap Motion 的应用与实际开发。使用 Leap Motion 代替传统的物理按键式遥控器，我们只需轻轻挥动双手就可以体会到更加逼真的感觉，例如，在玩装配、拆卸、码垛、搬运类的游戏时，可以用 Leap Motion 处理人的各种手势，以实现在游戏中对手势的相应控制，模仿效果非常形象。Leap Motion 会给我们的生活带来不一样的感受，也许现实版的"狂野飙车"将会实现，未来可能仅需司机挥动双手就可以控制汽车的行驶。此外，Leap Motion 相比其他传感器价格低廉易于普及，总之具有很好的发展前景。

（2）提高了遥控小车的控制精度与运动灵活性，弥补了传统遥控小车的不足。目前，大部分应用在工厂车间的无线遥控小车都采用轨道引导式的行驶方式，其区别在于引导方式的不同。AGV 小车常用的引导方式有电磁引导、磁带引导等。该种工作方式虽然能保证遥控小车的运行精度与稳定性，但是缺乏灵活性，而且维护成本较高。本文的轮式遥控小车采用多种传感器集合成的定位模块，可实现自由行走且行走精度较高。

（3）采用无线 Wi-Fi 控制，具有较强的传播能力和抗干扰能力。采用无线 Wi-Fi 作为传输信号，与其他信号的传输方式相比，具有传输距离远、抗干扰能力强的特点，适于应用在工厂车间的复杂环境下。

6. 设计图或作品实物图

图 5 为设计作品的实物图。

图 5　设计作品的实物图

基于 Leap Motion 的手感控制智能小车设计

魏小松

浙江理工大学　机械设计制造及其自动化

1. 设计目的

为满足工业生产对车间移动智能小车更自然、更便捷、更高效的人机交互和控制需求，本文将引入基于视觉的识别技术，并以 Leap Motion 传感器为实现工具，设计一款机器视觉人机交互型移动智能小车，工人在工作台前可利用简单的动作/手势与小车沟通，实现对小车运动状态的远程遥控，达到缩小作业半径、节省工作时间、提高工作效率的目的。

2. 基本原理及方法

基于"黑箱法"机械设计思想和方法以及移动智能小车的功能需求，完成其功能原理说明、功能分级、小车系统模块图和小车机械结构图的总体设计。

Leap Motion 传感器的原理如下：Leap Motion 传感器利用红外滤光器过滤自然光在设备上方形成一个红外线的虚拟平面光线网；当目标对象动作时，其产生红外线反射并返回目标对象所在位置与其移动方向。两个高清摄像头同时拍摄得到立体的高分辨率图像，通过模拟双目视觉，利用三角形测量法对空间物体进行三维坐标定位，将产生的数据通过 USB 传送至笔记本电脑进行后续操作。

基于 Leap Motion 的动态手势识别算法和其他基于视觉的动态手势识别算法基本一样，但其优点在于其无需进行图像处理，仅需从直接获取的手势数据中提取手势特征值便可完成基于视觉的动态手势识别。

在 Java 环境下对 Leap Motion 进行开发，设计了基于手掌空间姿态 (Pitch 和 Yaw 两个角度) 的动作指令，用该套指令控制智能小车。利用 ATK-ESP8266Wi-Fi 模块完成上位机与 STM32 单片机在 Wi-Fi 环境下的通信，将 Pitch 和 Yaw 的值传输到 STM32 单片机。将 STM32 单片机的定时器 TIM3 配置成输出频率为 21kHz，可调节占空比的方波，加载方波到电机上。占空比的大小由 Pitch 和 Yaw 的值进行调控，并通过试验完成对小车运动状态的远程无线遥控。

3. 主要设计过程或试验过程

（1）本文以机械设计相关理论和技术为基础，并结合视觉手势和体感动作交互方式的需求，利用"黑箱法"完成了适用于车间使用的移动智能小车本体的定量设计，包括小车系统模块设计、结构设计以及小车相关参数设计，并完成了小车的初步传动方案设计及硬件设计和选型，最终确定了各零部件的详细尺寸，并基于 SolidWorks 软件完成了智能小车的三维建模和装配。

（2）为实现智能小车基于视觉的手感控制，本文选取 Leap Motion 传感器为实现工具，基于 Java 环境对其动作指令进行了开发，设计了基于手掌空间姿态（Pitch 和 Yaw 两个角度）的动作指令，并通过与目前应用最为广泛的基于手势特征向量的动作指令优缺点的比较，证明该指令在智能小车控制方面更具优势。

为实现 Wi-Fi 环境下动作指令的传输和下达，本文选取 STM32 单片机、ATK-ESP8266 Wi-Fi 模块和合适的网络通信方式对其进行实现，不仅对重要程序进行了说明，还绘制了程序控制流程图。

（3）基于上述设计，本文制造出智能小车模型，并设计了相关试验分别对 Leap Motion 传感器手掌姿态角度 Yaw 及 Pitch 的测量精度进行检验；对不同信号传输距离下小车通信性能进行分析；并基于多弯道要素实现不同工况下小车性能测试。试验证明基于手掌空间姿态的手势识别技术实现的手感控制智能小车具有较好的控制精度和通信性能，并能适应多种工况。

4. 结论

（1）完成了智能小车的传动方案设计及硬件设计和选型，确定了各零部件的详细尺寸，并基于 SolidWorks 软件完成了智能小车的三维建模和装配。

（2）在 Java 环境下开发 Leap Motion 传感器，设计了基于手掌空间姿态（Pitch 和 Yaw 两个角度）的动作指令，选取了 STM32 单片机、ATK-ESP8266Wi-Fi 模块和合适的网络通信方式实现 Wi-Fi 环境下动作指令的传输与下达。通过试验完成对小车运动状态的远程无线遥控，包括启动、停止、前进、后退、左右转动以及在上述状态下的速度调控。

（3）通过试验证明基于手掌空间姿态的手势识别技术实现的手感控制智能小车具有较好的控制精度和通信性能，并能适应多种工况。

5. 创新点

（1）将 Leap Motion 手势控制技术创新性地应用于智能小车控制工作中，为工业用智能小车提供了更自然、便捷、高效的人机交互方式，丰富了智能小车的控制技术。

（2）提出了基于手掌空间姿态的智能小车控制指令，与以往常用的手势控制指令相比，该指令获取过程及编码设计简便，其指令动作操作简便，可实现连续的、更高效的智能小车姿态控制，在智能小车控制方面具有一定的应用价值。

6. 设计图或作品实物图

图 1 为智能小车装配图。图 2 为动作指令控制精准度测试场景。

图 1   智能小车装配图

图 2   动作指令控制精准度测试场景

内螺纹零件注塑模具设计

刘泽宇

大连工业大学　材料成形及控制工程

1. 设计目的

随着塑料工业的飞速发展以及通用塑料与工程塑料在强度和精度等方面的不断提高，塑料内外螺纹盖的应用范围也在不断扩大，并采用注塑成形。本文对内外螺纹盖进行测绘、模具设计和加工工艺分析。基于生产实践对产品进行模具设计，模具设计主要内容有型腔布局、浇口形式与位置、模胚选择、分型面的确定、冷却系统设置、推出机构设置、注塑机台选择和注塑工艺分析等，以此来检验自己所学专业知识和实践技能。

2. 基本原理及方法

本文采用热流道技术和内螺纹成形及脱模原理，利用滑块机构、控制开合模顺序的拉杆机构和外置行程控制器，使这套模具的产生在理论模型上成为可能。

热流道系统由热嘴、流道板、温控箱三大部分组成，是塑料注射成形中一种完善的进胶结构形式。热流道系统工作原理是在塑料模具内安装加热器，利用加热和温度控制的原理使模具的浇道保持熔融状态。在每次注射完毕后流道中的塑料不凝固，塑胶产品脱模时就不必将流道中的水口脱出。由于流道中的塑料没有凝固，所以在下一次注射时流道仍然畅通。

内螺纹成形及脱模原理：由于内螺纹构成的约束能阻碍塑件从型芯上直接脱模，所以内螺纹归属为广义的内凹孔范围内，这里采用脱螺纹模具设计。脱螺纹形式是使型腔或型芯旋转，从而实现自动从模具中脱出螺纹塑件。脱螺纹机构取代传统推出机构安装在推板后面，为型腔或型芯提供旋转动力。模具使用齿轮传动系统来推动脱螺纹机构。

此次模具的滑块通过型腔处固定的斜导柱以及两侧压板边缘的导滑槽，控制滑块整体的运动方向，后面辅以限位块确定滑块开模时的行程，合模时同样由斜导柱和导滑槽确定运动方向，最后由上侧模板两侧的突起充当锁紧块，使得滑块在进浇及成形时位置保持稳定不动。由于模具一般只能实现一个方向（通常为 Z 方向）的开合模，所以对于许多具有侧面内凹形状的产品，这样是远远不够的，此时就需要滑块这个可以侧方向运动的机构辅助成形。

3. 主要设计过程或试验过程

首先产品分析，看似简单的回转体，却由于外螺纹加双内螺纹的结构使得其成形结构和脱模结构相当复杂，只有保证一定的开模顺序才能使其成形完整。同时客户要求为自动生产，代表着脱模与浇口的切除要实现全自动化。

外螺纹很好解决，第一反应就是哈弗滑块，既能保证成形质量，也省去了外螺纹脱模机构的设计。但双内螺纹的成形与脱模才是最棘手的问题，这里一定会用到成形镶块，全自动就要求这里存在动力系统，使成形镶块旋转脱模，经过经理和资深师傅的讨论，这里采用齿轮传动系统，可以较好地保持脱模一致和整体结构平衡。如果两种镶块的旋转都放在型芯侧，设计过于复杂，镶块嵌套，齿轮嵌套，于是确定了型芯和型腔各设置一种镶块和一套齿轮传动系统，来保证内螺纹的顺利脱模。

接下来就要确定三种脱模（两内一外）的脱模顺序，为了保证其中一项工作时，不能影响其他两项，观察产品结构发现，中间的内螺纹接触面积较大，脱模力所需较大，而最内侧内螺纹接触面积小，更易脱模，所以最先脱模的应是最内侧的内螺纹，而且这里成形外螺纹的滑块可以充当第一次脱模过程中的产品固定块。然后进行外螺纹脱模，最后进行中间的内螺纹脱模。由于失去了两侧滑块的固定，这里的脱模是十分困难的，考虑到镶块旋转向下抽出时，整个产品会受到相应的力，此时需要有力自下而上顶住产品，以保证顺利脱模，所以此处的内螺纹镶块中需要一个顶杆，且顶杆底部安装适当力度的弹簧，使顶杆产生自下而上的力而顶住产品，保证脱模。

确定了产品的成形方案之后，就要根据客户需求，进行排位。因为零件较小，所以采用一模多腔。考虑到所选齿轮的空间占用，以及模具整体的尺寸大小和强度要求，选用一模十二腔，更有利于齿轮的分布和传动，中间加入流道系统，为了更好地成形以及避开齿轮滑块等结构，设计成弧形流道，减少流体流动中的动能损失，进浇口由于滑块的存在以及客户要求自动切除浇口，这里采用了开叉的双侧浇口，分别位于两侧的滑块中，因此在滑块开模时便可以自动切除浇口。

产品能否顺利脱模很大程度上还取决于成形质量，所以冷却系统也是至关重要的，在产品外侧的滑块中加入冷却水路，在内侧型腔型芯镶块内部再嵌入翻水镶块，翻水孔中间插入隔水片，加强水路的流动效果，使产品更好地成形。

其实很多东西是在试模后才加入的，像齿轮和轴承处的保护套，这种精密的传动不能受到外界一丝一毫的影响，不然就会导致传动失衡、脱模不一致，对模具本身也产生损害。

4. 结论

通过对内外螺纹盖的工艺分析，确定模具的总体设计，并进行各个子系统的设计。所设计的模具能满足其工作状态的质量要求，使用时安全可靠，易于维修，在注塑成形时有较短的成形周期，成形后有较长的使用寿命，具有合理的模具制造工艺性。

通过以上工作，我对一套模具从设计到加工的全过程有了清醒而直观的认识，了解了注塑模的工作原理，对模具中型腔等主要零件的设计及精度的确定具备了一定的经验知识，能够对模具设计中常出现的问题提出合理的解决方法，能够正确地选取注塑机、确定模架的结构及尺寸、确定型腔数、选择分型面、设计浇注系统、抽芯机构等。由于知识及实践经验的缺乏，在设计过程中，零件加工精度的确定尚存在许多不足之处，在以后的工作、学习中还有待改进。

5. 创新点

（1）摈弃了传统标准模架，为了实现内螺纹自动脱模生产的功能，采用多个模板的非标模架，通过内置的弹簧和拉杆以及外置的行程控制器，控制了多个模板间的开模顺序和距离，辅以齿轮传动带动型腔和型芯镶块旋转，实现了上述功能。

（2）采用了哈弗滑块，两侧滑块各成形一半的外螺纹，且开模之后滑块外移，恰到好处地解决了产品外螺纹部分的成形及脱模问题。

（3）流道部分由于产品成形需要，所以采用了弧形的分流道，以减少流动过程中的动能损失，并且浇口并未设计成垂直射入，而是取了 60° 的黄金角度，分两个侧浇口进浇，同样减少了射入型腔时的动能损失，使产品填充成形更完整，浇口部分位于滑块，开模可以自动切除浇口。

6. 设计图或作品实物图

图 1 为产品图。图 2 为模具三维结构图。

图 1　产品图

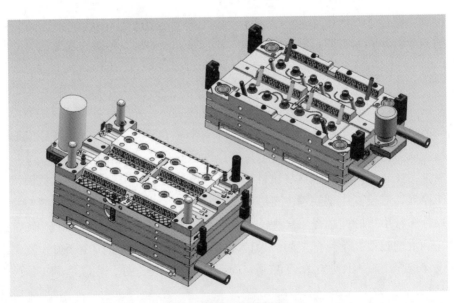

图 2　模具三维结构图

轴承环自动化锻造生产线送料系统设计

卓建华

福州大学　机械设计制造及其自动化

1. 设计目的

针对企业现有轴承环毛坯人工锻造生产线的不足，根据现代制造业的发展要求，利用原有锻造机床设备，通过设计开发轴承环自动化锻造生产线送料系统替代人工作业，实现包括墩粗、冲孔、反向冲孔、旋压、整形工艺过程的轴承环毛坯锻压生产全自动化，改善工作环境、减少艰苦劳动用工，提高轴承环毛坯锻造自动化水平和生产效率，使之适应现代生产和满足企业转型设计的发展需求，同时节省企业投资。

2. 基本原理及方法

在对现有轴承环毛坯人工锻造生产线调研的基础上，以尽量利用原有锻造机床设备减少企业投资为设计出发点，根据现代制造业的发展要求，采用单机连线自动化构建理论方法，制定了轴承环锻压生产线送料系统总体设计方案。根据机床布置间距较远且间距不一致的状况，轴承环锻压生产线送料系统设计为由机械手和直线托盘运动机构两大系统构成。机械手具有两个移动和一个转动自由度，实现托盘与工作台上工件的交换，机械手设置两个爪手，以实现待加工件和已加工件的快速交换；直线托盘运动机构由一条矩形梁、一套直线进给机构、多个支撑滚轮和托盘构成，托盘根据工序间机床的位置均匀安装于矩形梁上，由伺服电机带动同步带驱动，实现工件在工序间快速移动，节省辅助时间。机械手设计双手爪转动关节结构，以实现快速交换工件的同时，又能适应机床不等距布置的需要。

该系统中上下驱动机构（左右驱动机构）的结构采用滚珠丝杠副实现竖直上下（或者水平前后）的运动，伺服电机通过联轴器与滚珠丝杠直接连接，由此带动滚珠丝杠转动，从而将旋转运动转化为直线运动。滚珠丝杠的两侧各安置有双滑块单导轨，以实现导向作用，同时，滚动导轨副还承受部分转矩。

直线托盘机构采用同步带作为驱动器左右移动的动力机构，由于左右行程较长，因此采取同步带可以保证精确定位的同时，还可以减小或者消除在直线托盘机构运行过程中产生的振动，既保护了直线托盘机构，也进一步保证了定位的精度。直线托盘机构上分布对应于每个工序的托盘，用于承接坯料或者半成品，其上下两侧分别由均匀分布的滚轮组成。因此，铝型材与滚轮只存在滚动摩擦，减小其左右移动受到的阻力，避免多余的能源浪费。通过滚轮与铝型材之间的配合，替代滚动导轨副，从而显著降低该滚动部分的开支。

机械抓手也是本次机械手的夹具。本系统所夹取的工件是轴承环，它是个圆柱体，所以最佳的夹取方式就是从柱面两边夹取。这样既可以保证无论轴承环的直径多少，其中心点的位置是不会变的，也有利于工件在载物台和机床之间的定位。在这里选用平面指作为机械抓手的取料手指。如果工件的尺寸大小发生了变化，其中心点也不会跟着发生变化。机械抓手的传动机构为了能够更好地定位，采用直角式机构。

3. 主要设计过程或试验过程

在进行轴承环自动化锻造生产线送料系统的设计方案时，通过企业现场调研，以及通过网络对国内外现有的轴承环锻压制造生产线进行观看、分析、比较，借助图书馆书籍和期刊文献的查阅，了解现有自动化锻造生产线的发展、要求、结构类型。其中，轴承环锻压机器人系统大体上可以分为两个大类——串联型和关节型，串联型的结构较为简单，并且控制比较容易，而关节型的自由度高，能够很好地适应不同机床间的一些差异，以及机床的不同分布形式。

综合两种机器人系统的优点，采用单机连线自动化系统构建理论方法，拟定了基于串联型、关节型机器人及其不同工作流程的多种轴承环自动化锻造生产线送料系统的总体技术方案。

虽然关节型机器人自由度高、适应好，但考虑构成轴承环锻压生产线的锻造机床布置间距较远和关节型机器人造价较高，不利于实现高速交换工件并较少企业投资。基于串联型机器人及其与锻造机床的不同分布形式构建了两种总体技术方案。方案一是在每两台机床之间安放可左右移动，并能旋转的机械手。每台机械手均能够单独地实现各自的传输要求。通过每台机械手的配合，可以实现整个流水线的自动化运行，完成整个流水线的作业。方案二采用一个能够左右移动的放着载物台的连杆机构，这个机构负责传输工件。而机械手的任务是将工件在载物台和机床之间进行传输交换。因此，机械手要实现上下、左右、旋转三个自由度的运动。这样每个机械手各自运动，并与传送装置进行联动，可以实现整个流水线的自动化运行，完成整个流水线的作业。

通过对总体方案的对比，方案一的过程中产生的振动对机械手夹持工件产生比较大的影响，而且机械手的运动行程过长，生产的效率也会受到影响。而方案二中各机械手的任务是将工件在载物台和机床之间进行传输交换。因此，机械手的运动行程非常短，效率也就比较高，符合提高生产节拍的要求。而且左右移动的载物装置，只需要一台电机驱动。运动行程只是载物装置的左右运动，过程运动简单，不会产生太大的振动，所以可实现工件长距离的快速传输。同时，机械手采用双手爪结构，机械手运行与托盘直线运动系统运动可以同步进行，这样就可进一步提高系统的生产效率。因此，采用了方案二的布局方式。

设计过程中通过设计计算保证设计组件的可靠性和合理性，通过构建系统完整的三维模型，在三维模型建立的基础上开展运动仿真、加工流程模拟和工作节拍分析，对设计方案进行验证和优化。

4. 结论

本文结合行业企业实际需求以及首届卓越联盟毕业设计竞赛题目（定向题目）所制定，目的是为企业的轴承环毛坯锻造实现生产自动化改造提供一种方案。通过对企业现场的调研、企业工程师对行业问题和行业技术发展的分析，通过查询大量相关资料，以及指导老师的悉心指导，最终设计完成了轴承环自动化锻压送料系统的设计。在此过程中，通过对比、分析各种机构方案之间的优点和不足，最终确定了具体机构部分，应用 SolidWorks 三维设计软件，对轴承环锻压机器人进行了三维建模，经过相关的设计计算和仿真分析验证了所设计方案的正确性。

设计方案已获得企业认可，下一步企业拟组织制造和开发应用。根据设计结果，撰写了技术发明专利。

5. 创新点

（1）本系统采用直线托盘运动机构与机械手组合的系统方案，可实现远距离快速传输和交换工件，通过两者的配合运动，还可实现机床不同间距的自动化微调，系统适应性好。

（2）大幅减少用工。在人工作业的工业流程中，需要 6 名操作人员，本文方案设计的系统只需 1 名操作人员对生产线进行巡视、维护、检测等任务，大幅减少了用工。

（3）最大限度地利用了企业现有锻造机床设备，减少了项目实施的投入，企业实施积极性高。

6. 设计图或作品实物图

图 1 为轴承环自动化锻造生产线送料系统。

图 1　轴承环自动化锻造生产线送料系统

7475 铝合金回填式搅拌摩擦点焊液化裂纹研究

龚文韬

北京工业大学 机械工程

1. 设计目的

（1）研究 7475 铝合金回填式搅拌摩擦点焊液化裂纹微观组织形貌，并结合微观组织分析揭示液化裂纹的产生机制；

（2）通过一系列工艺试验揭示各工艺参数对液化裂纹敏感性及接头抗拉剪性能的影响规律；

（3）利用正交试验，提出有效降低液化裂纹敏感性的工艺参数。

2. 基本原理及方法

1）试验方法

（1）控制单一变量试验法。设计试验，在各组试验中分别改变搅拌套下压深度、焊具旋转速度、搅拌套运动速率等工艺参数，研究各参数对 7475 铝合金回填式搅拌摩擦点焊液化裂纹敏感性和接头拉剪性能的影响规律。

（2）正交试验法。本文采用了三因素、三水平的正交试验法 L9(33)，分析计算各因素对回填式搅拌摩擦点焊液化裂纹敏感性和接头拉剪性能的影响，并通过计算得出能够分别使液化裂纹敏感性降低和接头拉剪性能提高的两组工艺参数。

2）基本原理——晶界液化机制

（1）成分液化机制。在焊接过程中，随着焊接温度的升高，合金材料中的金属间化合物逐渐固溶到基体中。但是，在达到共晶温度之前，较大的金属间化合物颗粒并不能完全固溶到基材中。当板材达到共晶温度时，残留的金属间化合物与基体发生共晶反应，生成液相，即成分液化。

（2）偏析机制。偏析机制是指对于那些不含有成分液化因子的材料，也可观察到热影响区液化裂纹，所以存在着另一种形成机制，称为"偏析机制"。相对于基体而言，晶界上会富集足够浓度的溶质原子和（或）杂质元素，而足够浓度的溶质原子和（或）杂质元素，可以明显降低这些晶界的熔化温度。当局部热影响区温度超过某些临界液化温度时，这些晶界就熔化了。

（3）其他机制。有研究者针对 7B04 铝合金的液化现象提出以下机制：焊接过程中，铝合金晶间及晶内分布的金属间化合物逐渐向机体内熔解；当焊接温度超过铝合金的固溶温度后，沉淀相完全熔解；随着焊接温度的继续升高并接近合金的固相线温度时，晶界附近的溶质富集区首先发生液化，从而形成液相。

3. 主要设计过程或试验过程

1）试验设计

试验方案设计中主要有两组，第一组参数根据控制单一变量试验法设计，主要用于分析回填式搅拌摩擦点焊的微观组织形貌、液化裂纹敏感性及各工艺参数对铝合金回填式搅拌摩擦点焊液化裂纹敏感性的影响规律等；第二组根据正交试验法设计，主要通过后期分析和计算，得出最优工艺参数。

试验材料选择在航空领域应用广泛的 7475 铝合金，其厚度为 2mm，试样尺寸根据 ISO4273 标准确定为 80mm×30mm，以方便后期拉剪性能测试。两块板材搭接面积为 30mm×30mm，焊点位置位于搭接面的中心。

2）焊接过程及试样处理

焊前，利用 NaOH 和硝酸试剂对待焊试样进行处理，以去除表面氧化膜。然后，根据试验方案中的参数对 7475 铝合金施焊，得到不同工艺参数时的回填式搅拌摩擦点焊试样。对试样进行切割、镶嵌、抛光和腐蚀，然后进行微观组织观察。

3）基于光学显微镜的微观组织观察

利用光学显微镜的观察主要有两点：① 7475 铝合金回填式搅拌摩擦点焊试样的微观组织形貌观察，包括区分由于受力和受热不同而表现出不同微观组织的各个区域，以及各种缺陷的微观形貌及分布等；②液化裂纹的发生量、微观组织形貌和产生位置等。

本文利用光学显微镜观察发现，7475 铝合金回填式搅拌摩擦点焊焊点与其他研究结果相似，分为搅拌区 (SZ)、热机影响区 (TMAZ) 和热影响区 (HAZ)。另外，焊点区存在明显的环沟槽与孔洞，主要是由于焊点区材料的流失及热膨胀不足造成的。但是，本文发现焊点中的韧性黏连缺陷和 HOOK 缺陷较少。

另外，在光学显微镜下，并没有发现 7475 铝合金焊点区存在明显的裂纹。但是，在焊点区有大量呈链状分布的黑色颗粒状形貌疑似为液化裂纹。疑似液化裂纹沿焊缝中心线呈对称分布，而且链条的排列方向在中心线两侧分别向左上及右上倾斜，与回填式搅拌摩擦点焊过程中被焊材料旋转流动方向基本一致。

4）基于扫描电子显微镜的微观组织观察

利用扫描电子显微镜的观察主要有：①在高倍物镜下观察疑似液化裂纹的组织形貌，分析其是否为液化裂纹；②借助 EDS 分析疑似液化裂纹周围的化学成分，揭示液化裂纹的产生机制。

本文借助扫描电子显微镜发现，疑似液化裂纹实际上是一系列沿晶界呈链状分布的孔洞，由此说明疑似液化裂纹为焊接过程中沿晶界发生的开裂。另外，本文发现孔洞内部及周围分布有较多白色颗粒，而焊点中无裂纹的区域出现的白色颗粒较少或者没有。

对这些颗粒进行了 EDS 成分分析发现，白色颗粒是金属间化合物，而且液化裂纹中残留金属间化合物与附近金属间化合物成分相比，Cu 元素含量降低，Al 元素含量升高，这说明金属间化合物与周围的富铝 α 相发生了反应，即成分液化。因此，证明了这些裂纹是金属间化合物熔化后受到拉应力产生的。

5）拉剪性能测试

拉剪性能是焊点非常重要的力学性能表征。拉剪性能和液化裂纹发生的数量是正交试验后期分析中主要的参考量。

4. 结论

（1）7475 铝合金回填式搅拌摩擦点焊液化裂纹的微观组织形貌为沿晶界呈链状连续分布的孔洞型开裂。链状裂纹的位置沿焊点中心线对称分布，而且裂纹链的分布方向与回填式搅拌摩擦点焊材料的流动方向大体一致。

（2）7475 铝合金回填式搅拌摩擦点焊液化裂纹的产生机制如下：7475 铝合金母材中存在一些金属间化合物，在焊接过程中，金属间化合物在搅拌工具的挤压和搅拌作用下被打碎，金属间化合物碎片在材料流动的过程中逐渐沿材料流动方向呈链状连续分布在晶界上。当焊点区温度达到共晶温度时，沿晶界分布的金属间化合物与富铝 α 相发生共晶反应，即发生成分液化，晶粒之间的连接被弱化。当受到拉力时，沿晶界发生开裂。

（3）工艺参数对液化裂纹敏感性及焊接头抗剪性能的影响规律：随着搅拌套下压深度的增加，搅拌产生的热量增加，液化裂纹敏感性提高，接头的抗拉剪性能提高。随着焊具转速的增加，液化裂纹敏感性提高，焊接头抗剪性能降低。随着搅拌套运动速率的上升，液化裂纹的敏感性下降，焊接头的抗剪性能提高。

（4）通过正交试验发现，液化裂纹敏感性最低的参数为搅拌套扎入深度 3mm、焊具旋转速度 1500r/min、搅拌套运动速率 0.5mm/s；抗拉剪性能最好的参数为搅拌套下压深度 2mm、焊具转速 2000r/min、搅拌套运动速率 0.5mm/s。

5. 创新点

（1）揭示了 7475 铝合金回填式搅拌摩擦点焊液化裂纹的产生机制。对 7475 铝合金回填式搅拌摩擦点焊液化裂纹的形貌特点进行了系统的分析，并结合微观组织观察提出液化裂纹的产生机制。

（2）阐明了工艺参数对 7475 铝合金液化裂纹敏感性及焊接头抗剪性能的影响规律。

（3）提出有效控制 7475 铝合金液化裂纹及具有良好拉剪性能的两组工艺参数。

6. 设计图或作品实物图

图 1 为疑似液化裂纹。图 2 为液化裂纹二次电子扫描（SEM）形貌。

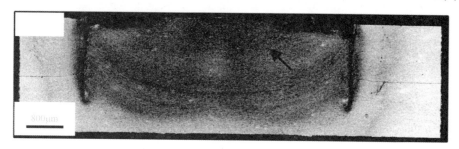

（a）焊点整体微观组织形貌

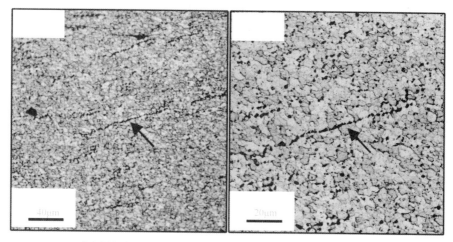

（b）疑似液化裂纹　　　　　　（c）放大后的疑似液化裂纹

图 1　疑似液化裂纹

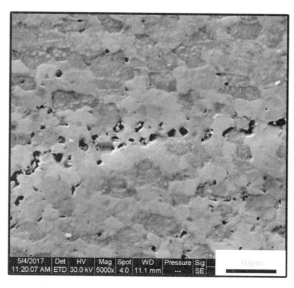

图 2　液化裂纹二次电子扫描（SEM）形貌

矿井防跑车装置捕车机构设计

马凯乐

太原理工大学 机械设计制造及其自动化

1. 设计目的

最近几年，随着矿山机械的不断发展，采掘设备性能不断提高，因此矿山开采深度不断增加，在煤矿倾斜井巷轨道运输中，往往由于挂钩工的失误，或者其他不确定因素，导致跑车事故频繁发生，这是矿井安全生产的薄弱环节。而现在广泛使用的防跑车装置捕车机构存在很多问题，集中表现为制动不及时、制动过程粗暴和对轨道磨损严重等，为了解决这些问题，本文提出一种独立的缓冲装置，整套机构无电器元件，制动方式不与轨道接触，减少对轨道的损坏。

2. 基本原理及方法

本次设计主要运用的方法如下。

（1）查阅文献法：通过查阅文献资料对防跑车装置捕车机构的发展有一定的了解，并对现行捕车机构进行了结构分析。

（2）调查法：针对本次设计目的，到山西煤矿机械制造股份有限公司进行实地调查，了解矿车运行的工矿以及现在使用的防跑车装置捕车机构存在的问题。

（3）对比法：通过对以往防跑车装置捕车机构的结构特点进行分析对比，找到各机构存在的优缺点，以此为基础提出本次设计的基本方案。

（4）楔形加紧原理：本次设计的缓冲体运用了楔形加紧原理，将缓冲体左右滑道设计成一角度，构成"楔形"形状，以加大缓冲体与制动块之间的摩擦力。

（5）摩擦学设计方法：缓冲体的设计主要采用了摩擦学设计，首先选定压板材料与制动块材料，根据摩擦学计算确定压板与制动块之间的摩擦因数，以此来选择合适的材料，以及加工表面质量，并了解了加大摩擦力的方法。

（6）计算机辅助设计方法：本次设计的整体结构运用 AutoCAD 制图，通过 AutoCAD 软件和 UG 软件来调节和确定各零件的尺寸，并对捕车机构的功能进行运动仿真，以此检查整体结构的可行性。

（7）优化设计方法：缓冲长度是衡量防跑车装置捕车机构性能的一个重要指标，本次设计对缓冲长度进行了参数优化，分析影响缓冲长度的因素。

（8）有限元设计方法：本次设计对整套机构的薄弱环节——制动块和主轴进行了有限元分析，从零件应变和应力两方面，验证零件的强度和刚度。

3. 主要设计过程或试验过程

（1）确定设计任务以后，首先查阅了大量的文献，对防跑车装置捕车机构的发展进行了了解，并对国内外捕车机构的研究现状进行了分析，总结现行的捕车机构存在的缺点，针对缺点找到解决办法。

（2）根据查阅的文献以及实地调查了解到现行的捕车机构主要存在制动不及时、制动粗暴和对轨道磨损严重的问题，为了解决对轨道磨损严重的问题，参考一种依靠"制动绳"进行制动的捕车机构，本次设计也提出了一套独立的缓冲装置——缓冲体，依靠缓冲体代替轨道与制动车相接触进行制动。同时在为了解决刚性制动，在缓冲体中加入了缓冲垫，选用橡胶材料，具有很好的缓冲作用，能够使制动过程转变为柔性制动，保护了制动装置和矿车。根据查阅的资料往常使用的捕车机构的捕车功能存在触发不及时的缺点，原因是测速装置与制动装置之间存在很多中间环节，如液压系统、传感器等。这就使测速装置测速和制动装置释放之间存在一定的时间差，致使制动装置释放过慢，而出现制动不及时的问题。基于此，本次设计主要依靠纯机械结构来实现测速和制动装置释放的功能，因此设计出一种制动器，将锁轴块设计成C形块与测速装置的输出轴相接触，以实现制动装置释放功能。并且利用扭簧的弹性作用，将制动器的左右抓板抬起，对跑车进行抓捕。整套制动器结构中无任何中间元件，采用纯机械结构，结构简单，动作可靠。

（3）完成整体方案设计后，根据查阅的文献以及去公司实地调查确定矿车运行的基本工况，并以此为依据对捕车机构的重要零部件进行参数计算、验证和确定，对捕车机构关键零部件进行受力分析，对主要零件——制动器主轴进行了强度和刚度校核，验证其满足要求。然后根据确定的零件参数进行三维建模，建立捕车机构模型，并进行运动学分析，验证机构的功能可行性。

（4）利用UG有限元分析功能，对整套机构的薄弱环节——制动块和主轴进行了有限元分析，通过建立的零件模型创建有限元网格结构，并根据受力分析结果对零件施加固定约束和载荷，进行求解。最后根据零件的位移云图和应力云图找出零件最大位移与应变的位置，将分析结果与前述计算进行对比，结果吻合，并且满足强度和刚度要求。

4. 结论

针对现有防跑车装置捕车机构的缺点，为了提高斜井轨道运输的安全可靠性，本文提出一套具有独立缓冲结构的防跑车装置捕车系统，该机构具有结构简单、制动及时、维修方便的优点。并且对捕车机构的主要参数进行计算，其中包括运动参数、动力学参数、主轴的结构设计及强度分析和弹簧选型计算，同时对关键零部件进行强度校核，校核结果显示满足装置的强度和刚度要求。最后利用UG的有限元分析功能，对整套机构的主要零件——主轴和制动块进行有限元分析，对两个零件进行应力与位移分析，证明了该机构满足刚度和强度要求，能够满足实际生产要求。

结果表明，本文设计的防跑车装置捕车机构具有很好的制动与缓冲功能，同时具有制动及时、对轨道磨损小的优点，能够实现其制动功能，并且关键零部件满足刚度与强度要求，符合现代安全生产的原则。

5. 创新点

（1）运用了楔形加紧原理，将缓冲体左右滑道设计成一角度，构成"楔形"形状，以加大缓冲体与制动块之间的摩擦力。

（2）缓冲体中运用了缓冲垫，使制动过程转变为柔性制动，减小了制动惯性力对防跑车装置捕车机构以及矿车的损坏。

（3）缓冲体左右滑道的角度可以根据实际工作条件进行调节，以此获得满足生产要求的制动距离和制动惯性力，可以通过加大制动距离来减小制动惯性力。

（4）捕车器的锁轴块采用了C形块，测速装置输出轴只需转动一个小角度就可以将捕车器释放，动作简单可靠。

（5）捕车器的动力机构采用了扭簧的结构，扭簧具有很好的弹性作用，当测速装置输出轴将捕车器释放后，在扭簧的作用下，抓板能够迅速抬起，实现对跑车的抓捕。

6. 设计图或作品实物图

图1为捕车机构。

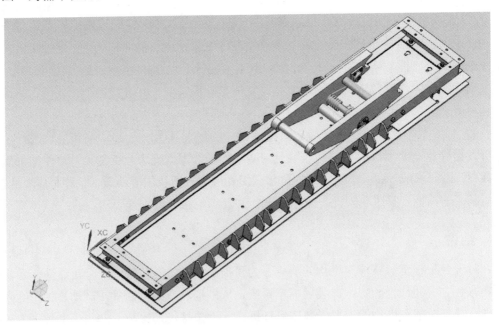

图1　捕车机构

刀塔装配生产线

陈启森

沈阳工业大学 机械设计制造及其自动化

1. 设计目的

刀塔装配生产线设计题目是根据西格马数控机床厂实际生产需求确定的。目前市场对企业 CK250 机床需求量明显增大，原来的手工装配已经满足不了生产需求。企业为了提高机床的整机装配效率，尤其想要解决刀塔装配这一瓶颈问题，从而大幅度地提高装配效率，增加产量。同时，现在人力成本与日俱增，增加人工来提高效率，只会使得生产成本提高，并且很难保证产品装配精度的一致性。为适应市场需求与实际生产情况，企业想要针对刀塔装配环节实现一定的自动化，并且为了减少前期的资金投入，希望能够最大地利用现有的装配机器，建设一条低成本、柔性化的自动化生产线。

2. 基本原理及方法

（1）刀塔装配生产线的设计中，首先对企业原有刀塔装配工序进行调研，通过大量调研观察，对原有的装配工艺进行摸索，同时注意不同工序之间的联系，并且从中发现问题，对手工装配中的每一道工序进行自动化改造的设想。同时，利用网络资源对装配线实例进行分析，积累设计经验，最终设计出符合实际生产需求的低成本、柔性化的装配生产线的装配工艺，利用现有的自动化技术对原有手工集中装配进行改进，装配过程总体上采用分散装配，合理分配工作节拍，提高整体装配效率。

（2）查阅相关装配线设计的文献，选择合理的装配线设备，根据具体问题，实际分析，找到文献中有用的信息，为自己的设计提供细节支持。生产线中物料输送是最方便进行自动化改造的设计部分，带传动输送、托辊链输送和自动小车等都是可以用于装配线物料输送的设备。在设计过程中，采用带式输送机输送轻载的零部件。重物采用托辊链输送机输送，自动小车大多用于跨远距离自由输送。

（3）针对设备具体设计，主要利用科学的设计方法，结合经典的设计结构，如托辊轴的定位设计采用轴肩与卡簧相结合的方式来实现，这在很多经典机构中非常常见。同时，大量采用标准件，提升整个设备的标准化程度，这样不仅能够缩短设计过程，而且可以明显减少后期的使用和维修成本。

3. 主要设计过程或试验过程

本次设计的主要内容如下。

(1) 设计出完整的刀塔装配生产线机械结构，绘制出系统装配图。

(2) 选择 2～3 个关键部件进行有限元分析、校核。

(3) 技术要求：①生产线设计长度：15m；②传动形式：托辊链传动、光电检测到工位；③工位按实际生产。

整个生产线的总长度大约为 13800mm，宽为 5240mm。装配线重要的输送设备主要由输送带传动、托辊链传动、天车组成，同时采用无轨自动小车传递零部件，实现零件库中零件的自动搬运。天车的使用主要用于箱体组合体在装配与加工或者检测工位互换，同时，企业原有的人工装配线中存在天车，为了节省装配线建设成本，在装配线中继续使用了天车。刀塔装配工序围绕箱体的工序共有 13 个，整体布局呈 L 形分布，各个工序工人工作的空间大都相隔 1000mm 左右。

轻质量工件输送采用的是同步带式输送机，设计输送能力为 60kg，输送速度 v 为 2.7m/min。

激光打号机部件设计主要进行激光打号机的移动平台设计。该移动平台通过调节螺栓，可对激光打号机在 X、Y 两个方向上单独进行微调，设计的调整余量为 ±15mm。激光打号机的激光范围为 120mm×120mm，并且要求激光打号机投光部的挠曲度设置为平板单侧长度的 1/800 以下。运动精度的保证主要依靠线性导轨，线性导轨安装定位采用的是凸台定位，凸台的直线度通过加工保证，线性导轨首先通过螺丝预紧，再使用楔形块夹紧，通过拧紧楔形块的固定螺丝不断夹紧线性导轨，使导轨紧靠凸台面，从而使导轨保证要求的直线度，楔形块沿导轨每隔一定距离逐个进行夹紧，最后再将线性导轨的固定螺丝锁死。

链式输送机采用双链条耦合托辊，根据需要的传动能力，而且设计时采用等速传动，可以保证链轮的包角远远大于 120°，理论上的传动包角为 180°，选择最小的节距的链条为 08A（ISO），节距 p 为 12.7mm，单排的抗拉载荷 F_0 为 13.8kN，小链轮的齿数 Z 为 10，同时能够保证链节之间的小间距，很容易得到低噪声且平稳的传动。链轮的链节节距 p 为 12.7mm，链条长度的链节数为 24，链轮中心距离 a 为 88.9mm。

工位转移机构的动力来源是一个电动机辊，另外两个托辊为辅助托辊，主要起支撑作用，利用电动机辊和辅助托辊相结合的形式，实现不同工位的转移。电动机辊是异步电机的一种变形形式，将电机的转子变形为空心托辊，定子藏于托辊中，在通电的情况下，能够实现旋转运动，作为主动辊；不通电时，可以作为辅助托辊使用。

4. 结论

根据实际生产中刀塔的装配，尤其针对企业的主流产品 CK250 刀塔装配，进行了装配生产线的设计。完成设计得出的主要结论如下。

(1) 设计的刀塔装配生产线实现了柔性化，能够适用于整个企业同系列刀塔装配。

(2) 在装配线物料输送设计中，质量大的部件采用托辊链输送机输送，轻载的零部件采用带传动的形式输送。

(3) 装配线关键部件的设计中，除了传统力学的计算，采用有限元分析的方法等进行设计，均满足设计要求。

（4）根据装配线设计要求，装配线的装配空间大小、装配机械的使用，如钻床、检测台等，最终设计出来满足实际工作需求的装配生产线。装配线的设计，综合各方面的因素、现代自动化技术的水平、企业生产的实际情况等，满足了低成本、柔性化的要求。

（5）装配线的生产节拍设计为 15min 一道工序，显著提升了原来的生产效率，同比情况下，人工成本也有所下降。

5. 创新点

（1）对于小质量工件的传送采用两条窄同步齿形带输送，可以精简结构，避免同种情况下使用平带跑偏问题。

（2）打号工序中 XY 移动平台通过手动调节螺钉控制 XY 平台的移动量，而不是采用伺服电机或者同步电机来调节，能够很大程度上降低设计成本，同时也能够满足设计要求。

（3）利用电动机辊和辅助托辊相结合的形式，实现不同工位的转移。电动机辊是异步电机的一种变形形式，将电机的转子变形为空心托辊，定子藏于托辊中，在通电的情况下，能够实现旋转运动，作为主动辊；不通电时，可以作为辅助托辊使用。

6. 设计图或作品实物图

图 1 为刀塔装配生产线总装三维效果图。

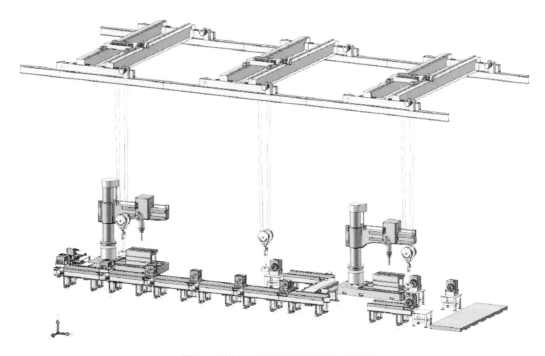

图 1　刀塔装配生产线总装三维效果图

基于 PHM 的轴承全寿命周期健康管理技术的研究及软件开发

乔 桢

哈尔滨工业大学 机械设计制造及其自动化

1. 设计目的

机械设备的维护费用占据了企业生产成本的很大一部分，为了降低设备的维护成本，故障预诊与健康管理技术近年快速发展。本文聚焦于该技术，研究了该技术如何应用于轴承上，将定期性维修转变为预测性维护，以提高企业收益。在理论研究的基础上，用 Matlab 开发了一套名为 PHM ToolBox 的数据分析软件。软件的操作采用了图形化的界面，并提供了多种有效的分析算法，为 PHM 的实际应用创造了条件。

2. 基本原理及方法

本文从原始的轴承振动信号数据出发，首先对该数据进行特征提取，提取出轴承的全生命周期的 10 个时域特征指标：平均值、均方根值、均方值、前十均峰值、峰值指标、斜度、峭度、峭度因子、方差和标准差。

由于这 10 个时域特征指标含有的信息有重叠，故使用主成分分析方法对这 10 个时域特征进行信息融合。主成分分析的作用就是从现有的众多变量中，得出若干个起主导作用的指标，即主成分。因此，在最大化保留信息量的同时，尽量减小数据量，从而加快模型训练速度。

故障诊断的另一个关键步骤是依据机器学习方法构建一个恰当的故障模式识别分类器。在大多数工程实践中，很难获得足够多的经典故障的或者健康的样本，所以有必要寻找一种理论上更严密的且更加适用于较小样本的分类器。因此，支持向量机在机械故障诊断领域广为应用。本文采用了支持向量机算法来分类轴承全生命周期样本，从而实现故障诊断。

轴承健康评估是指设备运行过程中的健康状态的评估。健康评估是定量判别设备整体的性能指标相对于设备运行初期的性能状态的下降情况。与轴承模式识别的定性判断轴承样本是否故障不同，轴承健康评估可以定量计算轴承每一阶段的健康度。本文使用逻辑回归算法来计算轴承健康度，构建逻辑回归模型，绘制轴承全生命周期健康曲线，从而实现轴承的健康管理。

3. 主要设计过程或试验过程

基于 Matlab 开发了一套轴承全寿命周期健康管理软件 PHM ToolBox，该软件可用于 PHM 技术的教学与试验。PHM ToolBox 整合了常用的 PHM 分析算法和工具，以方便直接应用该软件分析现有数据而不必重复写代码。该软件显著减小了算法工程师的劳动量，节约了重复编写代码的时间，提高代码复用性，也降低了重复编写代码可能出错的风险。与此同时，其图形化的人机交互界面，显著降低了PHM早期从业者的入门门槛，方便其在同一套数据上快速试验不同的算法，找到针对不同数据最合适的故障诊断与健康管理方法。

该软件有两大模块，分为在线分析和离线分析。其中，离线分析又含有三个模块，每个模块都含有常用的信号处理和机器学习算法。系统总体设计如图1所示。

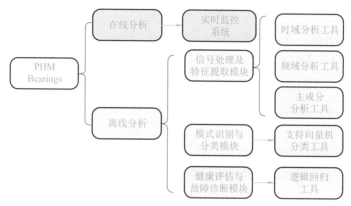

图1 PHM ToolBox 系统总体设计

1) 在线分析模块

此模块拟实现实时读入传感器采集到的数据，计算数据的时域特征指标，并根据历史上同工况、同型号轴承的运行大数据而得到的经验阈值，来实现实时监测报警功能。目前，由于该软件还未与硬件平台建立通信，故通过控制该软件从头到尾读取轴承IMS全生命周期数据的速度，可以模拟出软件实时从硬件平台上采集数据的效果。

2) 离线分析模块

此模块与在线分析模块相对应，功能是应用多种方法分析本地已有的各种数据。此模块含有三个子模块：信号处理及特征提取模块、模式识别与分类模块和健康评估与故障诊断模块。

（1）信号处理及特征提取模块。该模块主要是应用多种信号处理方法以从时域、频域、时频结合等多个角度来处理原始信号，以及提取信号重要的特征，包含时域分析工具、频域分析工具、主成分分析工具等。

（2）模式识别与分类模块。此模块主要是应用常见的机器学习算法，以全生命周期的时域特征信号来测试和训练模型。此模块中，目前主要含有一个模块，即支持向量机分类工具。支持向量机分类工具也分为三个阶段，即模型的训练、验证和测试。

（3）健康评估与故障诊断模块。该模块主要用于轴承状态的健康评估与健康管理。进行健康评估有多种方法，本软件选择的是逻辑回归。本软件中的逻辑回归工具用来依据轴承的振动信号进行全生命周期的健康评估。首先要依据轴承的全生命周期时域特征指标，将轴承的全生命周期数据分为三个阶段：健康、轻微故障、严重故障，再应用这三个阶段的数据片段来训练逻辑回归模型，从而可以得到其全生命周期各样本点的健康评估值。

4. 结论

本文以牵引电机轴承为载体，研究了故障预诊与健康管理技术的应用。在工业 4.0 的大背景下，智能制造技术尤为重要，而故障预诊与健康管理技术是智能制造技术中的关键一环。本文实现了故障预诊与健康管理技术中的三个核心内容：特征提取、故障诊断和健康评估。

（1）在特征提取模块中，提取了重要的时域特征指标，分析了主成分分析方法在特征融合中的作用，并用主成分分析将所提取的多维时域特征进行降维，为故障诊断算法做数据上的准备。

（2）在故障诊断模块中，介绍了支持向量机的原理，运用了经过主成分分析降维后的数据结合支持向量机算法训练出了轴承故障诊断模型。

（3）在健康评估模块中，分析了逻辑回归的基本原理，计算出了轴承全生命周期各个阶段的健康度，给出了健康评估模块与工业大数据进行机械设备的寿命预测和健康管理的方法。

（4）在理论分析的基础上采用 Matlab 开发了一套轴承全寿命周期健康管理软件 PHM ToolBox，并介绍了软件的总体和各模块的设计，为 PHM 技术的工程应用打下了基础。

5. 创新点

（1）研究了故障预诊与健康管理技术 (PHM) 在工业设备上的应用，将常用的机器学习算法应用于工业数据，完整地实现了 PHM 技术在工业上的分析应用步骤。

（2）开发了 PHM ToolBox 软件。该软件基于 PHM 的技术路线及理论基础，应用一套轴承的全生命周期振动信号数据，模拟出了工业上的实时数据采集、监控与报警功能。

（3）提取了重要的时域特征值，并进行了频域分析，实现了自动查找故障频率的算法，简化了信号分析的复杂度。

（4）实现了基于支持向量机算法的故障模式识别，可以自动把健康的轴承运行状态与故障的轴承运行状态分类。

（5）实现了基于逻辑回归算法的轴承健康评估，可以对轴承不同的运行状态进行健康度评估，直观地反映了轴承性能的衰退情况，预测维修时间，进行健康管理。

6. 设计图或作品实物图

图 2 为 PHM ToolBox 软件主界面。图 3 为 PHM ToolBox 健康评估界面。

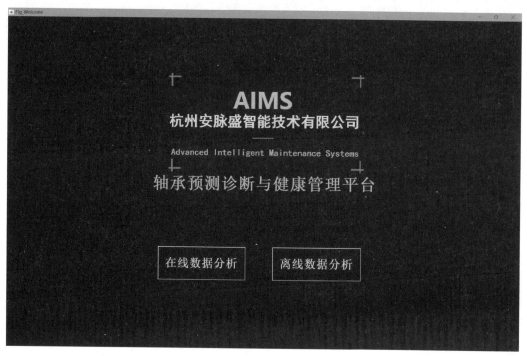

图 2　PHM ToolBox 软件主界面

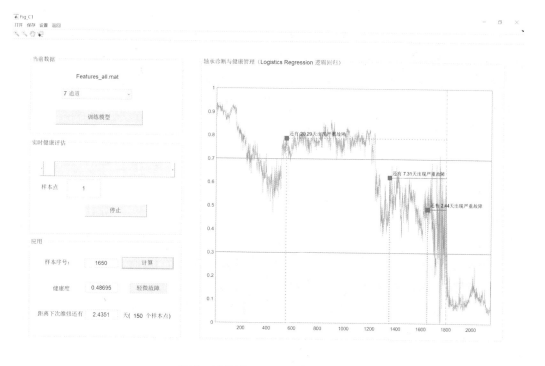

图 3　PHM ToolBox 健康评估界面

焊接玻璃瓶模具曲面弧线的回转装置设计

何涛

天津工业大学　机械工程

1. 设计目的

数控焊接机作为一种自动化焊接设备，不仅能提高工作效率，还能减少人工劳动强度。而本文介绍的专用数控焊接机是一个典型设计方案，其回转装置简单但有普遍实用性。整个焊接机是七轴五联动机床，所有的零件生产制造要求不高。专门用于自动焊接玻璃瓶模具的回转装置是整个焊接机的前床身部件，其主要的蜗轮蜗杆减速传动结构也相对简单，因此使用维护成本低。

2. 基本原理及方法

传动结构要求空间中两交错角为 90°，传动比较大并且相对减小设备体积，因此选择蜗轮蜗杆传动（传动平稳）。前床身基础件是作为骨架设计出来的，其内部的钣金结构除了能节约成本还能减轻重量。蜗轮蜗杆的具体零件尺寸是顺应设定回转角度，其配合套件尺寸（轴承选择除外）是顺应蜗轮蜗杆。伺服电机要求不高，满足工作要求即可。同步带轮及同步带是为了保证其传动的准确性，防止滑移通过使用厚而窄的同步带来提高传动效率。梅花联轴器的使用是因为小尺寸传递大转矩，而且成本低。

3. 主要设计过程或试验过程

在设计焊机玻璃瓶模具曲面弧线的回转装置时，查阅了各种专用数控焊接机的生产手册及相关参数。由于是解决客户需求，方案选择上基本决定了一些参数，如回转角度的设定。比较锥齿轮传动，空间交错 90° 的传动，蜗轮蜗杆是不错的，而且设备的体积相对较小。整体方案设计确定为两组蜗轮蜗杆传动，然后对每组传动的具体部分进行细分。

（1）确定每组蜗轮蜗杆的基本参数，包括模数、齿数等。保证传动平稳性，蜗杆的两侧分别是深沟球轴承和角接触球轴承，旋转主轴两个为深沟球轴承和圆锥滚子轴承。一组选择联轴器是有空间安排上的考虑和传动效率等。另外一组使用同步带来传递动力，因为同步带传动可以达到较高效率，并且可以调整同步带结构，尤其是在小故障后，同步带可以对焊接角度要求进行调整自身结构。根据蜗轮蜗杆的尺寸及前床身基础件的大小，确定法兰盖、密封盖、箱体的一些尺寸。还有整个设计过程遵循国标优先选择原则。

（2）根据尺寸进行三维绘图并进行模拟装配。查找总装后的设备问题，空间尺寸的调整依赖于模拟修改。设备的运动模型仅仅是仿真是不够的，所以要查找相关资料，还要对零件进行详细分析，综合考虑尺寸材料及加工问题。模拟运行，给电机提供动力，确认自锁功能，回转行程，设定最小回转角度。理想运行结果是：绕 Y 轴做旋转的为 A 轴，绕 X 轴做旋转的为 B 轴。

4. 结论

本文根据数控焊接自动化技术，研究和分析了国内外研究现状和现有理论，设计出了焊接玻璃瓶模具曲面弧线的回转装置，并完成以下工作。

（1）对主要传动方案进行了分析，研究了齿轮传动与蜗轮蜗杆传动，分析优缺点，最后根据客户需求，给出最优方案。

（2）对 A 方向传动部分进行了优化，包括在蜗轮箱一侧对垫板尺寸调整。蜗轮蜗杆的配合改进为使用花键连接。使用小却能传递大转矩的梅花联轴器。针对使用材料不同，以及制造、处理方式的不同对磨损失效进行了分析，给出防止磨损和磨损调节的办法。

（3）对 B 方向传动部分进行了优化，包括与 B 旋转块配合使用的可移动夹具部分。类似的蜗轮蜗杆配合，选择同步带传动和使用厚而窄的同步带。

（4）对相似的 A、B 方向传动结构进行分析，确定了装配的顺序和一些注意事项。另外，对整个装置的润滑系统进行了确定。

5. 创新点

（1）两坐标的旋转机构通过采用带有自锁功能的蜗轮蜗杆机构实现了工件的任意翻转。
（2）可移动的夹具保证了加工工件的长度（配合使用）。
（3）两蜗轮与回转轴改进后的花键连接及磨损调节。
（4）同步带轮的调节装置。

6. 设计图或作品实物图

图 1 为设计作品的三维模型。

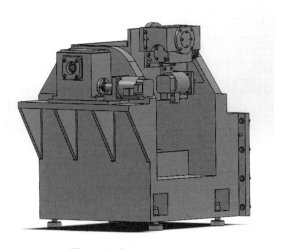

图1 设计作品的三维模型

CX62 后组合灯 2 热板焊接工装设计

丁 韬

河海大学 机械工程

1. 设计目的

某公司是一家车灯设计和制造厂家，该公司的后组合灯罩和壳体的焊接主要采用热板焊接。由于不同的后组合的灯罩和壳体形状各异，故不同的车灯需要不同的工装。设计的主要目的是为该公司 CX62 后组合灯 2 设计专用的热板焊接工装，实现焊接过程中车灯灯罩和壳体的定位、固定，以及设计专用的热板模用来加热融化灯罩壳体。

2. 基本原理及方法

本次设计主要依据热板焊接的基本原理，进行热板焊接工装的设计。热板焊接又称为接触焊，使用加热的热板直接接触塑料焊件需要焊接的表面，使之达到熔融状态而软化。然后撤去热板，再通过一定的压力将两焊件压紧，直至焊接部分冷却。两焊接连成一体。热板焊接应在 CX62 后组合灯车灯上是用于灯罩和壳体的焊接。它的工艺流程为：①将车灯的灯罩与壳体分别装入上下模；②将热板移动至上下模之间，并移动上下模使灯罩和壳体的焊接部分与热板接触；③保持一段时间使焊接部熔化；④分离车灯与热板，并移出热板模；⑤上下模合模，保持灯罩壳体熔接面接触，直到冷却凝固；⑥取出车灯，完成焊接。设计时根据热板焊接的原理和工艺，确定了热板焊接工装的基本结构，主要由上模、下模和热板模组成。

具体的设计过程是借助于 UG 软件。设计时根据企业提供的 CX62 后组合灯的 UG 三维模型，并结合热板焊接设计的要求，在 UG 软件上绘制工装上模、下模和热板模，并用运动仿真模块模拟工装动作过程。

热模部分的设计，采用了 ANASYS Workbench 软件做辅助分析，使用其瞬态热分析模块，模拟热模的预热过程。根据热分析的结果对热模的结构做出改进，由于调节各加热棒的功率可以改变加热时间，但是对热模的温度分布影响较小，因此确定改变加热棒的空间布置来实现结构改进，使热模焊接面温度更加均匀。

3. 主要设计过程或试验过程

（1）根据热板焊接的原理与工艺，并结合企业的经验与标准，确定 CX62 后组合灯热板焊接工装的主体结构分为三部分，即灯罩上模、壳体下模和热板模。灯罩上模的作用是固定和定位灯罩，壳体下模的作用是固定和定位壳体。热模的作用是加热融化车灯的焊接部分。此外，还要选用企业热板焊接的标准模架以及热板焊接机，用来控制热板焊接的动作过程。

（2）确定好热板焊接的基本结构后，首先设计灯罩上模，它的作用是固定和定位灯罩，设计方法是直接采用灯罩轮廓表面来定位，根据已有车灯的 UG 三维模型，抽取灯罩的表面，利用灯罩表面构造出上模实体，并从实体中分割出一部分作为灯罩的微调机构。灯罩的固定使用吸盘固定。

（3）壳体下模的设计也是利用壳体需要定位部分的轮廓作为基准，来构造三维模型。下模主要支撑壳体边缘一周。壳体的主体部分落在下模的空腔内。为了固定壳体，在下模空腔内根据壳体定位的位置设计气缸夹紧机构，夹紧机构的设计是利用一个夹紧气缸，把定位好的壳体用卡扣卡死。此外，为了方便最后焊接完成后取出车灯，在下模型腔内设计了一个顶出机构，在壳体较易取出的位置放置一个顶出气缸，气缸用气缸座固定，并且上面安装有顶头。

（4）热模是用来加热灯罩壳体的，首先要求设计出焊接面，焊接面直接与灯罩壳体需要焊接的部分相接触，最后要能保证灯罩壳体能紧密压合。因此，要求灯罩的焊接面与壳体的焊接面相一致。设计时焊接面取的是灯罩和壳体焊接部分的中间面。确定焊接面后，按相关的标准确定焊接筋的长度与宽度，并构造热模实体。热模型腔的设计需要与壳体内的饰圈反光镜保持一定的距离以防止灯具被烫坏。根据热模的设计要求设计了排气孔等。热模需要用来加热，加热的方式设计为电热管加热，需要在热模上设计加热管孔。热模上加热孔的初步设计是沿着焊接筋按一定的距离均匀分布。

（5）热模在焊接之前有一段预热过程，在预热完成后要保证热模焊接面的温差在一定的范围内。因此，使用了 ANASYS Workbench 软件模拟加热过程，并根据分析的结果改进了热模加热孔的分布，减少了热模焊接面的温差。

（6）使用 UG 的运动仿真模块模拟了热板焊接工装的动作过程，并制作了三维动画。确定整个动作过程能顺利进行，并绘制了相关的二维图纸。

4. 结论

本文根据热板焊接的原理和企业的相关经验标准，设计出了 CX62 后组合灯 2 的热板焊接工装，绘制了工装的三维模型和二维图纸，并且利用 UG 软件对工装的三维模型进行了运动仿真。设计的热板焊接工装包括灯罩上模、壳体下模和热板模。实现了灯罩的固定定位以及调节功能，壳体下模实现了壳体的定位固定功能。热板模用来加热融化灯罩壳体，需要保证焊接面的温度近似相等。热模焊接筋前后的落差，使得热模前后的温度不均匀。根据 ANASYS Workbench 瞬态热分析的结果，调整了加热管的布置方式后热模焊接面的温差小于 5℃，保证了焊接面温度的近似相等，符合企业的生产要求。由于设计经验的缺乏，此次设计还有许多不足之处，许多部分的设计都是借鉴已有的经验，还需要以后进一步改进。

5. 创新点

（1）为 CX62 后组合灯 2 设计了热板焊接工装，包括：灯罩上模，使用灯罩的轮廓面定位灯罩，并设计微调机构对灯罩位置进行微调；壳体下模，壳体的边缘面定位壳体，使用夹紧气缸作为锁紧机构固定壳体；热板模，用来加热融化焊接部分。

（2）为车灯设计了顶出机构，方便了最后焊接完成时车灯的取件。

（3）使用ANASYS Workbench软件瞬态热分析模块对初步设计的热模进行热分析，模拟热模的预热过程，并根据分析结果，对热模上加热孔的分布进行改善，缩小了焊接时焊接面上的温差。

6. 设计图或作品实物图

图1为CX62后组合灯2热板焊接工装。图2为结构优化后的热板焊接工装热模。

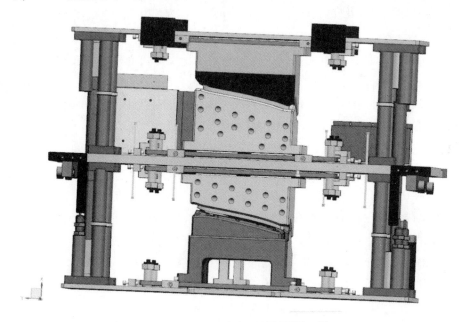

图1　CX62后组合灯2热板焊接工装

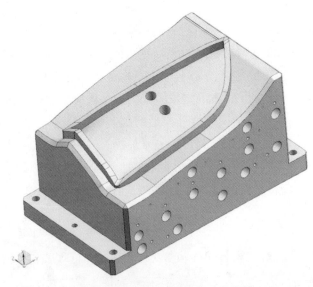

图2　结构优化后的热板焊接工装热模

质询中学习，交流中深化，切磋中提高

首届"恒星杯"毕业设计大赛决赛总结

从大赛整体情况来看，答辩过程中学生思维活跃、积极阳光，具体表现如下。

（1）参赛选手基本都能较为清晰地表达毕业设计所做的主要工作及特色，答辩过程中学生表现出较好的心理素质，语速语调得当，不畏质询，展现了比较扎实的基础理论知识与专业实践能力。

（2）通过毕业设计现场答辩起到了不同高校的学生之间，以及不同毕业设计方向的学生之间的相互交流、相互学习、相互促进的良好效果。通过现场质询，参赛学生对于毕业设计的内容理解更加深刻与丰富，并进一步明确了毕业设计后续工作的努力方向。

"恒星杯"毕业设计大赛决赛小组总结之一

段玉岗

西安交通大学 机械工程学院

通过本次大赛反映出机械类本科毕业设计存在的一些共性问题，具体表现如下。

（1）工程图纸表达不规范，错误较多，反映了学生对制图知识的掌握与运用还需要进一步加强。

（2）研究内容过多过泛，导致研究不够深入，主要表现为基于表象数据分析较多，数据背后的本质规律与机制研究很少。

（3）答辩PPT制作水平有待提高，论文中图表一致性与质量有待提高。

（4）毕业设计内容虽然具有行业背景，但与企业实际需求之间关联度不高，导致企业参与度小。

（5）毕业论文中关于成本及工艺可行性分析过少。

（6）毕业设计论文分析讨论部分内容相对过少过简，结论性语言描述过多。

针对上述问题，意见和建议如下。

（1）充分发挥与加强企业指导教师在本科毕业设计中的作用。从论文内容来看，企业导师参与度小，导致毕业设计论文仍然偏重于理论分析与原理验证，工艺可行性、成本因素和加工周期等方面的分析严重

缺失，很难真正达成学生工程意识与工程能力培养。

(2) 引入服务企业评价机制。本次毕业设计大赛虽有部分企业代表作为评委，由于对其他企业技术需求及实际情况比较陌生，以及企业代表人数相对较少，因此对学生打分中考虑毕设所服务企业的意见体现不足，建议下一届评价中引入毕设服务企业评价打分制度。

(3) 决赛环节可考虑风投及基金介入，将一些好的毕业设计进行孵化与成果转化。

"恒星杯"毕业设计大赛决赛小组总结之二

刘志峰

北京工业大学　机械工程与应用电子技术学院

中国机械行业卓越工程师教育联盟本科毕业设计大赛旨在"培养本科生解决工程问题的能力、综合运用知识的能力、掌握现代工具的能力，提高学生的创新意识"，而通过决赛可知，参赛者特别是指导教师对于大赛的宗旨不够了解。进入决赛的作品中，"拓展学科的应用"和"非技术因素的体现"几乎没有涉及。从该问题可以看出参赛者（指导教师）在确定题目之前并没有对大赛的宗旨进行了解和分析。

在进入决赛的102项作品中，作品题目包含"研究""分析"的不到15项，包含"设计""开发""研制"的作品高达80余项，虽然这体现了机械类专业培养特点，但是部分作品无法体现或者"用不到"学生大学所学知识，对学生"分析问题""解决问题"的能力的锻炼也非常不足。该现象暴露出两个问题：①部分指导教师对本科毕业设计的指导并不是水平不够，而是重视不够，部分毕业设计在"创新型"题目的表象下，本质只是简单重复，几乎不需要学生"动脑"；②机械行业经过长期发展以后，部分研究人员可能禁锢在自己的研究领域内，既不主动改变，也不接受外来变化。

大赛的宗旨在于培养"卓越工程师"，参赛作品侧重工程意识，追求高校和企业的联合培养是正确的。但是，从现行的培养体系来讲，"卓越工程师"的培养重点仍然是在大学，而不是企业。高校对学生的培养不仅在于解决问题的能力，也在于培养学生对于社会和文明发展的责任，即参赛作品应做到平衡校企责任。

指导教师、参赛学生重视程度不够。①部分学生参与毕业设计的时间只有1~2个月，且参赛意愿不足，从工作量到质量很难达到获大奖的级别；②很多指导教师工作繁忙，无法具体指导毕业设计；③学生答辩展示重点不突出，过于详细地罗列成果，缺乏主要过程。

大赛金奖由上海交通大学林成靖同学获得，从参赛作品内容和工作量来看，完成时间不止6个月；从答辩过程来看，讲解台风、回答问题都非常有技巧，经验丰富。林成靖同学获得大赛金奖可谓实至名归。整个毕业设计涉及了多方面学科知识：机械结构、电子电气、数字化控制等，作为一个本科生，毕业设计只有短短的几个月时间，他为什么能成功地将各学科之间的知识融会贯通？这得益于上海交通大学制定的本科生导师制，要求导师从大一开始指导学生，并跟踪学生大学四年的成长。在贯穿四年的导师制下，学生有充足的时间去学习并掌握多个学科的基础知识。

"恒星杯"毕业设计大赛决赛小组总结之三

杨旭静

湖南大学 机械与运载工程学院

根据现场答辩和学生提交的相关资料，较多的毕业设计为机械结构设计，并辅以静力学分析。首先这符合机械类专业培养的特点，但结构设计和静力学分析已远不能达到"工业4.0"和"中国制造2025"机械类学生的综合培养目标了。在机械类专业毕业设计环节中，建议更多地体现动力学分析、电控（电子电气及互联网＋等）、材料科学、热传导或能量传递分析、流体控制、智能控制等方面的综合知识应用（注：并不是要求每个毕业设计都涉及上述知识应用）。

大部分参赛作品在产品功能或结构设计中包括了较浅层面的方案分析，甚至未见方案分析。多数作品在体现学生"分析"和"研究"问题能力方面不足，体现学生"问题分析、设计/开发解决方案、研究"的工作偏少，能体现学生通过分析和研究问题并"获得有效结论"的作品更是少之又少。

学生的毕业设计说明书（包括图纸）或毕业论文在非技术因素方面普遍体现不够，仅有极少数参赛作品能考虑社会、健康、成本、安全、法律、文化、环境和可持续发展等非技术因素。各学校有关毕业设计的指导文件应对非技术因素做硬性规定，同时，指导教师也应多注重在这方面的引导和指导。

参赛作品普遍存在"工程标准"意识偏少这一问题，大多数参赛作品仅在机械结构中采用标准件，而对设计、分析、试验的过程和方法中如何采用标准（国家、行业或企业标准）来开展工作，鲜有体现。这也从侧面反映了毕业设计指导教师工程能力和实践经验的不足。

在参考文献引用方面，大部分参赛作品对现有技术、专利或其他知识产权的分析和研究不足，尤其是对外文文献研究不足，甚至外文参考文献只是摆设。

指导教师的综合知识水平有待提高。毕业设计过程实际上是对机、电、液、热和智能等知识的综合应用，通过本次参赛题目和内容来看，多数指导教师在这方面的知识储备尚显不足。

建议下一届毕业设计大赛按照参赛题目对作品进行分类，如设计类（含机械、电控等）、试验检测类、论文类（含仿真分析等）等；严格把关预赛或材料筛选等环节，控制进入决赛的作品数量，同时延长单个作品的决赛答辩时间。

中国机械行业卓越工程师教育联盟
"恒星杯"毕业设计大赛章程

（征求意见稿）

为贯彻落实《国家中长期教育改革和发展规划纲要（2010—2020）》、《国家中长期人才发展规划纲要（2010—2020）》、"卓越工程师教育培养计划"以及"中国制造2025"的有关精神，扎实推进机械行业卓越工程型人才培养计划的实施，在教育部的指导下，中国机械行业卓越工程师教育联盟（下文简称联盟）举办中国机械行业卓越工程师教育联盟"恒星杯"毕业设计大赛（下文简称大赛）。大赛章程如下。

第一章　总则

第一条　中国机械行业卓越工程师教育联盟"恒星杯"毕业设计大赛是由中国机械工程学会和中国机械行业卓越工程师教育联盟共同主办，具有导向性、示范性的机械类专业毕业设计竞赛活动，每年举办一届。

第二条　中国机械行业卓越工程师教育联盟"恒星杯"毕业设计大赛的目的为引导中国高校机械相关专业在毕业设计选题和指导过程中，结合机械行业企业工程实际需求，关注机械行业发展现状与趋势，培养大学生解决工程问题的能力，包括知识综合运用能力、掌握现代工具的能力以及创新意识，形成工程实践能力引导式的中国高校机械类专业本科毕业设计示范。

第三条　大赛的基本方式为：高等学校在校机械及相关专业学生申报定向题目和开放题目并完成毕业设计参赛；聘请专家评定出具有较高学术水平、实际应用价值和创新意义的优秀作品，给予奖励；选出优秀毕业设计作为案例集在联盟网站分享，供中国高校机械类专业本科毕业设计参考。

第二章　组织机构及其职责

第四条　大赛设立组织委员会。大赛组织委员会由主办单位、联盟成员、赞助企业的相关人员组成，负责指导大赛活动，并对大赛执行委员会和大赛评审委员会提交的问题进行协调与裁决。

大赛组织委员会的主要职责如下：

（1）审议、修改大赛章程；

（2）筹集大赛经费，包括组织、评审、奖励等经费；

（3）投票表决大赛承办单位；

（4）提名并审议大赛评审委员会名单；

（5）大赛的宣传和成果推广；

（6）议决大赛其他事项。

第五条　大赛设立评审委员会。大赛评审委员会由主办单位聘请机械学科具有丰富教学和工程经验的专家组成。大赛评审委员会经大赛组织委员会提名、审议，并经大赛主办单位批准成立，在本章程和评审规则下，独立开展评审工作。

大赛评审委员会职责如下：

（1）在本章程基础上制定题目审查、作品初审、大赛决赛的评审实施细则；

（2）推选作品函评专家和决赛评委；

（3）察看大赛作品及其演示，对参赛人进行问辩；

（4）对参赛作品打分并确定参赛作品获奖等次；

（5）每届大赛从题目初审开始至终审决赛结束期间接受联盟单位和学生、评委、社会各界人士对参赛作品资格的质疑投诉；

（6）如出现被质疑投诉参赛项目，召开会议对被质疑投诉的参赛项目的作者、指导教师及所属学校进行质询；投票表决被质疑投诉作品是否具备参赛资格。

第六条　每届大赛设立执行委员会。大赛执行委员会由主办单位和承办单位的相关人员组成。大赛执行委员会在主办单位和大赛组织委员会的领导下，负责当届大赛组织运行。

大赛执行委员会的主要职责如下：

（1）起草当届大赛的实施细则；

（2）协助主办单位发布大赛启动、征集题目、有效题目、决赛等相关通知；

（3）组织专家审核当届大赛所征集的题目，反馈修改意见；

（4）组织专家评审当届大赛所提交的参赛论文，汇总评审结果；

（5）决赛的筹备、组织、协调、承办等工作；

（6）负责处理和协调大赛突发事件，确保大赛的顺利进行；

（7）当届大赛案例集的汇总和出版。

第三章　题目征集与参赛资格

第七条　每届大赛将在中国机械行业卓越工程师教育联盟单位内进行题目征集，所征集的题目必须源于企业，并分为以下两种类型。

（1）定向题目：高校与企业充分研讨后由高校提出，提出题目高校负责完成该毕业设计并参赛。定向题目必须有高校教师和企业技术人员各1名指导教师。

（2）开放题目：高校与企业充分研讨后由高校提出，提交至大赛组委会，也可由联盟企业单独提出，经组委会审核后由大赛网站公布，联盟内高校均可选择并完成。开放题目根据实际情况自行确定毕业设计地点（高校或企业均可），选题高校必须自行聘任相关行业企业技术人员作为企业指导教师。

第八条　参赛学生专业及参赛题目必须属于机械类专业（主要包括机械工程、机械设计制造及其自动化、机械电子工程等）。

第九条　每项参赛毕业设计必须在教师指导下由1名学生完成并参赛。

第十条　凡在题目正式征集通知前为中国机械行业卓越工程师教育联盟的高校，其正式注册的全日制非成人教育的具有毕业设计资格的应届本科生都可参赛。正式提交的参赛毕业设计必须源于大赛已征集的题目，既可是当届所征集的题目，也可以是往届大赛中所征集的开放题目。

第四章　大赛流程与评审

第十一条　每届大赛之前一年的第4季度为大赛的题目征集期，联盟各高校与相关企业对接，征集和提炼新增的毕业设计大赛题目。

第十二条　大赛题目征集期联盟各单位所提交的每项题目需包含题目名称、提出单位、来源企业、题目简介、设计要求等信息。大赛执行委员会组织专家，根据新增题目的难度、是否有企业背景、是否适合大学生完成、题目简介和设计要求是否清晰等标准，进行评审并提出修改建议返回报送单位修改。修改后审核符合标准的题目，将在联盟网站进行题目公开，每个新增题目均分配唯一的题目编号，正式比赛的所有参赛毕业设计均必须源于联盟网站公开的当届新增定向题目或历届公开题目。

第十三条 大赛当年 5 ~ 6 月，参赛毕业设计作品通过大赛官方网站在线提交。所提交的参赛作品应包含毕业设计全文、设计图纸、设计要求、扩充版摘要等内容。预审合格的作品由大赛在线系统分配给大赛评审专家进行函评。函评后，根据作品分类和评分决定进入决赛的毕业设计名单。

第十四条 大赛决赛于函评结果公示后在当届承办单位举行。进入决赛的作品通过幻灯片答辩、展板展示和实物演示等方式进行评比。

第十五条 大赛评审委员会将在决赛作品中评出金奖、银奖、铜奖、优秀奖、佳作奖若干，获奖学生及其指导教师可获得相应的奖励。

第十六条 每届大赛设优秀组织奖若干，奖励在大赛组织工作中表现突出联盟单位和个人。优秀组织奖由大赛组织委员会提名和评选。

第十七条 大赛评审委员会对题目进行函评、决赛评审、质疑投诉的表决时，实行同单位回避制度。

第十八条 当届大赛决赛结束后一个月内为获奖作品的质疑投诉期，质疑投诉者需提供相关证据或明确的线索。针对质疑投诉的评审会至少需要 10 名（包含）以上评审委员会委员参加，参加表决的委员中有 2/3 以上认为该作品具有违规问题，则评审委员会将取消该作品获奖等级和奖励，取消其所在单位所获得的优秀组织奖，同时通报联盟成员单位。

第十九条 大赛评审委员会和组织委员会要保护投诉人的合法权益，对质疑投诉者的姓名、单位予以保密。

第五章 附则

第二十条 联盟和大赛的官方网站：http://www.meuee.org；大赛官方邮箱：bysjds@cmes.org。大赛官方网站和邮箱由主办单位、承办单位、大赛执行委员会共同建设和维护。

第二十一条 大赛参赛作品内容的涉密和版权问题，由参赛单位自行保护。

第二十二条 本章程自大赛组织委员会审议通过之日起生效，由大赛主办单位负责解释。

教育部高等学校机械类专业教学指导委员会
中国机械行业卓越工程师教育联盟

2017 年 4 月 8 日

首届中国机械行业卓越工程师教育联盟
"恒星杯"毕业设计大赛情况简介

　　中国机械行业卓越工程师教育联盟（下文简称联盟）"恒星杯"毕业设计大赛（下文简称大赛）是在教育部高等教育司指导下，中国机械工程学会和中国机械行业卓越工程师教育联盟共同主办，具有导向性、示范性的机械类专业毕业设计竞赛活动，每年举办一届。大赛的基本方式为：高等学校在校机械及相关专业学生申报定向题目和开放题目并完成毕业设计参赛；聘请专家评定出具有较高学术水平、实际应用价值和创新意义的优秀作品，给予奖励；选出优秀毕业设计作为案例集在联盟网站分享，供中国高校机械类专业本科毕业设计参考。

　　首届中国机械行业卓越工程师教育联盟"恒星杯"毕业设计大赛由大连理工大学和辽宁重大装备制造协同创新中心承办。

1. 大赛目的

　　通过举办全国范围的机械行业毕业设计大赛，可以达到以下目的：

　　(1) 毕设题目结合机械行业工程实际，使学生了解机械行业发展现状与趋势；

　　(2) 培养学生解决工程问题的能力、运用综合知识的能力、掌握现代工具的能力，提高学生的创新意识；

　　(3) 提高联盟单位对本科毕业设计工作的重视程度；

　　(4) 形成工程实践能力引导式的中国高校机械类专业本科毕业设计示范。

2. 参赛条件

　　(1) 参赛单位为中国机械行业卓越工程师教育联盟高校；

　　(2) 每项参赛本科毕业设计必须由1名本科学生完成；

　　(3) 参赛学生专业或参赛题目必须属于机械类专业（主要包括机械工程、机械设计制造及其自动化、机械电子工程等）。

3. 题目类型

　　题目必须源于企业，且有高校和企业各1名指导教师：

　　(1) 定向题目：高校与企业联合提出，必须由提出题目高校完成该毕业设计并参赛。

　　(2) 开放题目：由企业提出或由高校与企业联合提出，由高校与企业联合提出的开放题目，其提出高校至少有 1 名学生选择该题目做毕业设计并参赛。开放题目通常不需到企业实地完成，但应聘任企业技术人员参与指导。

4. 题目征集情况

首届中国机械行业卓越工程师教育联盟"恒星杯"毕业设计大赛启动以来，中国机械行业卓越工程师教育联盟单位积极参与，经过 2 轮专家审核和修改，共收到了 48 个联盟高校和 1 个联盟企业的 283 项有效定向题目和 63 项有效开放题目。

5. 函评专家征集

首届大赛，截至 2017 年 4 月 25 日，共征集到 5 家联盟企业和 40 所联盟高校推荐的共 145 名函评专家，其中高校专家 101 人，企业专家 44 人。

6. 作品提交与函评

截至 2017 年 5 月 10 日 24:00，大赛网站共收到 248 项正式参赛作品，经过 1 天的形式审查，有 24 项作品因查重超过 30%、题目不符合要求、缺少企业指导教师信息等问题未能通过形式审查，224 篇进入函评环节。

自 2017 年 5 月 12 日 11:00 起，224 项作品开始函评。每项作品本着专业相近、推荐单位回避的原则，随机分配函评专家。函评过程中，每名专家需审阅 4～5 项作品，以百分制打分，打分依据如下表所示。

评分项及分值	本项满分
论文工作完整，章节布局合理，撰写符合规范	20
论文体现企业工程实际相关内容	10
论文内容覆盖专业认证对毕业设计的能力要求： (1) 能够运用数学、自然科学及机械工程科学的基本原理，识别、表达和分析机械工程问题，建立研究方案，给出技术路线，获得有效结论； (2) 能够将数、理、化、力以及机械专业知识用于解决工程问题； (3) 能够选择恰当的科学方法进行研究，设计实验方案，开展相关实验，分析实验结果，获得有效结论； (4) 开发解决方案及设计过程中的创新意识； (5) 在设计中考虑社会、健康、安全、法律、文化、环境等因素的影响，兼顾机械工程相关的技术标准、知识产权、法律法规等； (6) 对现代工具的开发、选择与恰当使用； (7) 环境与可持续发展； (8) 技术经济分析； (9) 外语能力与国际视野	30
设计过程、图纸或实验的规范性	10
计算、校核及方案对比过程的合理与准确性	20
作品创新性	10
总分	100

截至 2017 年 5 月 13 日 24:00，全部评委均提交了函评成绩，同时后台将每位评委的打分自动以 80 分为均值进行处理，降低某位评委打分偏高或偏低的影响。最终函评成绩前 102 名入选了决赛，其中 97～102 名函评成绩相同。共有 40 所高校的作品入选决赛。

2017 年 5 月 14 日 18:00 开始，在联盟微信群和大赛网站中对入选决赛的名单、决赛通知、决赛注意事项进行了公布，并对所有入选决赛的学生、高校指导教师、企业指导教师通过短信和邮件的形式进行了通知。

截至 2017 年 5 月 17 日 22:00，全部决赛项目均已发回回执并同意参赛。共 213 人参加决赛，其中评委 20 人，各方领导 9 人，参赛学生 102 人，参赛指导教师和带队教师 82 人。

7. 关于大赛决赛

决赛时间地点：2017 年 5 月 19 日～5 月 21 日，大连理工大学国际会议中心。

参赛人员：参赛人员为每项参赛作品的参赛学生、指导教师及各高校带队教师，决赛入围名单详见大赛网站的决赛通知。

决赛报到：2017 年 5 月 19 日 08:00～22:00，大连理工大学国际会议中心一楼大堂。

决赛日程：2017 年 5 月 20 日

08:30～09:00，开幕式，全体人员参加；

09:00～17:00，分四组决赛答辩；

17:00～18:00，金奖答辩，每组第 1 名参加；

18:30～20:00，颁奖。

决赛要求：

（1）答辩学生均要求着正装，可视个人情况准备实物或视频，无需准备展板；

（2）每项作品陈述 10 分钟，问答 5 分钟，时间严格控制，到时即停；

（3）组委会准备的答辩电脑均已安装 Office 2016，幕布比例 4：3，视频格式要求 mp4，分辨率不低于 720×480，答辩用图片分辨率不小于 800×600；

（4）所有参赛作品于 2017 年 5 月 19 日 20:00 前将答辩用文件打包发送至大赛邮箱；

（5）每项毕业设计需打印 5 份，论文双面打印，图纸折叠后不大于 A4 纸。

在决赛作品中评出金奖、银奖、铜奖、优秀奖、佳作奖若干，获奖学生及其指导教师可获得相应的奖励。首届大赛的奖项及奖金分配见下表。

奖项	单项奖金 / 元	数量 / 项
金奖	10000	1
银奖	5000	3
铜奖	3000	10
优秀奖	1000	15
佳作奖	无	73

决赛分组根据函评成绩均差数列分开，例如，函评 1/5/9/13/17…97/101 名为第一组，函评 2/6/10/14…为第二组，决赛名单通知时同时通知决赛分组。

2017 年 5 月 19 日，决赛注册时，按组注册，同时抽签决定决赛答辩顺序。当晚按照决赛签位制作决赛打分表，打分项如下。

1）毕业设计所做工作（80 分）

① 调查分析：对设计任务及其背景的分析、调研，以及在此过程中体现的查阅文献能力和国际化视野；

② 方案论证：能够利用机械工程科学的基本原理，识别、表达和分析机械工程问题，进行技术经济分析，建立研究方案，给出技术路线，并在此过程中体现创新性；

③ 设计、计算与试验：能够选择恰当的科学方法和现代工具进行研究，合理完整的设计、计算、试验、分析，获得有效结论；

④ 设计规范性：论文撰写和图纸输出的规范性、完整性；

⑤ 标准与可持续：在设计中考虑社会、健康、安全、法律、文化、环境等因素的影响，兼顾机械工程相关的技术标准、知识产权、法律法规等。

2）答辩表现（20 分）

① 答辩谈吐表现；

② PPT 制作精美、简洁；

③ 回答问题准确无误。

2017 年 5 月 20 日，开幕式由裁判代表段玉岗老师公布函评和决赛细节。评委已分组，但并未确定对应的房间和学生分组，开幕式结尾，由各评委组组长上台抽取其组别，并带领各组评委去对应会议室参加答辩。

2017 年 5 月 20 日 17:00，分组答辩结束，各组第一名参加金奖答辩；各组第 2～3 名直接获得铜奖，第 4～7 名直接获得优秀奖，其余获得佳作奖。所有参赛人员已经按照佳作奖打印证书；分组答辩后，打印其余证书，各组第一名按照银奖打印；金奖答辩结束后再打印金奖证书。

2017 年 5 月 20 日 17:00～18:00，金奖答辩，第一名为金奖。

2017 年 5 月 20 日 18:30，颁奖典礼。

大赛最终评出金奖 1 项，银奖 3 项，铜奖 10 项，优秀奖 15 项，佳作奖 73 项。

首届大赛设优秀组织奖若干，奖励在大赛组织工作中表现突出联盟单位或个人。优秀组织奖将在大赛赛后，根据题目征集、专家征集、参赛队伍、获奖数量等参考指标由大赛组织委员会提名和评选。

8. 制定的大赛章程、细则、办法

（1）中国机械行业卓越工程师教育联盟"恒星杯"毕业设计大赛章程。

（2）中国机械行业卓越工程师教育联盟"恒星杯"毕业设计大赛组织委员会管理办法。

（3）中国机械行业卓越工程师教育联盟"恒星杯"毕业设计大赛评审委员会管理办法。

（4）首届中国机械行业卓越工程师教育联盟"恒星杯"毕业设计大赛实施细则。

9. 上传至大赛网站下载中心的文件

（1）"恒星杯"毕业设计大赛决赛参赛通知 .pdf。

（2）首届"恒星杯"毕设大赛决赛名单 .pdf。

（3）制作毕业答辩 PPT 的技巧 -2017.rar。

（4）万能看图软件 AutoVue19.3.rar。

（5）作品评审帮助文档 - 毕设大赛 .pdf。

（6）谷歌浏览器 Chrome 绿色版 .rar。

（7）首届毕设大赛 - 论文提交 - 帮助文件 .pdf。

（8）二维 - 三维 dwg-stp 图纸看图软件 ABViewer 11.rar。

（9）中国机械行业卓越工程师教育联盟毕业设计大赛章程（征求意见稿）.pdf。

（10）首届中国机械行业卓越工程师教育联盟"恒星杯"毕业设计大赛实施细则 .pdf。

（11）首届毕业设计大赛开放题目汇总表 .pdf。

（12）首届毕业设计大赛定向题目汇总表 .pdf。

教育部高等学校机械类专业教学指导委员会

中国机械工程学会

中国机械行业卓越工程师教育联盟

2017 年 5 月 21 日

毕业设计所做工作打分依据 (80 分)

（1）调查分析：对设计任务及其背景的分析、调研，以及在此过程中体现的查阅文献能力和国际化视野；

（2）方案论证：能够利用机械工程科学的基本原理，识别、表达和分析机械工程问题，进行技术经济分析，建立研究方案，给出技术路线，并在此过程中体现创新性；

（3）设计、计算与试验：能够选择恰当的科学方法和现代工具进行研究，合理完整的设计、计算、试验、分析，获得有效结论；

（4）设计规范性：论文撰写和图纸输出的规范性、完整性；

（5）标准与可持续：在设计中考虑社会、健康、安全、法律、文化、环境等因素的影响，兼顾机械工程相关的技术标准、知识产权、法律法规等。

答辩表现打分依据 (20 分)

（1）答辩谈吐表现；

（2）PPT 制作精美、简洁；

（3）回答问题准确无误。

首届中国机械行业卓越工程师教育联盟
"恒星杯"毕业设计大赛获奖名单

奖项	论文标题	类型	学校	学生	高校导师	企业导师	企业老师单位
金奖	基于 ROS 驱控一体机器人关节组件的研究	论文	上海交通大学	林成靖	曹其新	邹凤山	新松机器人股份有限公司中央研究院
银奖	悬臂式薄壁结构冰固持加工方法研究	论文	大连理工大学	刘彦坤	刘海波	赵辞	沈阳黎明航空发动机有限责任公司
银奖	一种可自动弹出机构的反镗刀设计	设计	四川大学	牛强	方辉	张敬志	森泰英格（成都）数控刀具有限公司
银奖	基于声表面波和紫外光固化的微结构制造研究	论文	浙江大学	邓兆兴	汪延成	周青	杭州先临三维科技股份有限公司
铜奖	煤矿提升机天轮车槽装置机械系统设计	设计	安徽理工大学	刘雷	张新	尹玉龙	淮南矿业集团
铜奖	三维复杂零件自动检测装置设计	设计	北京理工大学	张棋荣	金鑫	付博	山西北方惠丰机电有限公司
铜奖	直升机尾斜梁电动锁销机构设计	设计	重庆大学	周仁弘毅	魏静	袁峰	中航工业南京机电液压工程研究中心
铜奖	航空发动机转子装配界面平面度测试系统研制	设计	大连理工大学	王珏	孙清超	王帅	美国国家仪器有限公司
铜奖	基于超声的螺栓连接结合面检测方法及系统	设计	大连理工大学	袁博	孙伟	王帅	美国国家仪器有限公司
铜奖	基于 CPAC 锂电池高速切片系统设计	设计	河南科技大学	王建虎	吴孜越	都兴兴	固高科技（深圳）有限公司
铜奖	重型数控车床纵向进给系统齿轮齿条传动设计	设计	兰州理工大学	卢轩	王智明	黄玉明	天水星火机床有限责任公司
铜奖	高速公路路锥自动收放装置设计与分析	设计	南京理工大学	曲鸿滨	童一飞	周娟	南通天成机械有限公司
铜奖	基于四旋翼的风机叶片检测装置的研究	设计	上海交通大学	吕鹏宇	梁庆华	吴甜	国网瑞盈电力科技有限公司
铜奖	熔融沉积制造三维打印柔性支撑辅助平台设计及其工艺研究	论文	浙江大学	叶潇翔	沈洪垚	张束胜	杭州先临三维科技股份有限公司
优秀奖	家用厨余垃圾微生物处理机的研制	论文	北方工业大学	谢佳成	林宋	彭兴礼	北京奥宇可鑫表面工程技术有限公司

续表

奖项	论文标题	类型	学校	学生	高校导师	企业导师	企业老师单位
优秀奖	曲轴磨削定心支撑夹具设计	设计	北京工业大学	王健豪	范晋伟	李伟华	北京第二机床厂有限公司
优秀奖	功能性微结构表面超精密切削研究	论文	北京理工大学	贺裕鹏	周天丰	张峰	西安应用光学研究所
优秀奖	兆瓦级风电增速器高功率密度设计与优化	论文	重庆大学	韩晨阳	魏静	汝学斌	太原重工股份有限公司
优秀奖	硬岩隧道掘进机刀盘驱动系统设计	论文	大连理工大学	王勇智	王林涛	苏翠霞	中国铁建重工集团有限公司
优秀奖	关节间隙误差对机器人执行臂末端运动的影响	论文	大连理工大学	许昌瑀	董惠敏	田志涛	大连运明自动化技术有限公司
优秀奖	5吨叉车液力变速箱液压系统设计	设计	合肥工业大学	王成军	夏金兵	刘海林	安徽合力股份有限公司
优秀奖	超车辅助警告灯脉冲热压铆接设备的结构设计	设计	河海大学	王静怡	彭利平	王伟强	常州星宇车灯股份有限公司
优秀奖	基于 Leap Motion 的多功能体感遥控小车	设计	江南大学	卢佳伟	宁萌	陈中杰	无锡敏功科技有限公司
优秀奖	GMB140-4 型隔膜泵总体及隔膜腔总成设计	设计	兰州理工大学	田锡威	张洪生	常平	兰州兰石油装备工程有限公司
优秀奖	立体车库 AGV 车辆搬运器设计与仿真	设计	山东大学	姜靖翔	王建明	李金鹏	山东金鹏建筑钢结构有限公司
优秀奖	全方位移动家用擦窗机器人原型设计	设计	上海交通大学	陆丁异	闫维新	桂群峰	慈溪市裕丰电子有限公司
优秀奖	真空断路器合闸弹跳机理分析与新操动机构设计	设计	上海交通大学	罗兆瑞	郭为忠	杨志轶	江苏省如高高压电气股份有限公司
优秀奖	高分辨率两自由度自动对准用云台设计	设计	西安工业大学	李延璘	梁文宏	冯强	西安比特联创科技有限公司
优秀奖	管道超声内扫查检测机器车的开发	论文	浙江大学	许多	杨克己	韩烨	中石化长输油气管道检测有限公司
佳作奖	高强钢薄板弯曲测试装置设计	论文	北方工业大学	李明刚	韩飞	钟志平	北京机电研究所
佳作奖	7475 铝合金回填式搅拌摩擦点焊液化裂纹研究	论文	北京工业大学	龚文韬	陈树君	董建涛	首都航天机械公司
佳作奖	搅拌摩擦焊接头析出相分析	论文	北京工业大学	胡亚洲	蒋凡	马建波	首都航天机械公司
佳作奖	基于 Leap Motion 的智能工具车系统设计与开发	论文	北京工业大学	罗强	陈树君	黄宁	北京卫星制造厂
佳作奖	铝合金脉冲激光 -MIG 复合焊接熔滴过渡及工艺特性研究	论文	北京工业大学	任学晶	肖珺	李金全	首都航天机械厂
佳作奖	重型机床基础 - 垫铁结合部的设计与分析	论文	北京工业大学	谭修源	王建华	马建川	北京北一机床股份有限公司
佳作奖	重型静压转台油垫支承特性分析及支撑方式优化设计	设计	北京工业大学	吴玥	刘志峰	马建川	北京北一机床股份有限公司
佳作奖	0.1mm 电火花微细孔加工送丝机构设计	论文	北京工业大学	赵言吾	王民	刘建勇	北京市电加工研究所
佳作奖	多功能自移动智能维修机设计	设计	北京信息科技大学	王伟豪	龙忠杰	康运江	机科发展科技股份有限公司
佳作奖	票据印刷机自动下卷装置设计	论文	北京印刷学院	陈远爱	武淑琴	段亚军	北人合心有限公司
佳作奖	八开单张纸凹版打样印刷单元设计	论文	北京印刷学院	黄勋波	施向东	李斌峰	北京贞亨利民印刷机械有限公司
佳作奖	单张纸胶印机加装冷烫单元设计	论文	北京印刷学院	王宏顺	李艳	张文忠	北京贞亨利民

续表

奖项	论文标题	类型	学校	学生	高校导师	企业导师	企业老师单位
佳作奖	扁形茶振动式自动理条机设计开发	设计	重庆科技学院	代培建	何高法	佘小明	重庆市农业科学院
佳作奖	打磨机器人本体与J6传动系统设计	设计	重庆科技学院	刘佳音	胡桂川	何英武	广州数控机器人有限公司
佳作奖	光幕式轴类零件尺寸参数检测仪设计	设计	重庆科技学院	田有毅	周传德	夏茂平	重庆旺成科技股份有限公司
佳作奖	食品封口夹注塑模具设计	设计	大连工业大学	丁宇	王明伟	王廷军	中国华录松下电子信息有限公司
佳作奖	内螺纹零件注塑模具设计	设计	大连工业大学	刘泽宇	王明伟	江维元	浙江凯华模具有限公司
佳作奖	超声波纳米薄膜喷涂装置设计	设计	大连理工大学	董墨	杜立群	咸威	北京东方金荣超声电器有限公司
佳作奖	FDM 3D打印机多材料自动更换系统研制	论文	大连理工大学	王上	马广义	钱慧斌	苏州文武三维科技有限公司
佳作奖	多节18650锂电芯组合时安全防护与散热结构的设计与分析	设计	东南大学	李陈陈	李晓	黄其庆	江苏苏美达五金工具有限公司
佳作奖	轴承环自动化锻造生产线送料系统设计	设计	福州大学	卓建华	聂晓根	卢健清	永安银亭机械有限公司
佳作奖	力矩电机直接驱动的砂轮架B轴回转机构设计	论文	哈尔滨工业大学	杜超	韦东波	王伟荣	上海机床厂有限公司技术中心
佳作奖	基于PHM的轴承全寿命周期健康管理技术的研究及软件开发	论文	哈尔滨工业大学	乔桢	潘旭东	李强	杭州安脉盛智能技术有限公司
佳作奖	20000kN八连杆机械压力机杆系优化设计	论文	合肥工业大学	邱之最	翟华	王玉山	合肥合锻智能制造股份有限公司
佳作奖	某型货车轮辋疲劳可靠性实验方案设计	设计	合肥工业大学	徐海东	吴勃夫	姜永胜	江淮汽车集团股份有限公司
佳作奖	电动固定平台搬运车液压转向系统优化设计	设计	合肥工业大学	张岩	朱政红	杨德洲	安徽合力股份有限公司
佳作奖	CX62后组合灯2热板焊接工装设计	设计	河海大学	丁韬	彭利平	王亚飞	常州星宇车灯股份有限公司
佳作奖	汽车飞轮拉扭复合实验系统设计	设计	江苏大学	崔瑞	张兵	马佳佳	昆山万马五金有限责任公司
佳作奖	工艺品裱花数控加工系统设计研究	设计	江苏大学	黄在品	程广贵	霍福鑫	义乌道奇自动化设备有限公司
佳作奖	船用起锚机液压马达测试平台设计	设计	江苏大学	王睿	郑刚	吴文建	镇江五峰山船厂
佳作奖	CHX61200数控卧式车削中心大功率高速伸长铣头部件设计	设计	兰州理工大学	高涵	张永贵	高强	天水星火机床有限责任公司
佳作奖	LP-P320D-256-100 API抽油机总体及曲柄和横梁装置总成设计	设计	兰州理工大学	孙柏山	张力	董辉	兰州兰石石油装备工程有限公司
佳作奖	CKG61100数控车床分离式主传动行星减速器设计	设计	兰州理工大学	薛佳奇	张永贵	严鹤飞	天水星火机床有限责任公司
佳作奖	深井式立体智能车库梳叉式横移系统的设计与仿真	设计	南华大学	倪莎	周炬	罗辑性	湖南运输机械有限公司
佳作奖	深井式智能立体车库升降系统设计与仿真	设计	南华大学	潘志燕	李必文	向军	湖南运输机械有限公司
佳作奖	汽车零部件装配快速夹取机构机械结构设计	设计	南京工程学院	李杰	郑勇	孙志强	儒拉玛特自动化技术(苏州)有限公司
佳作奖	基于RFID的MES系统的设计与开发	论文	南京理工大学	林杰	童一飞	马涛	南京康尼科技实业有限公司

续表

奖项	论文标题	类型	学校	学生	高校导师	企业导师	企业老师单位
佳作奖	ATE 多级降压式调节阀的设计与分析	设计	宁夏大学	何伟伟	张树玲	周鹏波	吴忠仪表有限责任公司
佳作奖	PER10000N·m 电动执行机构设计与研发	设计	宁夏大学	闫保山	赖惠鸽	姜军	吴忠仪表有限责任公司
佳作奖	并联喷涂机器人设计与仿真	设计	山东大学	曹鸿鹏	王建明	李金鹏	山东金鹏建筑钢结构有限公司
佳作奖	立体车库新型搬运小车设计与仿真	论文	山东大学	李金银	闫鹏	杨良强	山东日照金港活塞
佳作奖	低成本快速出线打草头机构	设计	上海交通大学	黄子寅	梁庆华	刘小马	富世华全能（常州）机械有限公司
佳作奖	刀塔装配生产线设计	设计	沈阳工业大学	陈启森	郑鹏	王福全	辽宁西格马数控机床有限公司
佳作奖	U 形管热交换器结构设计	设计	沈阳工业大学	李顺新	付景顺	张英杰	辽宁新华阳伟业装备制造有限公司
佳作奖	秸秆锅炉自动上料系统设计	设计	沈阳工业大学	刘儒祥	金嘉琦	杨峥	铁岭众缘环保设备制造有限公司
佳作奖	CK250-3 数控机床结构设计	设计	沈阳工业大学	沈诚	杨赫然	肖卫东	辽宁西格马数控机床有限公司
佳作奖	轴承环锻压机器人控制系统设计	设计	沈阳工业大学	徐明达	杨林	张帆	辽宁银捷机械装备制造有限公司
佳作奖	铣磨回转工作台设计	设计	沈阳工业大学	张成	郑鹏	白峰	辽宁西格玛数控机床有限公司
佳作奖	轴承环锻压机器人控制系统软件设计	设计	沈阳工业大学	张强	杨林	张帆	辽宁银捷机械装备制造有限公司
佳作奖	Φ120 冷喂料销钉式挤出机设计	设计	沈阳化工大学	杨逸楠	王立强	高长满	沈阳三橡有限公司
佳作奖	锯铣复合电主轴单元设计	设计	沈阳建筑大学	张帅	赵德宏	孔祥志	沈阳机床（集团）有限责任公司
佳作奖	矿井防跑车装置捕车机构设计	设计	太原理工大学	马凯乐	刘混举	樊建军	山西煤矿机械制造股份有限公司
佳作奖	矿用多功能车辆快速装换机构设计	设计	太原理工大学	任智军	王淑平	郭生龙	太重煤机有限公司
佳作奖	焊接玻璃瓶模具曲面弧线的回转装置设计	设计	天津工业大学	何涛	赵永立	兰先川	江苏市常熟市金龙科技股份有限公司
佳作奖	清尾纱装置开发设计	设计	天津工业大学	姜山	杨建成	唐国新	同和纺织机械制造有限公司
佳作奖	立体织物 Z 向钢针置换及纤维锁扣装置设计	设计	天津工业大学	闫勇敢	董九志	郝宵鹏	天津宏大纺织机械有限公司
佳作奖	70mm 厚叠层机织碳布缝纫机设计	设计	天津工业大学	钟宏民	董九志	郝宵鹏	天津宏大纺织机械有限公司
佳作奖	LM25 直线轴承保持架塑料注射模具设计	设计	西安工业大学	张文朋	张新运	张荣辉	宁波恒卓精密机械制造有限公司
佳作奖	Delta 机器人机构的力位混合控制	论文	西安交通大学	林玉锋	徐海波	陈强	东莞松山湖国际机器人产业基地
佳作奖	采用 TOF 传感器的连续自动对焦方法研究与实现	论文	西安交通大学	王世超	要义勇	刘博	东莞市松山湖国际机器人产业基地
佳作奖	自动肉块穿串机系统设计及性能模拟	设计	徐州工程学院	汤闯	韩翔	孟庆磊	徐州胜海机械制造科技有限公司
佳作奖	自动液压绷网机设计	论文	长江大学	方聪	华剑	何飞	苏州联义丰电子有限公司

续表

奖项	论文标题	类型	学校	学生	高校导师	企业导师	企业老师单位
佳作奖	新型压裂滑套开关工具设计与分析	论文	长江大学	翁杰	管锋	付寅	西安石油大佳润实业有限公司
佳作奖	一种新型水平井延伸工具设计	设计	长江大学	郑正鼎	马卫国	刘罡	湖北创联石油科技有限公司
佳作奖	钻井用井下可调变径稳定器设计	设计	长江大学	朱智超	刘少胡	刘燕	中石化第四石油机械厂
佳作奖	链轮双机器人协同焊接及视觉检测控制系统研制	论文	浙江大学	方泽华	徐月同	徐冠华	苏州紫金港智能制造装备有限公司
佳作奖	汽车氧传感器组件压装及检测设备研制	论文	浙江科技学院	甘海龙	胡伟蓉	徐正方	杭州泰尚机械有限公司
佳作奖	基于 Leap Motion 的手感控制智能小车设计	论文	浙江理工大学	魏小松	胡旭晓	叶光友	杭州正强万向节有限公司
佳作奖	基于激光干涉仪的机床几何精度测量研究	论文	浙江理工大学	楚晓扬	李博	张迅雷	浙江五洲新春集团股份有限公司
佳作奖	高层玻璃清洗装置设计与分析	论文	浙江理工大学	王健	胡明	周盛民	浙江悍马光电设备有限公司
佳作奖	履轮式海参捕捞机器人的机械结构设计	设计	中国海洋大学	成昊远	刘贵杰	张建平	潍坊胜利石化机械有限公司
佳作奖	十柱塞对置式往复泵的结构设计及 ADAMS 仿真	设计	中国海洋大学	随雨浓	刘贵杰	张建平	潍坊胜利石化机械有限公司
佳作奖	大型矿井提升机承载实时在线智能监控系统设计	设计	中国矿业大学	吕鑫	刘同冈	陈义强	江苏中拓矿业科技有限公司